国家级职业教育规划教材
全国技工院校煤矿技术专业教材（中级技能层级）

矿井通风与安全

（第二版）

人力资源社会保障部教材办公室组织编写
李耀永　主编
宁尚根　主审

中国劳动社会保障出版社

简介

本教材为全国技工院校煤矿技术专业国家级规划教材，由人力资源社会保障部教材办公室组织编写。教材从矿井通风的基础知识、通风管理、煤矿自然灾害防治技术、矿山救护、煤矿职业危害及职业健康等方面进行讲解阐述，并以相关法规和案例分析进行佐证说明，言简意赅，图文并茂。教材配有电子课件，可通过职业教育教学资源和数字学习中心（http：//zyjy. class. com. cn）下载。

本教材由李耀永任主编，章结来、周忠林、单世东参加编写，宁尚根任主审。

图书在版编目(CIP)数据

矿井通风与安全/李耀永主编．-- 2 版．-- 北京：中国劳动社会保障出版社，2018
全国技工院校煤矿技术专业教材．中级技能层级
ISBN 978-7-5167-3104-8

Ⅰ.①矿…　Ⅱ.①李…　Ⅲ.①矿山通风-中等专业学校-教材②矿山安全-中等专业学校-教材　Ⅳ.①TD7

中国版本图书馆 CIP 数据核字(2018)第 035895 号

中国劳动社会保障出版社出版发行
（北京市惠新东街 1 号　邮政编码：100029）
*
三河市潮河印业有限公司印刷装订　　新华书店经销
787 毫米×1092 毫米　16 开本　14 印张　311 千字
2018 年 2 月第 2 版　　2024 年 12 月第 6 次印刷
定价：27.00 元

营销中心电话：400-606-6496
出版社网址：http://www.class.com.cn
http://jg.class.com.cn

前　言

全国中等职业技术学校煤矿技术专业教材自出版以来，在学校的教学中发挥了重要作用。近年来，随着我国煤炭工业的发展，煤矿企业对从业人员的知识水平和职业能力提出了更高的要求。为了适应这些变化，满足学校的人才培养需求，我们组织了一批教学经验丰富、实践能力强的一线教师和行业、企业专家，在充分调研的基础上，对现有教材进行了修订。

在体系结构上，新版教材仍然按“综合机械化采煤”“综合机械化掘进”“煤矿电气设备维修”和“煤矿机械设备维修”四个专业方向设计，包括《采煤概论（第二版）》《矿井通风与安全（第二版）》《液压支架与泵站（第二版）》《煤矿电工学（第二版）》《综合机械化采煤工艺（第二版）》《采煤机（第二版）》《综采运输机械（第二版）》《掘进与支护(第二版)》《综合机械化掘进机械（第二版）》《综合机械化掘进工艺（第二版）》《煤矿供电（第二版）》《煤矿电气设备维修技能训练（第二版）》《煤矿机械（第二版）》和《煤矿固定设备维修技能训练（第二版）》。

在内容上，新版教材根据煤炭工业的现状和发展趋势，以及企业的岗位需求做了调整和更新，例如，在相关教材中增加了煤矿环境保护与治理的内容，以及来源于实际生产的案例、技能训练和例题，同时，严格执行国家最新技术标准，体现了行业的新知识、新技术、新工艺、新设备。

在表现形式上，新版教材充分考虑学生的认知规律，注重利用图表、实物照片和案例辅助讲解知识点和技能点，增加教材的亲和力，为学生营造生动、直观的学习环境，激发学生的学习兴趣。

本套教材的修订得到了山东、江苏、河北、河南、山西等省人力资源社会保障部门及有关院校的大力支持，在此，我们表示诚挚的谢意！同时，恳切希望广大读者对教材提出宝贵的意见和建议。

人力资源社会保障部教材办公室

目　录

绪　论

一、煤矿安全生产形势及特点

我国已探明的化石能源储量中，百分之九十以上为煤炭，多年来，煤炭在一次性能源结构中所占比例始终过半，2013 年煤炭占能源消费比重为 65.9%。煤矿企业是我国重要的能源性产业。近年来，在党中央、国务院的领导下，我国煤矿安全生产呈现了总体稳定、趋向好转的发展态势，事故总量逐年减少，主要指标持续下降。2013 年全国煤矿百万吨死亡率为 0.288，首次降到 0.3 以下，同比下降 23.0%，全国煤矿共发生事故 604 起，死亡 1 067 人，事故起数和死亡人数同比分别下降 22.5%和 22.9%；2014 年较 2013 年百万吨死亡率下降 12.2%，事故起数和死亡人数分别下降 14.1%和 13.4%；2015 年发生事故 352 起，死亡 598 人，较 2014 年分别下降 32.3%和 36.8%；2016 年百万吨死亡率为 0.156，同比下降 3.7%，发生事故 249 起，死亡 538 人，分别下降 29.3%和 10%。但是，我们必须清醒地认识到，当前煤矿安全生产形势仍然十分严峻。近年来煤矿安全形势呈现以下几个特点：

1. 煤矿安全生产状况总体持续好转，事故持续减少。

2. 煤矿事故总量仍然偏大，重、特大事故没有得到根本遏制。

3. 非法违法、超层越界开采行为仍然严重，同类事故重复发生。

4. 煤炭生产规模、结构不合理，区域发展不平衡，乡镇小煤矿事故比例较大。

5. 瓦斯爆炸、煤与瓦斯突出事故仍然较多。

6. 煤矿安全监管执法的针对性、前瞻性和有效性要持续加强。

由此可见，煤矿安全工作仍然面临很大的压力和挑战。要充分认识当前煤矿安全生产形势的严峻性，牢固树立红线意识，坚守发展决不能以牺牲人的生命为代价这条红线，坚定以人为本、生命至上、安全发展的工作方向，进一步增强遏制重、特大事故的紧迫感，强力推进《煤矿矿长保护矿工生命安全七条规定》和煤矿安全生产“七大攻坚举措”“双七条”贯彻落实，全面落实煤矿安全质量标准化管理，促进煤矿安全生产形势稳定好转。

二、煤矿安全生产方针

1. 安全生产方针的内容

安全生产方针是国家对安全生产工作总的要求，是安全生产工作的指导思想和行为准则。党中央、国务院高度重视安全生产工作，党的十六届五中全会以来，我国安全生产方针确定为“安全第一，预防为主，综合治理”。它是党和国家为确保广大劳动者的身体健康和生命安全，确保国家、集体、个人财产不受损失，确保生产的安全持续进行而制定的安全生产方针。2014 年修订的《安全生产法》明确要求，安全生产工作应当以人为本，坚持安全发展，坚持“安全第一、预防为主、综合治理”的方针，强化和落实生产经营单位的主体责任，建立生产经营单位负责、职工参与、政府监管、行业自律和社会监督的机制。煤矿企业安全生产也要遵循这一方针。

（1）安全第一

“安全第一”是指强调安全，强调人的生命与健康高于一切，安全优先，以人为本，把安全放在一切工作的首位。煤矿企业要树立红线意识，落实“不安全不生产，隐患不排除不生产，措施不落实不生产”的原则，井下从业人员要珍惜自身生命健康，保持随时、随地安全生产的习惯，杜绝侥幸心理，实现自主保安、相互保安。

（2）预防为主

“预防为主”是指实现安全生产的主要工作在于预防，把安全生产工作的关口前移，超前防范，通过预防工作及时把各类事故消灭在萌芽之中。一切隐患都是可以消除的，一切事故都是可以预防的。煤矿企业要建立隐患排查、事故预防机制，采取有效的事前控制措施，保证安全生产。井下作业人员要自觉执行作业规程和操作标准，严格遵守劳动纪律，搞好安全生产。

（3）综合治理

“综合治理”是指综合运用各种手段，包括加强安全生产管理，保证安全生产投入，加强安全生产教育培训，做好业务保安、科技兴安工作，充分发挥各方面的安全监督作用，保证安全生产。综合治理要求做到全方位、全过程、全员管理；重视科学技术对煤矿安全的重要支撑作用，提高煤矿生产机械化、自动化、信息化水平。综合治理是安全生产工作的重心所在，是保证安全管理目标实现的重要途径。

2. 安全生产方针对于井下一般从业人员的要求

（1）牢固树立“安全第一”的思想，不安全不生产。

（2）遵守班组安全管理制度，学法、知法、守法，树立依法从事煤矿安全生产作业的意识。

（3）遵纪守规，杜绝“三违”现象。

（4）遵守本工种质量标准化标准，按照安全操作规程作业，做到操作标准化。

（5）参加安全生产培训，掌握煤矿安全知识和实际操作技能。

（6）做好劳动保护，避免职业伤害。

（7）工作中随时检查自己所处的作业环境，做到自主保安和相互保安。

（8）建立安全意识，实现由“要我安全”向“我要安全”和“我能安全”的转变。

第一章

矿井通风系统

学习目标

了解矿井有害气体的来源、危害和矿井通风的作用，掌握矿井通风系统的含义及矿井通风的方式方法；能编写降低矿井通风阻力的措施，能对局部通风进行布置。

井下采矿过程中必然会产生大量有毒有害气体及各种矿尘，因此必须采取一定的通风手段，供给井下足够的新鲜空气，冲淡和排出有害气体和矿尘，提供适宜的气候条件。这种对矿井不断输入新鲜空气和排出污浊空气的作业过程称为矿井通风。矿井通风方法、矿井通风方式及矿井通风网络的总称为矿井通风系统。矿井通风系统是矿井安全系统的核心。

第一节　矿 井 空 气

地面新鲜空气进入井下以后，流经井下施工地点后，温度、湿度、大气压力发生了很大变化，同时混入了大量的有毒有害气体和矿尘，井下空气成分与地面空气成分相比，发生了很大变化。

一、地面空气的主要成分

地面近地大气主要由干洁空气、水汽和固体杂质组成。地面干洁空气的主要成分见表 1—1。

表 1—1　　地面干洁空气的主要成分

气体成分（分子式）	体积百分比（%）	质量百分比（%）
氮气（N_2）	78.09	75.55
氧气（O_2）	20.95	23.15
二氧化碳（CO_2）	0.03	0.05
其他稀有气体	0.93	1.25

二、矿井空气的主要成分

地面空气进入矿井以后，由于受到污染，其成分和性质要发生一系列的变化，如氧气浓度降低，二氧化碳浓度增加，混入各种有毒、有害气体和矿尘，空气的状态参数（温度、湿度、压力等）发生改变等。一般来说，井巷中经过采掘工作面等用风地点以前、受污染程度较轻的进风巷道内的空气，称为新鲜空气（新风）；经过用风地点以后、受污染程度较重的回风巷道内的空气，称为污浊空气（乏风）。

尽管矿井空气与地面空气相比，在性质上存在许多差异，但在新鲜空气中其主要成分仍然是氧气、氮气和二氧化碳，在污浊空气中含有大量有毒有害气体，如一氧化碳（CO）、二氧化氮（NO_2）、二氧化硫（SO_2）、硫化氢（H_2S）等。

1. 氧气（O_2）

氧气是生命赖以生存的物质，是生活中必不可少的。人类在生命活动过程中，必须不断吸入氧气，呼出二氧化碳。当空气中的氧气浓度降低时，人体就可能产生不良的生理反应，出现种种不舒适的症状，严重时可能导致缺氧死亡，具体见表 1—2。它的用途非常广泛，从总体上可以分为两个方面：供给呼吸和支持燃烧。

表 1—2　　人体缺氧症状与空气中氧气浓度的关系

氧气浓度（体积,%）	主要症状
17	静止时无影响，工作时能引起喘息和呼吸困难
15	呼吸及心跳急促，耳鸣目眩，感觉和判断能力降低，丧失劳动能力
10~12	失去理智，时间稍长有生命危险
6~9	失去知觉，呼吸停止，如抢救不及时，6~8 min 内可能导致死亡

矿内空气中氧气浓度降低的主要原因有以下几个方面：

（1）人员呼吸。

（2）煤岩和其他有机物的缓慢氧化。

（3）煤炭自燃。

（4）瓦斯、煤尘爆炸。

（5）煤岩和生产过程中产生的各种有害气体涌入矿内空气，使空气中氧气浓度相对降低。

在井下通风不良的地点，不经氧气检查而擅自进入，可能引起人员的缺氧窒息。

◎ 相关法规

《煤矿安全规程》规定：采掘工作面的进风流中，氧气浓度不低于 20%。

2. 氮气（N_2）

氮气是新鲜空气中的主要成分，是一种无色、无味、无臭的气体，比空气略轻，难溶于水，难液化，不支持燃烧，不供给呼吸。氮气的性质不如氧气活泼。

空气中若氮气浓度升高，势必造成氧气浓度相对降低，从而也可能导致人员的窒息性伤害。正因为氮气为惰性气体，因此又可将其用于井下防火、灭火和防止瓦斯爆炸。

矿井空气中氮气的主要来源是井下爆破和生物腐烂，有些煤岩层中也有氮气涌出。

3. 二氧化碳（CO_2）

二氧化碳是无色、无味的气体，相对密度为1.52，是一种较重的气体，很难与空气均匀混合，故常积存在巷道的底部，在静止的空气中有明显的分界。二氧化碳不助燃，也不能供人呼吸，易溶于水生成碳酸，使水溶液呈弱酸性，对眼、鼻、喉黏膜有刺激作用。空气中二氧化碳浓度与人体危害症状的关系见表1—3。

表1—3 空气中二氧化碳浓度与人体危害症状的关系

二氧化碳浓度（体积,%）	主要症状
1	呼吸加深，但对工作效率无明显影响
3	呼吸急促，心跳加快，头痛，人体很快疲劳
5	呼吸困难，头痛，恶心，呕吐，耳鸣
6	严重喘息，极度虚弱无力
7~9	动作不协调，大约10 min可发生昏迷
10以上	数分钟内可导致死亡

矿井空气中二氧化碳的主要来源是煤和有机物的氧化、人员呼吸、碳酸性岩石分解、炸药爆破、煤炭自燃、瓦斯和煤尘爆炸等。此外，有的煤层和岩层中也能长期持续地放出二氧化碳，有的甚至能与煤岩粉一起突然大量喷出，给矿井带来极大的危害。

◎ 相关法规

《煤矿安全规程》规定：采掘工作面的进风流中，二氧化碳浓度不超过0.5%。

4. 一氧化碳（CO）

一氧化碳是一种无色、无味、无臭的气体，有剧毒，相对密度为0.97，微溶于水，能与空气均匀地混合。一氧化碳能燃烧，浓度在13%~75%时有爆炸的危险；一氧化碳与人体血液中血红素的亲和力比氧大250~300倍（血红素是人体血液中携带氧气和排出二氧化碳的细胞）。一旦一氧化碳进入人体后，首先就与血液中的血红素相结合，因而减少了血红素与氧结合的机会，使血红素失去输氧的功能，从而造成人体血液“窒息”。一氧化碳中毒症状与浓度的关系见表1—4。

表1—4 一氧化碳中毒症状与浓度的关系

一氧化碳浓度（体积,%）	主要症状
0.02	2~3 h内可能引起轻微头痛
0.08	40 min内出现头痛、眩晕和恶心，2 h内发生体温和血压下降，脉搏微弱，出冷汗，可能出现昏迷
0.32	5~10 min内出现头痛，眩晕，30 min就会有生命危险
0.64	1~2 min就会头痛、眩晕，15~30 min就会死亡
1.28	1~3 min就会死亡

矿井空气中一氧化碳的主要来源有井下爆破、矿井火灾、煤炭自燃，以及煤尘、瓦斯爆炸事故等。

◎ 相关法规

《煤矿安全规程》规定：矿内空气中一氧化碳浓度不得超过0.002 4%。

5. 二氧化硫（SO_2）

二氧化硫是一种无色、有强烈硫黄味的气体，易溶于水，在风速较小时，易积聚于巷道的底部，对眼睛有强烈刺激作用。

二氧化硫遇水后生成亚硫酸，对呼吸器官有腐蚀作用，使喉咙和支气管发炎，呼吸麻痹，严重时引起肺水肿。当空气中含二氧化硫为0.000 5%时，嗅觉器官能闻到刺激味；当空气中含二氧化硫为0.002%时，有强烈的刺激感，可引起头痛和喉痛；当空气中含二氧化硫为0.05%时，会引起急性支气管炎和肺水肿，短期间内即使人死亡。

◎ 相关法规

《煤矿安全规程》规定：矿内空气中二氧化硫含量不得超过0.000 5%。

6. 二氧化氮（NO_2）

二氧化氮是一种褐红色的气体，有强烈的刺激气味，相对密度为1.59，易溶于水。

二氧化氮溶于水后生成腐蚀性很强的硝酸，对眼睛、呼吸道黏膜和肺部组织有强烈的刺激及腐蚀作用，严重时可引起肺水肿。二氧化氮中毒有潜伏期，有的人在严重中毒时尚无明显感觉，还可坚持工作。但经过6~24 h后发作，中毒者手指头出现黄色斑点，并出现严重的咳嗽、头痛、呕吐等症状，甚至导致死亡。二氧化氮中毒症状与浓度的关系见表1—5。

表1—5　　二氧化氮中毒症状与浓度的关系

二氧化氮浓度（体积，%）	主要症状
0.004	2~4 h内可出现咳嗽症状
0.006	短时间内感到喉咙刺激，咳嗽，胸疼
0.01	短时间内出现严重中毒症状，神经麻痹，严重咳嗽，恶心，呕吐
0.025	短时间内可能出现死亡

矿内空气中二氧化氮的主要来源是井下爆破工作。

◎ 相关法规

《煤矿安全规程》规定：矿内空气中氮氧化物浓度不得超过0.000 25%。

7. 硫化氢（H_2S）

硫化氢无色、微甜，有浓烈的臭鸡蛋气味，当空气中浓度达到0.000 1%即可嗅到，但当浓度较高时，因嗅觉神经中毒麻痹，反而嗅不到。硫化氢相对密度为1.19，易溶于水，在常温、常压下1体积的水可溶解2.5体积的硫化氢，所以它可能积存于旧巷的积水中。硫化氢能燃烧，空气中硫化氢浓度为4.3%~45.5%时有爆炸危险。

硫化氢有剧毒，有强烈的刺激作用，不但能引起鼻炎、气管炎和肺水肿，而且还能阻碍生物的氧化过程，使人体缺氧。当空气中硫化氢浓度较低时，主要以腐蚀刺激作用为主；浓度较高时，能使人体迅速昏迷或死亡。

2003年12月23日22时左右，原重庆市开县高桥镇的川东北气矿16H井发生特大井喷事故，造成243人死亡。

◎ 相关法规

《煤矿安全规程》规定：矿内空气中硫化氢的最高允许浓度为0.000 66%。

8. 氨气（NH_3）

氨气是一种无色、有浓烈臭味的气体，相对密度为0.596，易溶于水，空气中浓度达30%时有爆炸危险。

氨气对皮肤和呼吸道黏膜有刺激作用，可引起喉头水肿。

矿内空气中氨气的主要来源是爆破工作和用水灭火等，部分岩层中也有氨气涌出。

◎ 相关法规

《煤矿安全规程》规定：矿内空气中氨气的最高允许浓度为0.004%。

9. 氢气（H_2）

氢气无色、无味、无毒，相对密度为0.07。氢气能自燃，其点燃温度比甲烷低100~200 ℃，当空气中氢气浓度为4%~74%时有爆炸危险。

井下空气中氢气的主要来源有两个：一是井下蓄电池充电时可放出氢气，二是有些中等变质的煤层中也有氢气涌出。

三、矿井通风的作用

矿井通风的作用有以下三个方面：供给井下足够的新鲜空气，冲淡和排出有害气体和矿尘，提供适宜的气候条件。

一般来说，将井巷中经过采掘工作面等用风地点以前、受污染程度较轻的进风巷道内的空气称为新鲜空气（新风）。矿井通风就是尽可能供应与地面空气成分基本相同的新鲜空气。由于受到井下开采活动的影响，地面空气进入井下后，必然会不断混入有毒有害气体及矿尘，矿井空气成分与地面相比发生了很大的变化。井下空气成分及各种有毒有害气体浓度在《煤矿安全规程》中都作了明确的规定。

1. 采掘工作面的进风流中，氧气浓度不低于20%，二氧化碳浓度不超过0.5%。

2. 有害气体的浓度不超过表1—6的规定。

表 1—6　　矿井有害气体的最高浓度

名称	最高允许浓度（%）
一氧化碳（CO）	0.002 4
氮氧化物（换算成二氧化氮 NO_2）	0.000 25
二氧化硫（SO_2）	0.000 5
硫化氢（H_2S）	0.000 66
氨气（NH_3）	0.004

3. 井下作业场所粉尘浓度应符合表 1—7 的规定。

表 1—7　　井下作业场所粉尘浓度标准

粉尘中游离 SiO_2 含量（%）	最高允许浓度（mg/m^3）	
	总粉尘	呼吸性粉尘
<10	10	3.5
10~50	2	1
50~80	2	0.5
≥80	2	0.3

四、矿井气候条件

矿井气候是指矿井空气的温度、湿度和风速等参数的综合作用状态。这三个参数的不同组合，便构成了不同的矿井气候条件。矿井气候条件同人体的热平衡状态有密切联系，直接影响着井下作业人员的身体健康和劳动生产率。

1. 矿井空气的温度

矿井空气的温度是影响矿井气候的重要因素。最适宜的矿井空气温度为 15~20 ℃。

矿井空气的温度受地面气温、井下围岩温度、机电设备散热、煤炭等有机物的氧化、人体散热、水分蒸发、空气的压缩或膨胀、通风强度等多种因素的影响。随着井下通风路线的延长，空气温度逐渐升高。

在进风路线上，矿井空气的温度主要受地面气温和围岩温度的影响，有冬暖夏凉之感。工作面温度基本上不受地面季节气温的影响，且常年变化不大。在回风路线上，因通风强度较大，加上水分蒸发和风流上升膨胀吸热等因素影响，温度有所下降，常年基本稳定。

◎ 相关法规

《煤矿安全规程》规定：进风井口以下的空气温度（干球温度，下同）必须在 2 ℃以上。当采掘工作面空气温度超过 26 ℃、机电设备硐室超过 30 ℃时，必须缩短超温地点工作人员的工作时间，并给予高温保健待遇。当采掘工作面的空气温度超过 30 ℃、机电设备硐室超过 34 ℃时，必须停止作业。

2. 矿井空气的湿度

空气的湿度是指空气中所含的水蒸气量或潮湿程度。空气湿度有两种表示方法：

（1）绝对湿度

绝对湿度指单位体积湿空气中所含水蒸气的质量（g/m^3），用f表示。

空气在某一温度下所能容纳的最大水蒸气量称为饱和水蒸气量，用$F_{饱}$表示。温度越高，空气的饱和水蒸气量越大。

（2）相对湿度

相对湿度指空气中水蒸气的实际含量（f）与同温度下饱和水蒸气量（$F_{饱}$）的比值，为百分数，用公式表示如下：

$$\varphi=\frac{f}{F_{饱}}\times 100\%$$

式中　φ——相对湿度，%；

f——空气中水蒸气的实际含量（即绝对湿度），g/m^3；

$F_{饱}$——同一温度下空气的饱和水蒸气量，g/m^3。

通常所说的湿度指的都是相对湿度，它反映的是空气中所含水蒸气量接近饱和的程度。一般认为相对湿度为50%~60%时，对人体最为适宜。

一般情况下，在矿井进风路线上，有冬干夏湿之感。在采掘工作面和回风系统，因空气温度较高且常年变化不大，空气湿度也基本稳定，一般都在90%以上，甚至接近100%。

矿井空气的湿度还与地面空气的湿度、井下涌水大小及井下生产用水状况等因素有关。

3. 井巷中的风速

风速是指风流的流动速度。风速过低或过高，对安全生产和人体健康都不利，因此，井下工作地点和通风井巷中都要有一个合理的风速范围。表1—8给出了井下不同温度时适宜的风速范围。表1—9则是不同井巷中的允许风速标准。

表1—8　　风速与温度之间的适宜关系

空气温度（℃）	<15	15~20	20~22	22~24	24~26
适宜风速（m/s）	0.3~0.5	0.5~1.0	1.0~1.5	1.5~2.0	2.0~2.5

表1—9　　井巷中的允许风流速度

井巷名称	允许风速（m/s）	
	最低	最高
无提升设备的风井和风硐	/	15
专为升降物料的井筒	/	12
风桥	/	10
升降人员和物料的井筒	/	8
主要进、回风巷	/	8
架线电机车巷道	1.0	8
输送机巷，采区进、回风巷	0.25	6
采煤工作面、掘进中的煤巷和半煤岩巷	0.25	4
掘进中的岩巷	0.15	4
其他通风人行巷道	0.15	/

◎ 相关法规

《煤矿安全规程》规定：设有梯子间的井筒或者修理中的井筒，风速不得超过 8 m/s；梯子间四周经封闭后，井筒中的最高允许风速可按表 1—9 执行。

无瓦斯涌出的架线电机车巷道中的最低风速可低于表 1—9 的规定值，但不得低于 0.5 m/s。

综合机械化采煤工作面，在采取煤层注水和采煤机喷雾降尘等措施后，其最大风速可高于表 1—9 的规定值，但不得超过 5 m/s。

第二节　矿井通风方式与通风方法

矿井通风系统包括矿井通风方式（进、出风井的布置方式）、矿井通风方法（矿井主通风机的工作方法）和矿井通风网络。

一、矿井通风方法

矿井通风方法按风流获得的动力来源不同，可分为自然通风和机械通风两种。

1. 自然通风

利用自然气压产生的通风动力，使空气在井下巷道流动的通风方法称为自然通风。自然风压一般都比较小，且不稳定。

2. 机械通风

利用通风机运转产生的通风动力，使空气在井下巷道流动的通风方法称为机械通风。采用机械通风的矿井，自然风压也是始终存在的，并在各个时期内影响矿井的通风工作，在通风管理工作中应给予充分重视，特别是高沼气矿井尤其应注意。

◎ 相关法规

《煤矿安全规程》规定：矿井必须采用机械通风。

采用机械通风的矿井，根据矿井主要通风机的工作方式不同，可分为抽出式通风、压入式通风和压抽混合式通风三种。

（1）抽出式通风

抽出式通风是将矿井主通风机安设在出风井一侧的地面上，新风经进风井流到井下各用风地点后，乏风再通过风机排出地表的一种矿井通风方法。

抽出式通风的特点是：在矿井主要通风机的作用下，矿内空气处于低于当地大气压力的负压状态，当矿井与地面间存在漏风通道时，漏风从地面漏入井内。抽出式通风矿井在主要进风巷无须安设风门，便于运输、行人和通风管理。在瓦斯矿井采用抽出式通风，若主要通风机因故停止运转，井下风流压力提高，在短时间内可以防止瓦斯从采空区涌出，比较安全。因此，目前我国大部分矿井采用抽出式通风。

（2）压入式通风

压入式通风是将矿井主通风机安设在进风井一侧的地面上，新风经主要通风机加压后送入井下各用风地点，乏风再经过回风井排出地表的一种矿井通风方法。

压入式通风的特点是：在矿井主通风机的作用下，矿内空气处于高于当地大气压力的正压状态，当矿井与地面间存在漏风通道时，漏风从井内漏向地面。压入式通风矿井中，由于要在矿井的主要进风巷中安装风门，使运输、行人不便，漏风较大，通风管理工作较困难。同时，当矿井主通风机因故停止运转时，井下风流压力降低，有可能使采空区瓦斯涌出量增加，造成瓦斯积聚，对安全不利。因此，在瓦斯矿井中一般很少采用压入式通风。

矿井浅部开采时，由于地表塌陷出现裂缝与井下沟通，为避免用抽出式通风将塌陷区内的有害气体吸入井下，可在矿井开采第一水平时采用压入式通风，当开采下一水平时再改为抽出式通风。此外，当矿井煤炭自然发火比较严重时，为避免将火区内的有毒有害气体抽到巷道中，有时也可采用压入式通风。

（3）压抽混合式通风

压抽混合式通风是在进风井和回风井一侧都安设矿井主要通风机，新风经压入式主要通风机送入井下，乏风经抽出式主要通风机排出井外的一种矿井通风方法。

压抽混合式通风的特点是：能产生较大的通风压力，通风系统的进风部分处于正压，回风部分处于负压，工作面大致处于中间状态，其正压或负压均不大，矿井的内部漏风小。但因使用的风机设备多，动力消耗大，通风管理复杂，一般很少采用。

二、矿井通风方式

矿井通风方式可以分为中央式、对角式和混合式三种。

1. 中央式

中央式可分为中央并列式和中央分列式两种方式。

（1）中央并列式

中央并列式如图1—1所示，进风井和出风井大致并列在井田走向的中央，二井底都开掘到第一水平，主通风机设在进、出风井的井口附近，将乏风抽到地表，出风井的井底必须和总进风流隔开，出风井的井口一般用防爆门紧闭。

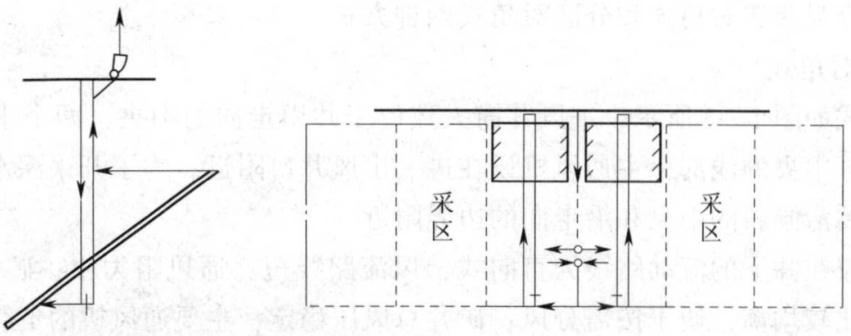

图1—1　中央并列式通风系统

优点：初期开拓工程量小，投资少，投产快；地面建筑集中，便于管理；两个井筒集中，便于开掘和井筒延深；井筒安全煤柱少，易于实现矿井反风。

缺点：矿井通风路线是折返式，风路较长，阻力较大，特别是当井田走向很长时，边远采区与中央采区风阻相差悬殊，边远采区可能因此风量不足；由于进、回风井距离近，井底漏风较大，容易造成风流短路；安全出口少，只有2个；工业广场受主要通风机噪声影响和回风风流的污染。

适用条件：井田走向长度小于4 km，煤层倾角大，埋藏深，瓦斯与自然发火都不严重的矿井。

(2) 中央分列式（又名中央边界式）

中央分列式如图1—2所示，进风井大致位于井田走向的中央，出风井大致位于井田浅部边界沿走向的中央，在沿倾斜方向上，出风井和进风井相隔一段距离，出风井的井底高于进风井的井底，主通风机设在进、出风井口附近；在井田走向的中央开凿主井和副井。

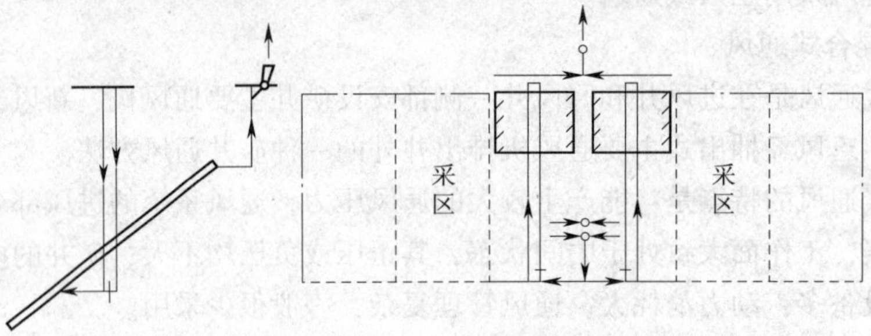

图1—2　中央分列式通风系统

优点：安全性好；通风阻力比中央并列式小，矿井内部漏风小，有利于瓦斯和自然发火的管理；工业广场不受主要通风机噪声的影响和回风流的污染。

缺点：增加一个风井场地，占地和压煤较多；风流在井下的流动路线为折返式，风流路线长，通风阻力大。

适用条件：井田走向长度小于4 km，煤层倾角较小，埋藏浅，瓦斯与自然发火都比较严重的矿井。

2. 对角式

对角式可分为两翼对角式和分区对角式两种方式。

(1) 两翼对角式

两翼对角式如图1—3所示，进风井筒大致位于井田走向的中央，两个出风井筒分别位于两翼边界采区中央的浅部，主通风机设在进、出风井口附近。为了开采深水平，有时把两翼风井设在两翼沿倾斜的中央和沿走向的边界附近。

优点：风流在井下的流动路线为直向式，风流路线短，通风阻力小；矿井内部漏风小；各采区间风阻比较均衡，便于按需分风；矿井总风压稳定，主要通风机的负载较稳定；安全出口多，抗灾能力强；工业广场不受回风污染和主要通风机噪声的影响。

缺点：初期投资大，建井期长；管理分散；井筒安全煤柱压煤较多。

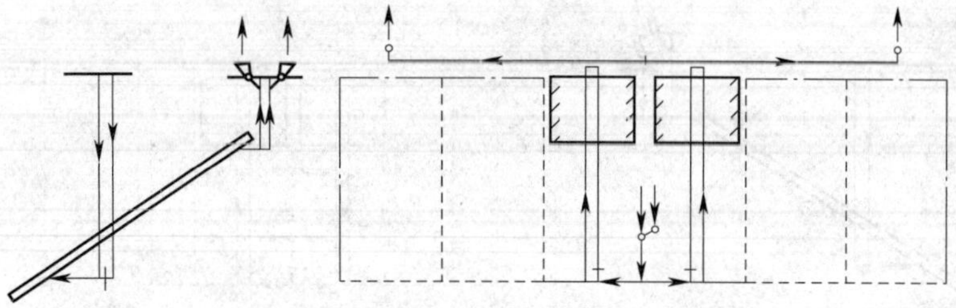

图 1—3 两翼对角抽出式通风系统

适用条件：井田走向长度大于 4 km，需要风量大，煤易自燃，有煤与瓦斯突出的矿井。

(2) 分区对角式

分区对角式如图 1—4 所示，进风井大致位于井田走向的中央，在每个采区各掘一个小回风井，并分别安设抽出式分区主通风机，可不必做总回风道。

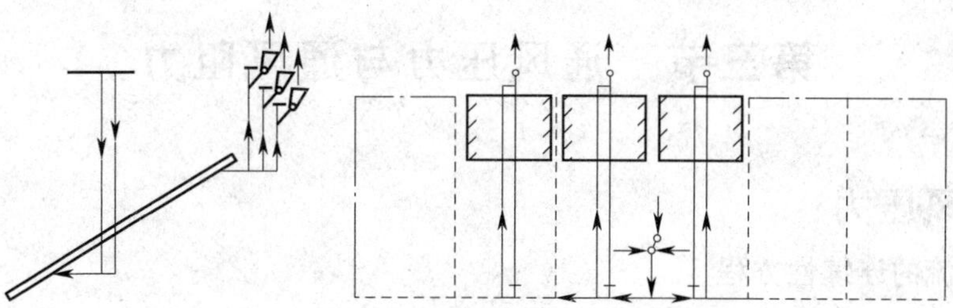

图 1—4 分区对角抽出式通风系统

优点：各采区之间互不影响，便于风量调节；建井工期短；初期投资少，出煤快；安全出口多，抗灾能力强；进回风路线短，通风阻力小。

缺点：风井多，占地压煤多；主要通风机分散，管理复杂；风井与主要通风机服务范围小，接替频繁；矿井反风困难。

适用条件：煤层埋藏浅或因煤层风化带和地表高低起伏较大，无法开凿浅部的总回风巷，在开采第一水平时，只能采用分区式通风方式。另外，井田走向长、多煤层开采的矿井或井田走向长、产量大、需要风量大、煤易自燃、有煤与瓦斯突出的矿井，也可采用这种通风方式。

3. 混合式

混合式是指进风井与出风井由三个以上井筒按上述各种方式混合组成，其中有中央分列与两翼对角混合式和中央并列与中央分列混合式等，如图 1—5 所示为中央分列与两翼对角混合式通风系统。为了缩短基建时间，在初期采用中央分列式通风系统。随着生产的发展，当开采到两翼边界时，则采用中央分列与两翼对角混合式通风系统。总之，要在初期通风系统的基础上，根据煤层赋存条件和生产发展情况等分析确定。

优点：有利于矿井的分区分期建设，投资省，出煤快，效率高；回风井数目多，通风能力强；布置灵活，适应性强。

缺点：多台通风机联合工作，通风网络复杂，管理难度大。

适用条件：井田走向长度长，老矿井的改扩建和深部开采；多煤层多井筒的矿井；井田

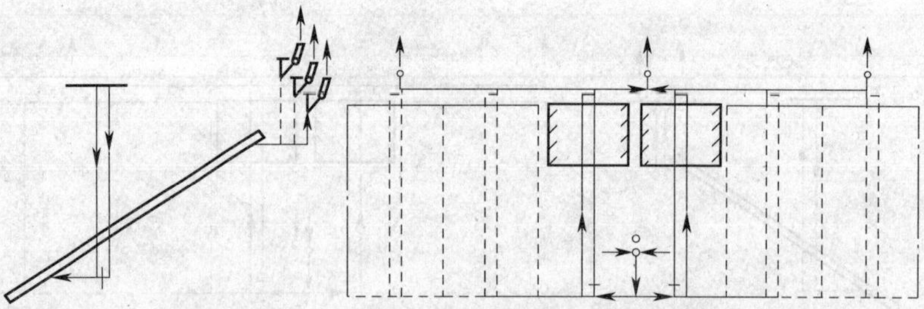

图 1—5　中央分列与两翼对角混合式通风系统

面积大、产量大、需要风量大或采用分区开拓的大型矿井。

总之，矿井的通风方式，应根据矿井的设计生产能力、煤层赋存条件、地形条件、井田面积、走向长度及矿井瓦斯等级、煤层的自燃倾向性等情况，从技术、经济和安全等方面加以分析，通过方案比较确定。

第三节　通风压力与通风阻力

一、通风压力

1. 矿井风流的连续性方程

矿井风流可以看做是一种连续的介质作不可压缩运动的稳定流，如图 1—6 所示，矿井巷道的特征是细长的，其横断面上各点的参数变化不大，可以看做是一维流动，即矿井风流的各个参数仅限于 x 轴变化。当风流从 $A—A$ 断面流向 $B—B$ 断面时，设 $A—A$ 断面的风速为 v_1，面积为 S_1，$B—B$ 断面的风速为 v_2，面积为 S_2。当两断面间并无分支巷道且不漏风时，则风量 Q（质量风量为 G）为：

$$Q=S_1v_1=S_2v_2=常数$$

$$或\ G_1=G_2$$

2. 理想流体的能量方程

所谓理想流体是指黏性系数为零的流体，即这种流体在流动过程中没有内摩擦力的影响。在粗细不匀和高低不等的管道中，取一段正在沿箭头 A 做稳定流动的理想流体（质量为 m，体积为 V），如图 1—7 所示，面积分别为 S_1、S_2，流速分别为 v_1、v_2，压强分别为 P_1、P_2，总压力分别为 F_1、F_2，距基准面的高度分别为 Z_1、Z_2。

按功能定理，外力对这段流体所做的功等于这段流体机械能的增量。于是可以列出：

$$(P_1-P_2)V=mg(Z_2-Z_1)+\frac{1}{2}m(v_2^2-v_1^2)$$

$$P_1V+mgZ_1+\frac{1}{2}mv_1^2=P_2V+mgZ_2+\frac{1}{2}mv_2^2$$

由于断面 S_1、S_2 是在同一管道中任意选取的，所以对于任何断面来说，均有：

$$PV+mgZ+\frac{1}{2}mv^2=常量$$

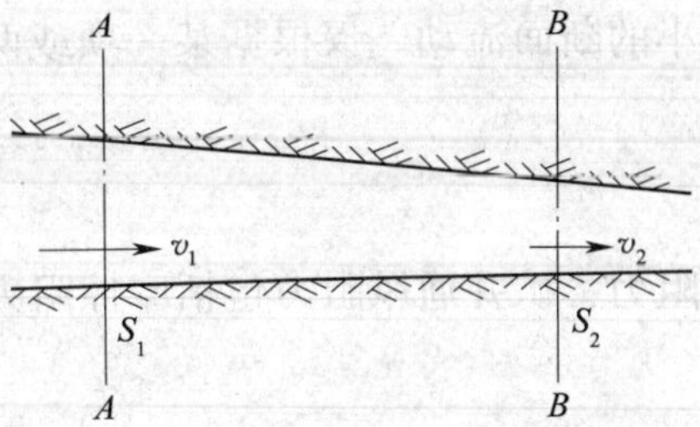

图 1—6 井下风流流动示意图

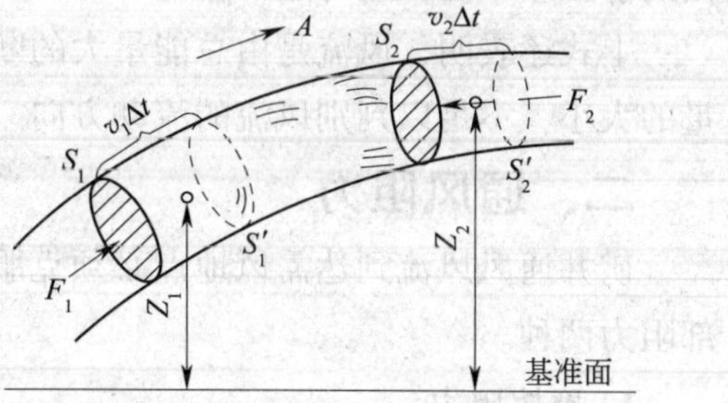

图 1—7 理想气体流动示意图

3. 实际风流的能量方程

实际风流与理想流体的区别在于实际风流具有黏性，在流动过程中要受到巷道帮壁限制导致的内摩擦的作用，这种作用与风流的方向相反。其结果是消耗一部分能量，使风流从一个断面流向另一个断面时，总的能量逐渐减少。

同样，根据功能定理：外力对这段流体所做的功等于这段流体机械能的增量。可得：

$$(P_1-P_2)V-H_{阻1-2}=mg(Z_2-Z_1)+\frac{1}{2}m(v_2^2-v_1^2)$$

或：

$$H_{阻1-2}=\left(P_1V+mgZ_1+\frac{1}{2}mv_1^2\right)-\left(P_2V+mgZ_2+\frac{1}{2}mv_2^2\right)$$

这就是实际流体的能量方程。它表明：在同一巷道的风流流动过程中，各断面风流的能量是逐渐减少的，其减少的量等于这两断面间巷道帮壁对风流所作的阻力消耗功 $H_{阻1-2}$。

将上式两端同除以 V，则得到：

$$\left(P_1+\frac{m}{V}gZ_1+\frac{m}{2V}v_1^2\right)-\left(P_2+\frac{m}{V}gZ_2+\frac{m}{2V}v_2^2\right)=\frac{H_{阻1-2}}{V}=h_{阻1-2}$$

将重度 $\gamma=\frac{m}{V}g$ 代入，则有：

$$\left(P_1+\gamma Z_1+\frac{\gamma}{2g}V_1^2\right)-\left(P_2+\gamma Z_2+\frac{\gamma}{2g}V_2^2\right)=h_{阻1-2}$$

上式表示的是单位体积实际风流的能量方程。在这种能量方程表达式中，各项的值是压力，第一项是静压，第二项是位压，第三项是速压，这三项之和称为通风压力。

$h_{阻1-2}$表示 1 m^3 风流的能量损失，单位为 Pa，故 $h_{阻1-2}$也称为通风阻力。

上式的实质是表示矿井通风系统的任一风流中两断面间 1 m^3 空气各种能量的转变关系，断面 1 与断面 2 上压能、位能和动能可以互相转化，其总能量不断地降低，降低值就是 $h_{阻1-2}$。将上式改为：

$$h_{阻1-2}=(P_1-P_2)+\gamma(Z_1-Z_2)+\frac{r}{2g}(V_1^2-V_2^2)$$

它表示了压力的变化与阻力损失的关系，也就是断面 1 与断面 2 的通风阻力等于此二断面的静压差、位压差与速压差之和。

上式还表明，风流是由总能量大的断面向总能量小的断面流动。仅根据某一项或两项能量的大小，不足以判别风流的流动方向。

二、通风阻力

矿井通风风流到达需风地点必须克服一定的通风阻力，矿井通风阻力包括摩擦阻力和局部阻力两种。

1. 摩擦阻力

（1）概念

风流在井巷中做均匀流动时，沿程受到井巷固定壁面的限制，引起内外摩擦，因而产生阻力，这种阻力叫作摩擦阻力。所谓均匀流动是指风流沿程的速度和方向都不变，而且各断面上的速度分布相同。流态不同的风流，摩擦阻力的产生情况和大小也不同。一般情况下，摩擦阻力要占能量方程中通风阻力的80%~90%，它是矿井通风设计中选择通风机的主要参数，也是生产中分析与改善矿井通风工作的主要对象。

前人实验得出水流在圆管中的沿程阻力公式（达西公式）是：

$$h_{fr}=\lambda \frac{L}{d}\cdot\rho\frac{v^2}{2}$$

式中 h_{fr}——水流的沿程阻力，Pa；

λ——实验比例系数，无单位；

ρ——水流密度，kg/m^3；

L——圆管长度，m；

d——圆管直径，m；

v——管内水流平均速度，m/s。

上式是矿井风流摩擦阻力计算公式的基础，它对于不同流态的风流都能应用，只是流态不同时，式中 λ 的值不同。

矿井巷道中的风流，其性质与上面完全一样，所不同的是矿井巷道的粗糙度较大，在较小的 Re（雷诺数）值时，便开始由层流变为紊流（当流速很小时，流速分层流动，互不混合，称为层流；当流速很大时，流线不再清晰可辨，流场中有许多小漩涡，称为紊流）；此外，由于大多数矿井巷道风流的 Re 值均大于 100 000，故 λ 值仅决定于井巷壁的相对粗糙度，而与 Re 值无关。在一定时期内，各井巷壁的相对粗糙度可认为不变，因此 λ 值即为常量。

（2）井巷摩擦阻力计算

由于矿井巷道极少为圆形，可用当量直径 $d=4S/U$（式中 U 为巷道周长）代入沿程阻力公式得：

$$h_{fr}=\frac{\lambda\rho}{8}\cdot\frac{LU}{S}v^2$$

令 $\alpha=\dfrac{\lambda\rho}{8}$，$\alpha$ 是巷道的摩擦阻力系数，与巷道帮壁的粗糙程度有关。则：

$$h_{fr}=\frac{\alpha LUv^2}{S}=\frac{\alpha LU}{S}\cdot\frac{Q^2}{S^2}=\frac{\alpha LU}{S^3}Q^2$$

由于矿井中巷道的长度、周界及摩擦阻力系数在巷道形成后一般变化较小，可看作常数。再令：

$$R_{fr}=\frac{\alpha LU}{S^3}$$

式中　R_{fr}——巷道的摩擦风阻。

这时：

$$h_{fr}=R_{fr}Q^2$$

这就是完全紊流情况下的摩擦阻力定律。当巷道风阻一定时，摩擦阻力与风量的平方成正比（见图 1—8）。

（3）降低井巷摩擦阻力的措施

井巷通风阻力是引起风压损失的主要根源。因此，降低井巷通风阻力，特别是降低摩擦阻力，就能用较少的风压消耗通过较多的风量。许多原来阻力大、通风困难的矿井，经降低阻力后即变为阻力小、通风容易的矿井。

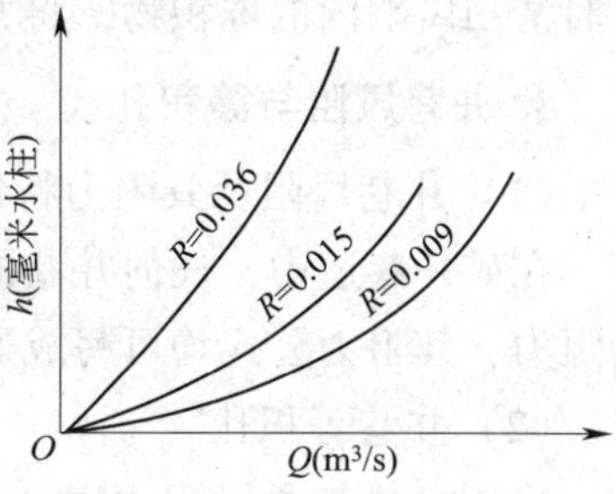

图 1—8　风阻特性曲线

根据 $h_{fr}=(\alpha LU/S^3)Q^2$ 的关系式可以看出，保证一定风量，降低摩擦阻力的方法就是降低摩擦风阻。根据影响 R_{fr} 的各种因素，降低摩擦阻力的主要措施有：

1）降低 α。R_{fr} 与 α 成正比，而 α 主要决定于巷道粗糙度，因此降低 α，就应尽量使巷道光滑。当采用棚子支护巷道时，要很好地刹帮背顶，在无支护的巷道，要注意尽可能把顶、底板及两帮修整好；对于井下的主要巷道，在采用料石或混凝土砌碹，特别是采用锚杆支护技术时，更能有效地使 α 减小。

2）扩大巷道断面积 S。因 R_{fr} 与 S^3 成反比，所以扩大巷道断面积有时成为降低摩擦阻力的主要措施。由于摩擦阻力又与风量的平方成正比，因此在采用这种措施时，应抓住主要矛盾，即首先应考虑风量大、断面积小的总回风道的扩大，其次再考虑其他巷道的扩大。

3）减少周界长 U。R_{fr} 与 U 成正比，在断面积相等的条件下，选用周长较小的拱形断面比周长较大的梯形断面好。

4）减少巷道长 L。R_{fr} 与 L 成正比，进行开拓设计时，就应在满足开采需要的条件下，尽可能缩短风路的长度。例如，当采用中央并列式通风系统，如阻力过大时，即可将其改为两翼式通风系统，以缩短回风路线。

降低摩擦阻力，还应同时结合井卷的其他用途与经济等因素进行综合考虑。如断面过大，不但不经济，而且也不好维护，反而不如选用双巷。

2. 局部阻力

（1）局部阻力的定义

风流流经井巷的某些局部地点——突然扩大或缩小、转弯、交叉，以及堆积物或矿车等，由于速度或方向突然发生变化，导致风流本身产生剧烈的冲击，形成极为紊乱的涡流（见图 1—9），从而损失能量。造成这种冲击与涡流的阻力即称为局部阻力。

（2）降低局部阻力的措施

由于局部阻力是风流在局部阻力地点发生剧烈的冲击而产生的，故降低局部阻力的措施主要是：

1）在容易产生局部阻力的地点，应尽量减少局部风阻值，如采用斜线形或圆弧形连接断面不同的巷道，巷道转弯时，转角越小越好。

2）尽量减少产生局部阻力的条件，如不用或少用直径很小的铁筒风桥，避免在主要巷道内任意停放矿车、堆积木材或器材等。

3）局部阻力与风速的平方成正比，故应特别注意降低总回风道和风硐室的局部阻力，及时清扫风硐内的堆积物，将井筒与风硐的转弯处做成圆滑的壁面。

3. 井巷风阻与等积孔

（1）井巷风阻及其阻力特性

在矿井巷道中，任何井巷的通风阻力，不管它是摩擦阻力、局部阻力，或两者同时具有的阻力，其阻力公式均可写成通式 $h=RQ^2$，风阻特性曲线如图 1—8 所示。

（2）井巷等积孔

当研究井巷通风阻力时，为了在概念上更形象化，有时采用井巷等积孔来代替井巷风阻。等积孔就是用一个与井巷风阻值相当的理想孔的面积值来衡量井巷通风的难易程度。设想将一个矿井的入风口到出风口，沿着井下主要巷道进行均匀压缩，最后形成一个薄片，在这个薄片上将形成一个孔口，这个孔口面积 A 使得薄片的两端作用有矿井的风压差 P 时，通过孔口的风量正好为该矿井的风量 Q，这时，该孔口面积即为矿井的等积孔。

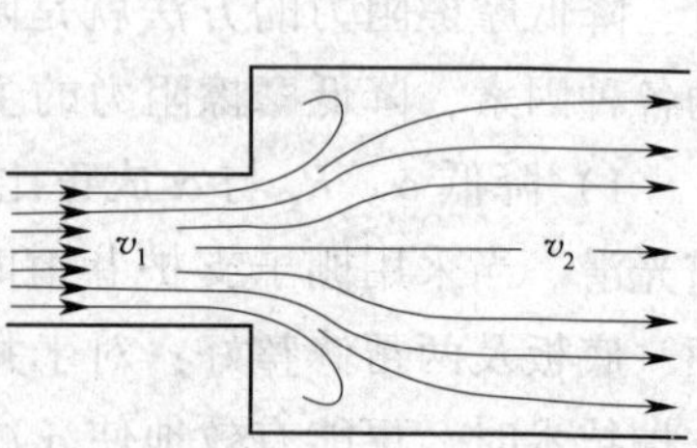

图 1—9　断面突然扩大产生涡流

根据矿井的风阻和等积孔，可以对该矿井的通风难易程度进行评价，评价的标准见表 1—10。

表 1—10　矿井通风阻力与等积孔关系

通风阻力等级	通风难易程度	等积孔大小
大阻力矿	困难	$<1\ m^2$
中阻力矿	中等	$1\sim2\ m^2$
小阻力矿	容易	$>2\ m^2$

第四节　采 区 通 风

每个矿井一般都有几个采区同时生产。每个采区内有采煤工作面、备用工作面、掘进工作面、硐室（采区变电所和绞车房）及其他用风地点，是矿井通风的主要对象。同时，采区又是井下人员最集中的地点。因此，搞好采区通风是保证矿井安全生产的基础。

一、采区通风系统的基本要求

采区通风系统是采区生产系统的重要组成部分。它包括采区主要进、回风巷道和工作面进、回风巷道的布置方式，采区通风路线的连接形式，工作面通风方式，以及采区内的通风设施等内容。

采区通风系统主要决定于采区巷道布置和采煤方法，同时要满足通风的特殊要求。如瓦斯量大或地温高，有时是决定通风系统的主要条件。在确定采区通风系统时，应遵循安全、经济、技术先进合理的原则，满足下列基本要求：

1. 采区必须实行分区通风

（1）准备采区，必须在采区构成通风系统以后，方可开掘其他巷道。

（2）采煤工作面必须在采区构成完整的通风、排水系统后，方可回采。

（3）高瓦斯矿井、有煤（岩）与瓦斯（二氧化碳）突出危险矿井的每个采区和开采容易自燃煤层的采区，必须设置至少 1 条专用回风巷。

（4）低瓦斯矿井开采煤层群和分层开采采用联合布置的采区，必须设置 1 条专用回风巷。

（5）采区的进、回风巷必须贯穿整个采区，严禁一段为进风巷，一段为回风巷。

2. 采、掘工作面应实行独立通风

（1）同一采区内，同一煤层上下相连的两个同一风路中的采煤工作面、采煤工作面和与其相连接的掘进工作面、相邻的两个掘进工作面，布置独立通风有困难时，在制定措施后，可采用串联通风，但串联通风的次数不得超过 1 次。

（2）采区内为构成新区段通风系统的掘进巷道，或采煤工作面遇地质构造而重新掘进的巷道，布置独立通风确有困难时，其回风可以串入采煤工作面，但必须制定安全措施，且串联通风的次数不得超过 1 次；构成独立通风系统后，必须立即改为独立通风。

（3）对于本条规定的串联通风，必须在进入被串联工作面的风流中装设甲烷断电仪，且瓦斯和二氧化碳浓度都不得超过 0.5%，其他有害气体浓度都应符合《煤矿安全规程》的规定。

（4）开采有瓦斯喷出或有煤（岩）与瓦斯（二氧化碳）突出危险的煤层时，严禁任何两个工作面之间串联通风。

3. 采掘工作面的进风和回风不得经过采空区或冒顶区

（1）无煤柱开采沿空送巷和沿空留巷时，应采取防止从巷道的两帮和顶部向采空区漏风的措施。

（2）矿井在同一煤层、同翼、同一采区相邻正在开采的采煤工作面沿空送巷时，采掘工作面严禁同时作业。

（3）水采工作面由采空区回风时，工作面必须有足够的新鲜风流，工作面及其回风巷的风流中的瓦斯和二氧化碳浓度必须符合《煤矿安全规程》的规定。

4. 采空区必须及时封闭

采空区必须及时封闭，必须随采煤工作面的推进，逐个封闭通至采空区的连通巷道。采区开采结束后45天内，必须在所有与已采区相连通的巷道中设置防火墙，全部封闭采区。

5. 控制风流的风门、风桥、风墙、风窗等设施必须可靠

（1）不应在倾斜运输巷中设置风门，如果必须设置风门，应安设自动风门或设专人管理，并有防止矿车或风门碰撞人员，以及防止矿车碰坏风门的安全措施。

（2）开采突出煤层时，工作面回风侧不应设置风窗。

6. 其他基本要求

（1）在采区通风系统中，要保证风流流动的稳定性，采掘工作面尽量避免处于角联风路中。

（2）在采区通风系统中，尽量减少采区漏风量，并有利于采空区瓦斯的合理排放及防止采空区浮煤自燃，使新鲜风流在其流动路线上被加热与污染的程度最小。

（3）设置消防洒水管路、避难硐室和灾变时控制风流的设施，明确避灾路线和安全标志，必要时，建立瓦斯抽放系统和防灭火灌浆系统。

（4）采区绞车房和变电所应实行分区通风。

二、采区进、回风上（下）山的布置

采区进、回风上（下）山，是采区通风系统的主要风路，是由采区巷道布置所决定的。在确定采区巷道布置时，要同时考虑采区的通风问题。低瓦斯单一煤层开采可采用两条上（下）山，有时采用三条上（下）山；多煤层开采、高瓦斯矿井、煤（岩）与瓦斯（二氧化碳）突出矿井，以及开采容易自燃煤层的采区，一般为三条甚至四条上（下）山。上（下）山的具体布置如下：

1. 单一煤层开采时的布置

（1）两条上（下）山

采用两条上山时，一条进风，另一条回风。可以采用轨道上山进风、运输上山回风，也可采用运输上山进风、轨道上山回风。

1）轨道上山进风、运输上山回风。如图1—10所示，这种通风系统的好处是新鲜风流不受煤炭释放的瓦斯、煤尘污染及放热的影响，工作面卫生条件好；轨道上山的绞车房易于通风；下部车场不设风门。但轨道上山的上部和中部车场凡与回风巷相连处，均要设风门与回风隔开，为此车场巷道要有适当的长度，以保证两道风门之间有一定的间距，以解决通风与运输的矛盾。

2）运输上山进风、轨道上山回风。如图1—11所示。这种通风系统的特点是运煤设备处在新风中，比较安全。由于风流方向与运煤方向相反，容易引起煤尘飞扬，煤炭在运输过

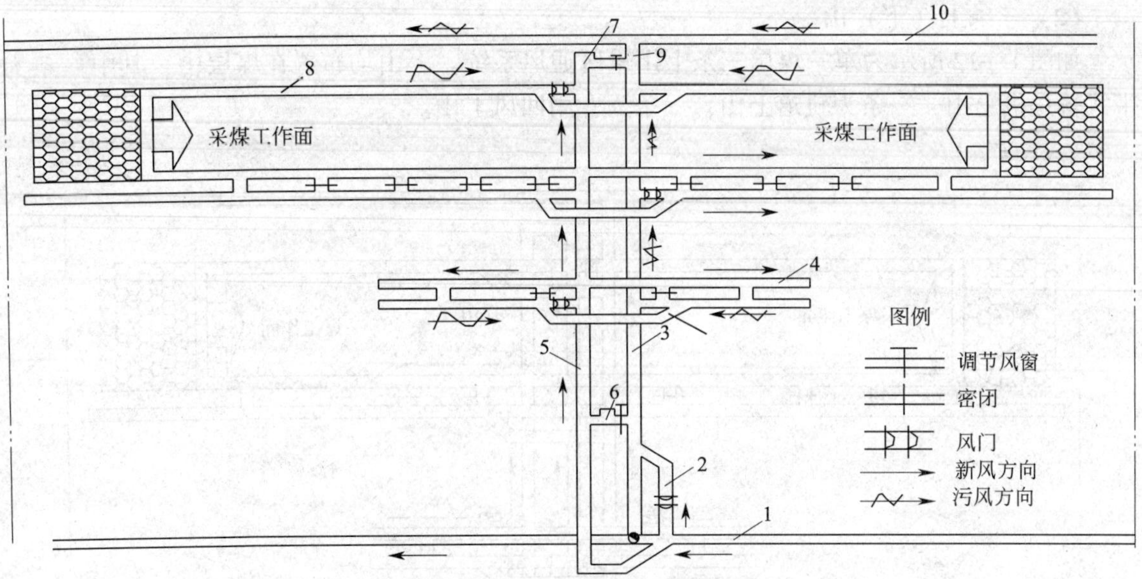

图 1—10 轨道上山进风、运输上山回风通风系统图

1—进风大巷 2—进风联络巷 3—运输上山 4—运输平巷 5—轨道上山

6—采区变电所 7—绞车房 8—回风巷 9—回风石门 10—总回巷

程中释放的瓦斯，可使进风流的瓦斯和煤尘浓度增大，影响工作面的安全卫生条件；输送机设备所散发的热量，使进风流温度升高；此外，在轨道上山的下部车场内安设风门，易造成风流短路，同时影响材料的运输。

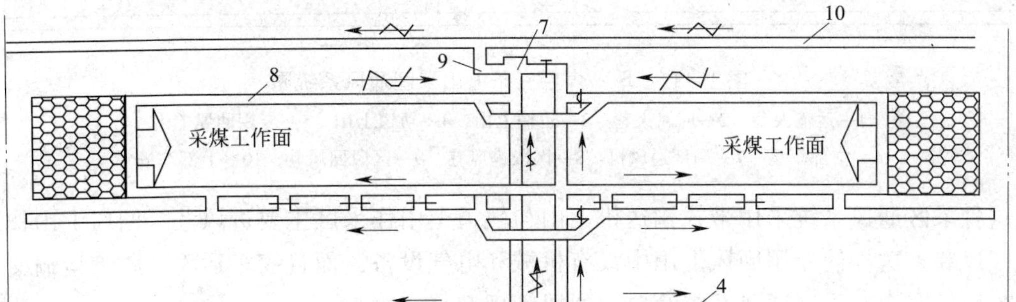

图 1—11 运输上山进风、轨道上山回风通风系统图

1—进风大巷 2—进风联络巷 3—运输上山 4—运输平巷 5—轨道上山

6—采区变电所 7—绞车房 8—回风巷 9—回风石门 10—总回巷

（2）三条上（下）山

如图 1—12 所示为单一煤层三条上山采区通风系统。上山均布置在煤层中，其中一条为带式输送机上山，一条为轨道上山，一条为专用回风上山。

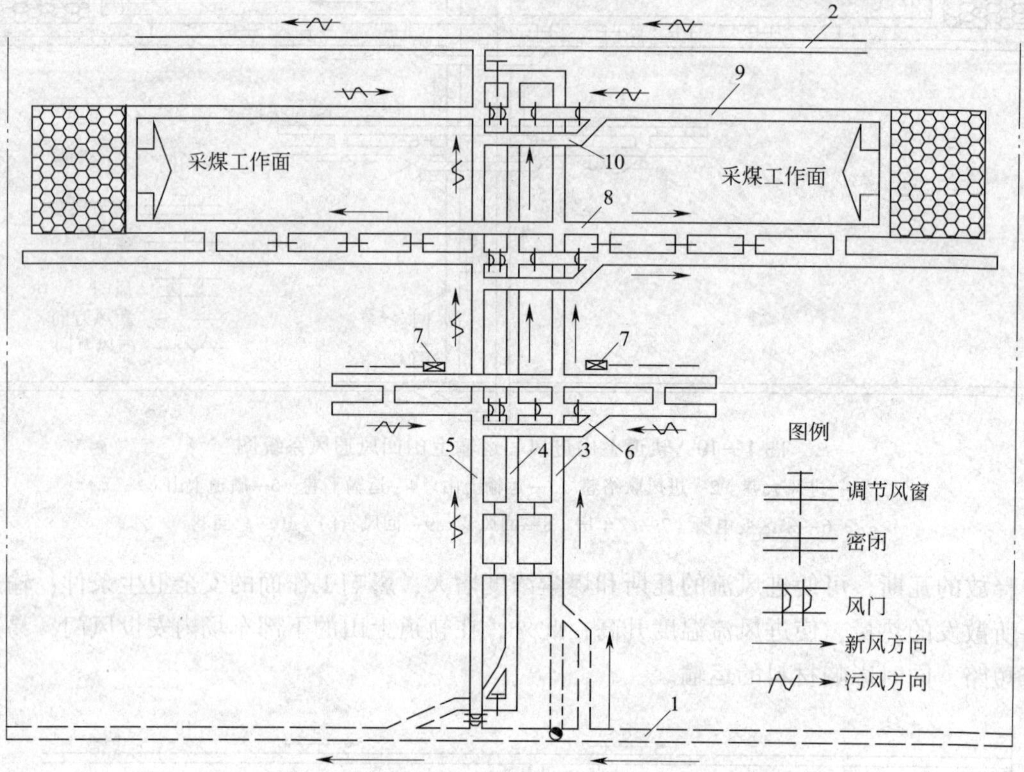

图 1—12　单一煤层三条上山采区通风系统图

1—运输大巷　2—回风大巷　3—运输上山　4—轨道上山　5—专用回风上山　6—中部车场　7—局部通风机　8—区段进风巷　9—区段回风巷　10—上部车场

这种采区通风系统采用带式输送机上山与轨道上山作采区主要进风巷，回风上山作采区专用回风巷。这样使专用回风上山中没有机械和电气设备，而且绞车运输与胶带运输又互不干扰，比较安全，采区通风系统简单，通风管理容易。

2. 多煤层开采时的布置

如图 1—13 所示为联合开采两个近距离煤层的三条上山采区通风系统。在下煤层的底板岩石中，布置集中输送机上山和集中轨道上山，在上煤层中布置集中专用回风上山。上、下煤层中的区段平巷与集中输送机上山、集中轨道上山之间，用区段石门及溜煤眼连接，区段回风平巷与集中专用回风上山直接连接。

这种多煤层联合布置的采区通风系统，采用集中输送机上山与集中轨道上山作采区主要进风巷，风流经区段石门进入各煤层采掘工作面；集中回风上山作采区专用回风巷，各煤层流出的乏风，经集中回风上山流入回风大巷。这种布置的优点是：巷道布置集中，通风系统简单，通风管理容易，采区主要进风巷布置在岩石中，漏风少，专用回风上山中无任何设备，比较安全。

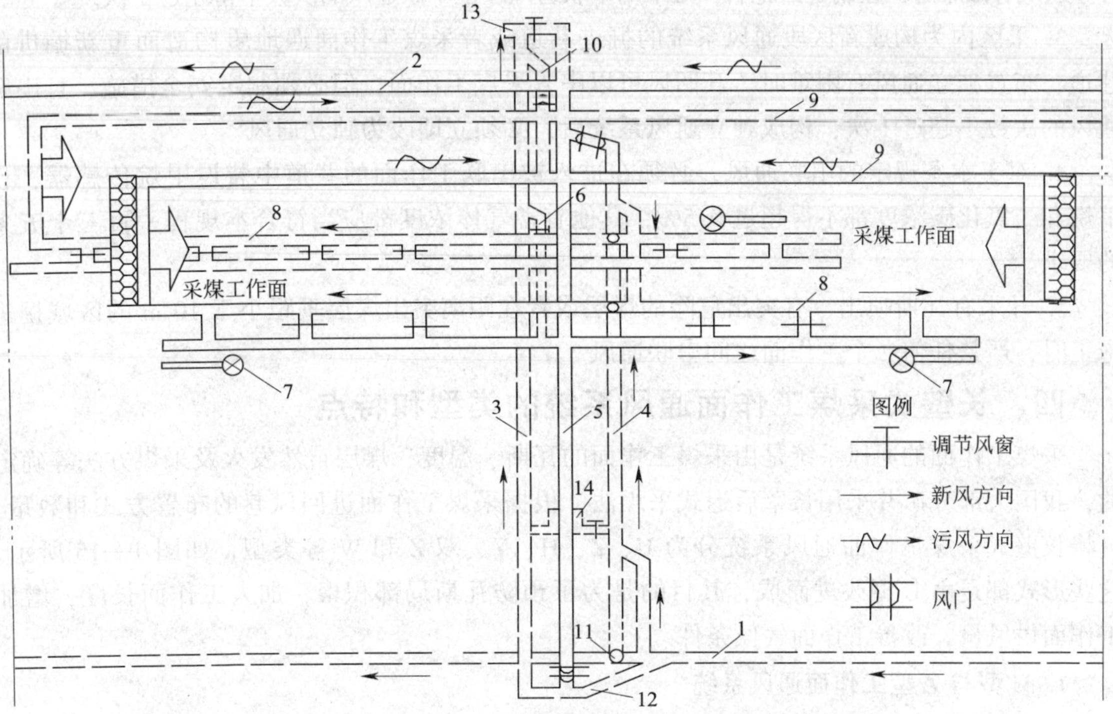

图 1—13　联合开采两个近距离煤层的三条上山采区通风系统

1—运输大巷　2—回风大巷　3—轨道上山　4—运输上山　5—回风上山　6—中部车场　7—局部通风机　8—区段进风巷　9—区段回风巷　10—上部车场　11—煤仓　12—下部车场　13—绞车房　14—变电所

三、采掘工作面的串联通风及要求

井下采掘工作面是人员比较集中的作业区域，也是瓦斯涌出和煤尘飞扬比较集中的地方，因此要求采掘工作面要有良好的通风条件，实行独立通风，形成并联风路。这种通风系统可以保证采掘工作面有稳定的新鲜风流供给，网路总阻力也较工作面串联时小，采掘工作面的乏风风流直接排到采区回风巷或主要回风巷，通风更为安全可靠。此外，一旦该工作面发生事故，事故的灾害气体将直接排向回风巷，不会波及其他工作面，减少事故的危害范围，是一种良好的通风系统。

然而，采区通风系统往往会受许多条件的影响，如采区巷道布置、采煤方法和地质条件等。在某些特殊情况下，如果工作面之间不能形成独立通风，经申报批准，也可以采用串联通风。采、掘工作面串联通风时，前工作面排出的乏风流入后工作面，使后工作面风流中的煤尘和瓦斯量增加，这对矿井的安全生产是不利的，前工作面一旦发生事故，将会波及后工作面，扩大了灾害范围。此外，串联通风使风路长度增加，阻力增大，影响采区供风量，因此它是一种不良的通风系统。

鉴于上述原因，《煤矿安全规程》对采掘工作面的串联通风及要求作了如下规定：

1. 采、掘工作面应当实行独立通风，严禁 2 个采煤工作面之间串联通风。

2. 同一采区内 1 个采煤工作面与其相连接的 1 个掘进工作面、相邻的 2 个掘进工作面，布置独立通风有困难时，在制定措施后，可采用串联通风，但串联通风的次数不得超过 1 次。

3. 采区内为构成新区段通风系统的掘进巷道或者采煤工作面遇地质构造而重新掘进的巷道，布置独立通风有困难时，其回风可以串入采煤工作面，但必须制定安全措施，且串联通风的次数不超过 1 次；构成独立通风系统后，必须立即改为独立通风。

4. 对于本条规定的串联通风，必须在进入被串联工作面的巷道中装设甲烷传感器，且甲烷和二氧化碳浓度都不得超过 0.5%，其他有害气体浓度都应当符合本规程一百三十五条的要求。

5. 开采有瓦斯喷出、有突出危险的煤层或者在距离突出煤层垂距小于 10 m 的区域掘进施工时，严禁任何 2 个工作面之间串联通风。

四、长壁式采煤工作面通风系统的类型和特点

采煤工作面的通风系统是由采煤工作面的瓦斯、温度、煤层自然发火及采煤方法等确定的，我国大部分矿井采用长壁后退式采煤法。根据采煤工作面进回风巷的布置方式和数量，可将长壁式采煤工作面通风系统分为 U、Z、H、Y、双 Z 和 W 等类型，如图 1—15 所示。这些形式都是由 U 型改进而成，其目的是为了预防瓦斯局部积聚，加大工作面长度，增加工作面供风量，改善工作面气候条件。

1. U 型与 Z 型工作面通风系统

该类型的通风系统如图 1—14a 和图 1—14b 所示，工作面通风系统只有一条进风巷道和一条回风巷道。我国大多数矿井采用 U 型后退式通风系统。

（1）U 型通风系统（见图 1—14a）

1）U 型后退式通风系统的主要优点是结构简单，巷道施工维修量小，工作面漏风小，风流稳定，易于管理等；缺点是工作面上隅角附近瓦斯易超限，工作面进、回风巷要提前掘进，掘进工作量大。

2）U 型前进式通风系统的主要优点是工作面维护量小，不存在采掘工作面串联通风的问题，采空区瓦斯不涌向工作面，而是涌向回风平巷；缺点是工作面采空区漏风大。

（2）Z 型通风系统（见图 1—14b）

1）Z 型后退式通风系统的主要优点是采空区瓦斯不会涌入工作面，而是涌向回风巷，工作面采空区回风侧能用钻孔抽放瓦斯，但不能在进风侧抽放瓦斯。

2）Z 型前进式通风系统工作面的进风侧沿采空区可以抽放瓦斯，但采空区的瓦斯易涌向工作面，特别是上隅角，回风侧不能抽放瓦斯。

Z 型通风系统采空区的漏风，介于 U 型后退式通风系统和 U 型前进式通风系统之间，且该通风系统需沿空支护巷道和控制采空区的漏风，难度较大。

2. Y 型、W 型及双 Z 型通风系统

这三种通风系统均为两进一回或一进两回的采煤工作面通风系统。该类型的通风系统如图 1—14c、图 1—14d 和图 1—14e 所示。

（1）Y 型通风系统

根据进、回风巷的数量和位置不同，Y 型通风系统可以有多种不同的方式。生产实际中

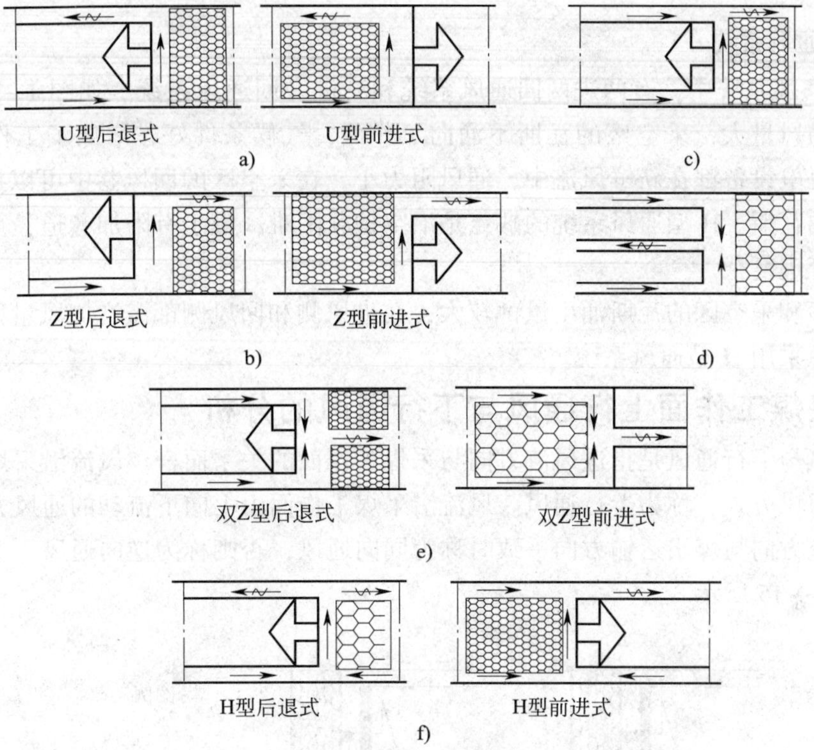

图 1—14　采煤工作面通风系统图

a）U 型　b）Z 型　c）Y 型　d）W 型　e）双 Z 型　f）H 型

应用较多的是在回风侧加入附加的新鲜风流，与工作面回风汇合后从采空区侧流出的通风系统。Y 型通风系统会使回风道的风量加大，但上隅角及回风道的瓦斯不易超限，并可以在上部进风侧抽放瓦斯。

（2）W 型通风系统

后退式 W 型通风系统用于高瓦斯的长工作面或双工作面。该系统的进、回风平巷都布置在煤体中，当由中间及下部平巷进风、上部平巷回风时，上、下段工作面均为上行通风，但上段工作面的风速高，对防尘不利，上隅角瓦斯可能超限，所以，瓦斯涌出量很大时，常采用上、下平巷进风，中间平巷回风的 W 型通风系统，或者反之，采用由中间平巷进风，上、下平巷回风的通风系统，以增加风量，提高产量。在中间平巷内布置钻孔抽放瓦斯时，抽放钻孔由于处于抽放区域的中心，因而抽放率比采用 U 型通风系统的工作面提高了 50%。

采用前进式 W 型通风系统时，巷道维护在采空区内，巷道维护困难，漏风大，采空区的瓦斯涌出量也大。

（3）双 Z 型通风系统

双 Z 型通风系统的中间巷与上、下平巷分别在工作面的两侧。

1）后退式双 Z 型通风系统的上、下进风巷布置在煤体中，漏风携出的瓦斯不进入工作面，比较安全。

2）前进式双 Z 型通风系统的上、下进风巷维护在采空区中，漏风携出的瓦斯可能使工作面的瓦斯超限。

3. H 型通风系统

在 H 型通风系统中，有两进两回通风系统和三进一回通风系统。如图 1—14f 所示。其特点是工作面风量大，采空区的瓦斯不涌向工作面，气候条件好，增加了工作面的安全出口，工作面机电设备都在新鲜风流中，通风阻力小，在采空区的回风巷中可以抽放瓦斯，易控制上隅角的瓦斯。H 型通风系统的缺点是沿空护巷困难，由于有附加巷道，可能影响通风的稳定性，管理复杂。

当工作面和采空区的瓦斯涌出量都较大，在进风侧和回风侧都需增加风量稀释工作面瓦斯时，可考虑采用 H 型通风系统。

五、采煤工作面上行通风与下行通风的分析

上行通风与下行通风是指进风流方向与采煤工作面的关系而言。风流沿采煤工作面由下向上流动的通风方式，称为上行通风。风流沿采煤工作面由上向下流动的通风方式，称为下行通风。风流方向与煤炭运输方向一致时称为同向通风，否则称为逆向通风。上行通风与下行通风如图 1—15 所示。

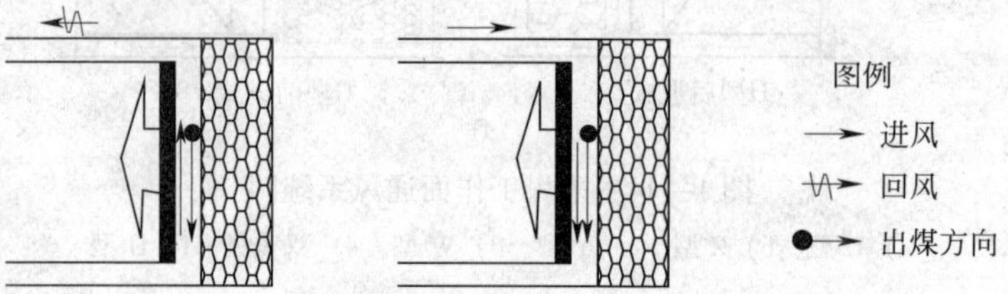

图 1—15　工作面上行通风与下行通风示意图

1. 上行通风

（1）上行通风的主要优点

采煤工作面和回风巷道风流中的瓦斯，以及从煤壁及采落的煤炭中不断放出的瓦斯，由于其相对密度小，有一定的上浮力，瓦斯自然流动的方向和通风方向一致，有利于较快地降低工作面的瓦斯浓度，防止在低风速地点造成瓦斯局部积聚。

（2）上行通风的主要缺点

采煤工作面为逆向通风，容易引起煤尘飞扬，增加了采煤工作面风流中的煤尘浓度；煤炭在运输过程中放出的瓦斯，又随风流带到采煤工作面，增加了采煤工作面的瓦斯浓度；运输设备运转时所产生的热量随进风流散发到采煤工作面，使工作面气温升高。

2. 下行通风

（1）下行通风的主要优点

采煤工作面进风流中煤尘浓度较低，这是因为工作面内为同向通风，降低了吹起煤尘的能力；采煤工作面的气温可以降低，这是因为风流进入工作面的路线较短，风流与地温热交换作用较小，而且工作面运输平巷内的机械发热量不会带入工作面；不易出现瓦斯局部积聚，因为风流方向与瓦斯轻浮向上的方向相反，当风流保持足够的风速时，就具有较强的扰

动、混合能力，使瓦斯局部积聚难以产生，而且煤炭在运输过程中放出的瓦斯不会带入工作面。

(2) 下行通风的主要缺点

工作面运输平巷中设备处在回风流中；一旦工作面发生火灾时，控制火势比较困难；当发生煤与瓦斯突出事故时，下行通风极易引起大量的瓦斯逆流进入上部进风水平，扩大突出的涉及范围。因此《煤矿安全规程》规定：有突出危险的采煤工作面严禁采用下行通风。

现场的实践和实验室试验分析证明，采煤工作面采用下行通风对工作面的煤尘抑制，特别是对急倾斜煤层采煤工作面的煤尘抑制是很有利的。同时，下行通风对防止采煤工作面顶板瓦斯的成层积聚和采空区的漏风，以及抑制煤炭自燃也都是有利的。

六、采区通风管理中的注意事项

1. 根据采区的地质条件和开采技术条件，确定采区的风量和风流控制措施。按照采区实际情况计算采区需要的风量，合理分配风量到采掘工作面、硐室和用风地点；在生产条件变化的情况下，及时有效地进行局部风量调节。控制风流的措施是在通风网路中选定适当地点建造通风设施，改变风流及风路的阻力，使风流按既定的通风系统流动，满足各用风地点的供风量。

2. 按照《煤矿安全规程》规定，进行采区风量和风速检查。检查风量和风速的目的，是确定采区总进风量是否满足生产需要，各工作地点风量分配是否合理，以及局部地区的漏风情况和各巷道中的实际风速是否符合规定等，发现问题及时上报并处理。生产实践证明，加强风量检查，找出漏风严重的地点，及时采取措施，能有效地改善采区通风状况。

3. 有计划地进行采区通风阻力检查与测定，掌握采区通风网路中阻力分布状况。对阻力较大的区域和地点采取相应措施，为改善采区通风系统，减少阻力，保证采区正常通风提供可靠依据。

4. 按照《煤矿安全规程》要求，组织通风安全各项检查工作，包括测定空气成分、湿度和温度、有害气体含量、含尘量等，以确保采区有良好的通风条件和适宜的作业环境。

5. 加强对火区的检查，掌握自然发火区域的变化情况，定期对封闭区内的空气成分和温度进行检查分析。防火墙也应加强管理，检查有无裂缝及漏风情况，发现问题，工作面应及时采取补救措施。

6. 按要求绘制与填绘采区通风系统图，及时掌握采区通风网路的变化情况，填写各种通风安全报表，并对各报表进行研究和分析。

第五节 掘进通风

一、局部通风机通风

局部通风机是井下局部地点通风所用的通风设备。局部通风机通风是利用局部通风机作动力，用风筒导风把新鲜风流送入掘进工作面的通风方式。局部通风机通风按其工作方式不同分为压入式通风、抽出式通风和混合式通风三种。

1. 压入式通风

压入式通风如图 1—16 所示，局部通风机和启动装置安设在离掘进巷道口 10 m 以外的进风侧巷道中，局部通风机把新鲜风流经风筒送入掘进工作面，乏风沿掘进巷道排出。

压入式通风的优点是：局部通风机和启动装置都位于新鲜风流中，不易引起瓦斯和煤尘爆炸，安全性好；风筒出口风流的有效射程长，排风能力强，工作面通风时间短；既可用硬质风筒，又可用柔性风筒，适应性强。

压入式通风的缺点是：乏风沿巷道排出，污染范围大；炮烟从掘进巷道排出的速度慢，需要的通风时间长。压入式通风适用于以排出瓦斯为主的煤巷、半煤岩巷掘进通风。

2. 抽出式通风

抽出式通风如图 1—17 所示，局部通风机安装在离掘进巷道口 10 m 以外的回风侧巷道中，新鲜风流沿掘进巷道流入工作面，乏风经风筒由局部通风机抽出。

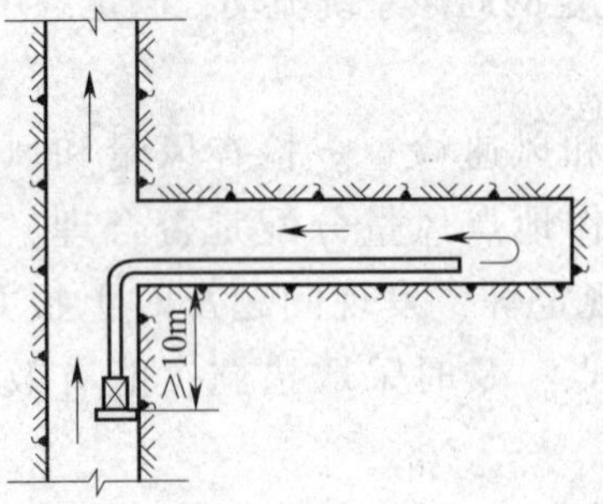

图 1—16 压入式通风

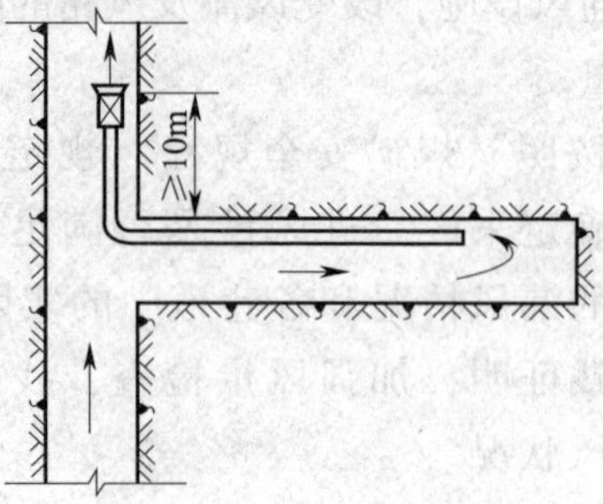

图 1—17 抽出式通风

抽出式通风的优点是：乏风经风筒排出，掘进巷道中为新鲜风流，劳动卫生条件好；放炮时人员只需撤到安全距离即可，往返时间短；而且所需排风的巷道长度为工作面至风筒吸入口的长度，故排风时间短，有利于提高掘进速度。

抽出式通风的缺点是：风筒吸入口的有效吸程短，风筒吸风口距工作面距离过远则通风效果不好，过近则放炮时易崩坏风筒；因污风由局部通风机抽出，一旦局部通风机产生火花，将有引起瓦斯、煤尘爆炸的危险，安全性差。在瓦斯矿井中一般不使用抽出式通风。

3. 混合式通风

混合式通风是一个掘进工作面同时采用压入式通风和抽出式通风联合工作。其中压入式通风向工作面供新风，抽出式通风从工作面排出乏风。按局部通风机和风筒的布设位置不同，混合式通风分为长抽短压、长压短抽和长压长抽三种方式。

(1) 长抽短压

长抽短压通风方式如图 1—18a 所示。工作面乏风由压入式风筒压入的新风予以冲淡和稀释，由抽出式风筒排出。具体要求是：抽出式风筒吸风口与工作面的距离应小于污染物分布集中带长度，与压入式风机的吸风口距离应大于 10 m；抽出式风机的风量应大于压入式风机的风量；压入式风筒的出口与工作面间的距离应在有效射程之内。若采用长抽短压通风时，其中抽出式风筒须用刚性风筒或带刚性骨架的可伸缩风筒。若采用柔性风筒，则可将抽出式局部通风机移至风筒入口，改作压入式，如图 1—18b 所示。

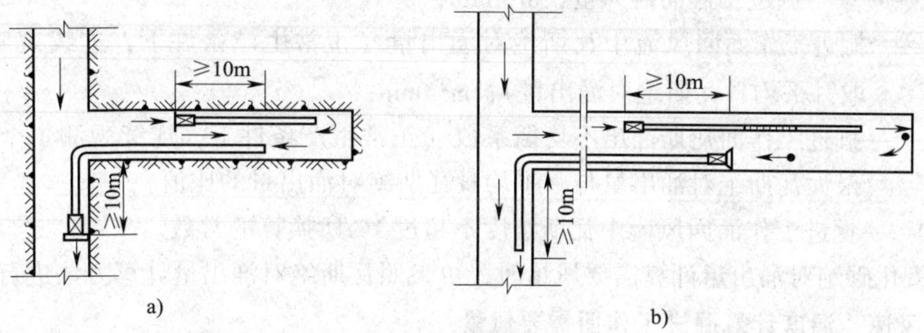

图 1—18 长抽短压通风方式

（2）长压短抽

其布置方式如图 1—19 所示。新鲜风流经压入式风筒送入工作面，工作面乏风经抽出式通风除尘系统净化，被净化的风流沿巷道排出。抽出式风筒吸风口与工作面距离应小于有效吸程，对于综合机械化掘进，应尽可能靠近最大产尘点。压入式风筒出风口应超前抽出式风筒出风口 10 m 以上，它与工作面的距离应不超过有效射程。压入式通风机的风量应大于抽出式通风机的风量。

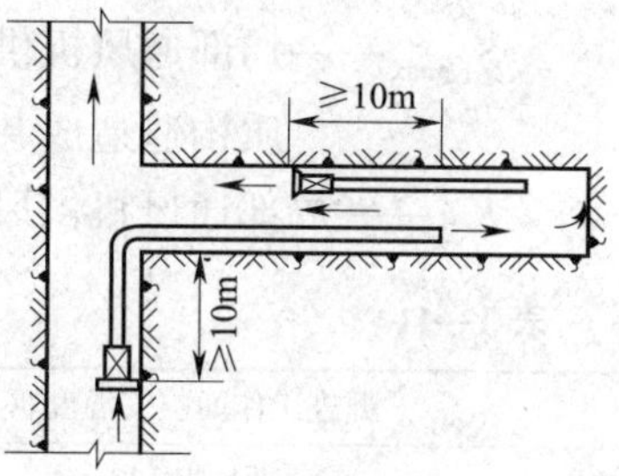

图 1—19 长压短抽通风方式

混合式通风兼有抽出式通风与压入式通风的优点，通风效果好。混合式通风的主要缺点是增加了一套通风设备，电能消耗大，管理也比较复杂，而且降低了压入式与抽出式两列风筒重叠段巷道内的风量。混合式通风适用于大断面、长距离岩巷掘进巷道。煤巷综掘工作面多采用与除尘风机配套的长压短抽通风方式。

◎ 相关法规

《煤矿安全规程》规定：煤巷、半煤岩巷和有瓦斯涌出的岩巷掘进采用局部通风机通风时，应当采用压入式，不得采用抽出式（压气、水力引射器不受此限）；如果采用混合式，必须制定安全措施。瓦斯喷出区域和突出煤层采用局部通风机通风时，必须采用压入式。

二、掘进工作面风量计算

掘进工作面需风量，应满足《煤矿安全规程》对作业地点空气的成分、含尘量、气温、风速等的规定和要求，按下列因素计算。

每个掘进工作面需风量，应按瓦斯、二氧化碳绝对涌出量和爆破后有害气体产生量，以及工作面气温、风速和人数等规定分别进行计算，然后取最大值作为该掘进工作面需要风量。

1. 按瓦斯绝对涌出量计算

$$Q_{掘}=100\times q_{掘}\times K_{掘}$$

式中 $Q_{掘}$——单个掘进工作面需风量，m^3/min；

$q_{掘}$——掘进工作面回风流中瓦斯绝对涌出量（正常生产条件下，连续观测1个月，取月平均日瓦斯绝对涌出量），m^3/min；

$K_{掘}$——掘进工作面瓦斯涌出不均衡系数（正常生产条件下，连续观测1个月，取日最大瓦斯绝对涌出量与月平均日瓦斯绝对涌出量的比值）；

100——掘进工作面回风流中瓦斯浓度不超过1%所换算的常数。

按二氧化碳绝对涌出量计算需要风量时，可参照瓦斯绝对涌出量计算方法进行。

2. 按风速、温度计算掘进工作面需要风量

$$Q_{掘}=60\times v_{掘}\times S_{掘max}\times K_{温}$$

式中 $v_{掘}$——局部通风机供风巷道内最低允许风速，m/s，岩道 $v_{掘}\geqslant 0.15$ m/s，煤巷和半煤岩巷 $v_{掘}\geqslant 0.25$ m/s；

$S_{掘max}$——局部通风机供风巷道的最大净断面积（掘进工作面因出现断层、高冒、地质构造造成巷道断面积增大的除外），m^2；

$K_{温}$——局部通风机供风巷道空气温度调整系数，可按表1—11选取。

表1—11　　掘进工作面空气温度调整系数

掘进工作面空气温度（℃）	配风调整系数 $K_{温}$
18~20	1.00
20~23	1.00~1.10
23~26	1.10~1.25
26~28	1.25~1.40
28~30	1.40~1.60

3. 按掘进工作面同时作业人数和炸药量计算需要风量

每人供风量≥4 m^3/min：

$$Q_{掘}>4N$$

每千克炸药供风量≥25 m^3/min：

$$Q_{掘4}>25A_{药}$$

式中 N——掘进工作面最多人数；

$A_{药}$——一次爆破炸药最大用量，kg。

4. 按风速进行验算

岩巷掘进最低风量，$Q_{岩掘}>9S_{掘max}$；

煤巷掘进最低风量，$Q_{煤掘}>15S_{掘max}$；

岩煤巷道最高风量，$Q_{掘}<240S_{掘min}$。

式中 $S_{掘\max}$——局部通风机供风巷道的最大净断面积，m^2；

$S_{掘\min}$——局部通风机供风巷道的最小净断面积，m^2。

三、掘进通风管理

掘进通风管理技术措施主要有加强风筒管理的措施、保证局部通风机安全运转的措施、掘进通风安全技术装备系列化措施、局部通风机的消声措施等。

1. 加强风筒管理的措施

（1）减少风筒漏风

1）改进风筒接头方法和减少风筒接头数。风筒接头的好坏直接影响风筒的漏风和风筒阻力。改进风筒接头方法和减少风筒接头数，是减少风筒漏风的重要措施之一。

①改进接头方法。风筒接头方法一般是采用插接法，即把风筒的一端顺风流方向插到另一节风筒中，并拉紧风筒使两个铁环靠紧。这种接头方法操作简单，但漏风大。为减少漏风，普遍采用的是反边接头法。

反边接头法分单反边、双反边（见图 1—20）和多反边（见图 1—21）三种形式。

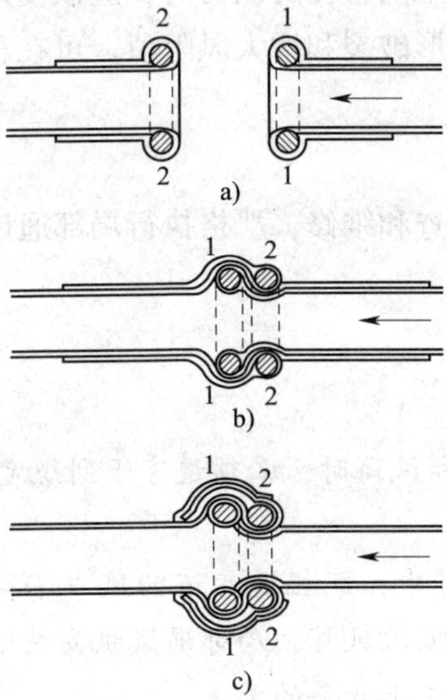

图 1—20 双反边接头

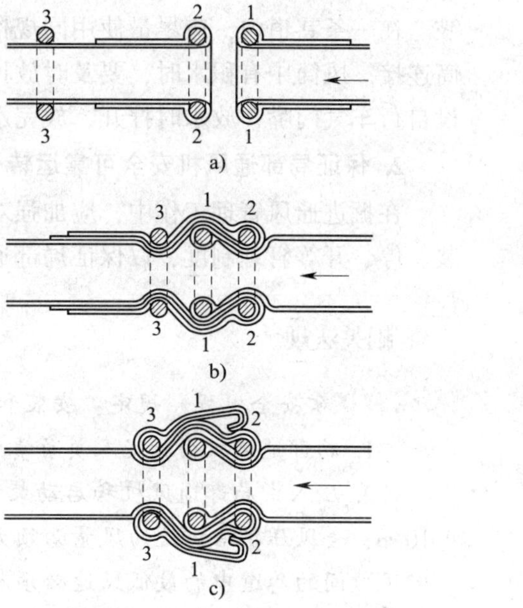

图 1—21 多反边接头

单反边接头法是在一个接头上留反边，只将缝有铁环的接头 1 留 200~300 mm 的反边，而接头 2 不留反边，将留有反边的接头插入（顺风流）另一个接头中，然后将两风筒拉紧使两铁环紧靠，再将接头 1 的反边翻压到两个铁环之上即可。双反边接头法，是在两个接头上均留有 200~300 mm 的反边，如图 1—20a 所示，且比单反边多翻压一层。多反边接头法，比双反边增加一个活铁环 3，将活铁环 3 套在风筒 2 上，如图 1—21a 所示，将 1 端顺风流插入 2 端，并将 1 端的反边翻压到 2 端上，将活铁环 3 套在 1、2 端的反边上，如图 1—21b 所示；最后将 1、2 反边再同时翻压在铁环 3、1 上，如图 1—21c 所示。反边接头法的翻压层数越多，漏风越少。

②减少接头数。不论采用哪种接头方法，均不能杜绝漏风，因此，应尽量减少接头数，即尽量选用长节风筒。目前普遍使用的柔性风筒，每节长 10 m，可采用胶粘接头法，将 5~10 节风筒顺序粘接起来，使每节风筒的长度增到 50~100 m，从而减少大量接头数，以减少漏风。

2）减少针眼漏风。胶布风筒是用线缝制成的，在风筒吊环鼻和缝合处，都有很多针眼，据现场观测，在 1 kPa 压力下，针眼普遍漏风。因此，对风筒的针眼处应用胶布粘补，以减少漏风。

3）防止风筒破口漏风。风筒靠近工作面的前端，应设置 3~4 m 长的一段铁风筒，随工作面推进向前移动，以防放炮崩坏胶布风筒。掘进巷道要加强支护，以防冒顶片帮砸坏风筒。风筒要吊挂在上帮的顶角处，防止被矿车刮破。对于风筒的破口、裂缝要及时粘补，损坏严重的风筒应及时更换。

（2）降低风筒的风阻

为了减少风筒的风阻以增加供风量，风筒吊挂应逢环必挂，缺环必补，吊挂平直，拉紧吊稳。局部通风机，要用托架抬高，尽量和风筒成一直线。风筒拐弯应圆缓，勿使风筒褶皱。在一条巷道内，应尽量使用同规格的风筒，如使用不同直径的风筒时，应该使用异径风筒连接。风筒中有积水时，要及时放掉，以防止风筒变形破裂和增大风阻值。可在积水处安设自行车气门嘴，放水时拧开，放完水再拧紧。

2. 保证局部通风机安全可靠运转

在掘进通风管理工作中，应加强对局部通风机的检查和维修，严格执行局部通风机的安装、停、开等管理制度，以保证局部通风机正常运转。

◎ 相关法规

《煤矿安全规程》规定：安装和使用局部通风机和风筒时，必须遵守下列规定：

1. 局部通风机由指定人员负责管理。

2. 压入式局部通风机和启动装置安装在进风巷道中，距掘进巷道回风口不得小于 10 m；全风压供给该处的风量必须大于局部通风机的吸入风量，局部通风机安装地点到回风口间的巷道中的最低风速必须符合本规程第一百三十六条的要求。

3. 高瓦斯、突出矿井的煤巷、半煤岩巷和有瓦斯涌出的岩巷掘进工作面正常工作的局部通风机必须配备安装同等能力的备用局部通风机，并能自动切换。

4. 其他掘进工作面和通风地点正常工作的局部通风机可不配备备用局部通风机，但正常工作的局部通风机必须采用“三专”供电。

5. 采用抗静电、阻燃风筒。

6. 正常工作和备用局部通风机均失电停止运转后，当电源恢复时，正常工作的局部通风机和备用局部通风机均不得自行启动，必须人工开启局部通风机。

7. 使用局部通风机供风的地点必须实行风电闭锁和甲烷电闭锁，保证当正常工作的局部通风机停止运转或者停风后能切断停风区内全部非本质安全型电气设备的电源。

8. 每15天至少进行一次风电闭锁和甲烷电闭锁试验，每天应当进行一次正常工作的局部通风机与备用局部通风机自动切换试验。

9. 严禁使用3台及以上局部通风机同时向1个掘进工作面供风。不得使用1台局部通风机同时向2个及以上作业的掘进工作面供风。

四、掘进通风安全技术装备系列化

掘进通风安全技术装备系列化对于保证掘进工作面通风的安全可靠性具有重要意义。掘进通风安全技术装备系列化是在治理瓦斯、煤尘、火灾等灾害的实践中不断发展起来的多种安全技术装备，是预防和治理相结合的防止掘进工作面瓦斯爆炸、煤尘爆炸、火灾等灾害的行之有效的综合性安全措施。主要内容如下：

1. 保证局部通风机稳定运转的装置

（1）双风机、双电源、自动切换和风筒自动倒风装置

正常通风时由专用开关供电，使局部通风机运转通风；一旦常用局部通风机因故障停机时，电源开关自动切换，备用风机即刻启动，继续供风，从而保证了局部通风机的连续运转。由于双风机共用一道主风筒，风机要实现自动倒换时，则连接两风机的风筒也必须能够自动倒风，风筒自动倒风装置有以下两种结构，如图1—22所示。

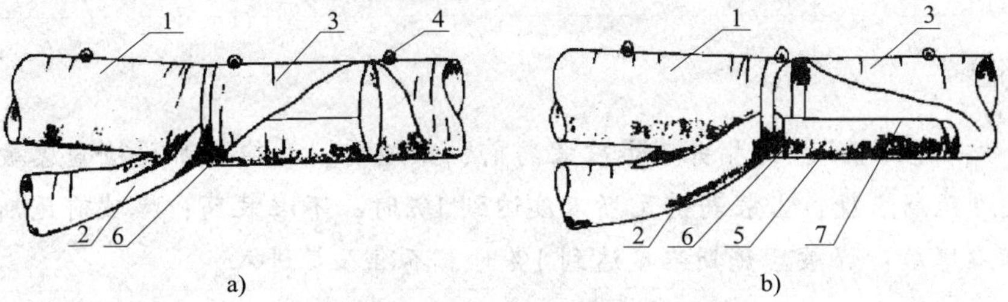

图1—22　倒风装置

a）短节倒风装置　b）切换片倒风装置

1—常用风筒　2—备用风筒　3—共用风筒　4—吊环　5—倒风切换片　6—风筒黏结处　7—缝合线

1）短节倒风装置。如图1—22a所示，将连接常用风机风筒一端的半圆与连接备用风机风筒一端的半圆黏结、缝合在一起（其长度为风筒直径的1~2倍），套入共用风筒，并对接头部进行防漏风处理，即可投入使用。常用风机运转时，由于风机风压作用，连接常用风机的风筒被吹开，将与此并联的备用风机风筒紧压在双层风筒段内，关闭了备用风机风筒。若常用风机停转，备用风机启动，则连接常用风机的风筒被紧压在双层风筒段内，关闭了常用风机风筒，从而达到自动倒风换流的目的。

2）切换片倒风装置。如图1—22b所示，在连接常用风机的风筒与连接备用风机的风筒之间平面夹粘一片长度等于风筒直径的1.5~3.0倍、宽度大于1/2风筒周长的倒风切换片，将其嵌套在共用风筒内并粘在一起，经防漏风处理后便可投入使用，常用风机运行时，由于风机风压作用，倒风切换片将连接备用风机的风筒关闭，若常用风机停机，备用风机启动，用倒风切换片又将连接常用风机的风筒关闭，从而达到自动倒风换流的目的。

（2）“三专两闭锁”装置

“三专”是指专用变压器、专用开关、专用电缆，“两闭锁”则指风电闭锁和甲烷电闭锁。其功能是只有在局部通风机正常供风、掘进巷道内的甲烷浓度不超过规定限值时，方能向巷道内机电设备供电，当局部通风机停转时，自动切断所控机电设备的电源；当甲烷浓度超过规定限值时，系统能自动切断甲烷传感器控制范围内的电源，而局部通风机仍可正常运转。若局部通风机停转、停风区内甲烷浓度超过规定限值时，局部通风机便自行闭锁；重新恢复通风时，要人工复电，先送风，当甲烷浓度降到安全允许值以下时才能送电，从而提高了局部通风机连续运转供风的安全可靠性。

2. 加强瓦斯检查和监测

（1）安设瓦斯自动报警断电装置，实现瓦斯遥测

当掘进巷道中瓦斯浓度达到1%时，通过低浓度瓦斯传感器自动报警；瓦斯浓度达到1.5%时，通过瓦斯断电仪自动断电。高瓦斯和突出矿井要装备瓦斯断电仪或瓦斯遥测仪，在炮掘工作面迎头5 m内和巷道冒顶处瓦斯积聚地点要设置便携式瓦斯检测报警仪。班组长下井时也要随身携带这种仪表，以便随时检查可疑地点的瓦斯浓度。

（2）实行专职瓦斯检查员随时检查瓦斯制度

坚持“一炮三检”，在掘进作业的装药前、放炮前和放炮后都要认真检查放炮地点附近的瓦斯浓度。

◎ 知识拓展

所谓“一炮三检”，是指井下爆破装药前、放炮前、放炮后都要检查爆破地点附近20 m内风流瓦斯浓度，当装药前瓦斯浓度达到1%时，不准装药；爆破前瓦斯浓度达到1%时，不准爆破；爆破后瓦斯浓度达到1%时，不准人员进入。

3. 综合防尘措施

掘进巷道的矿尘来源，当用钻眼爆破法掘进时，主要产生于钻眼、爆破、装岩工序，其中以凿岩产尘量最高；当用综合机械化掘进机械掘进时，切割、装载工序，以及综合机械化掘进机械整个工作期间，矿尘产生量都很大。因此，要做到湿式煤电钻打眼，爆破使用水炮泥，综掘机内外喷雾。要有完善的洒水除尘和灭火两用的供水系统，实现放炮喷雾、装煤岩洒水和转载点喷雾、安设喷雾水幕净化风流，以及定期用预设软管冲刷清洁巷道，从而达到减少矿尘飞扬和堆积的目的。

4. 防火防爆安全措施

机电设备严格采用防爆型及安全火花型；局部通风机、装岩机和煤电钻都要采用综合保护装置；移动式和手持式电气设备必须使用专用的不延燃性橡胶电缆；照明、通信、信号和控制专用导线必须用橡套电缆。高瓦斯及突出矿井要使用乳化炸药，推广屏蔽电缆和阻燃抗静电风筒。

实施掘进安全技术装备系列化的矿井，提高了矿井防灾和抗灾能力，降低了矿尘浓度与噪声，改善了掘进工作面的作业环境，尤其是煤巷掘进工作面的安全性得到了很大提高。

思考练习题

1. 何谓矿井通风？矿井通风的基本任务是什么？

2. 某倾斜巷道如图 1—23 所示，已知断面 1—1 和断面 2—2 的有关参数：p_1 为 755 mmHg，p_2 为 750 mmHg；v_1 为 6 m/s，v_2 为 4 m/s；ρ_1 为 1.25 kg/m^3，ρ_2 为 1.20 kg/m^3，试计算两断面之间的通风阻力（用单位 Pa 表示），并判断风流的方向。

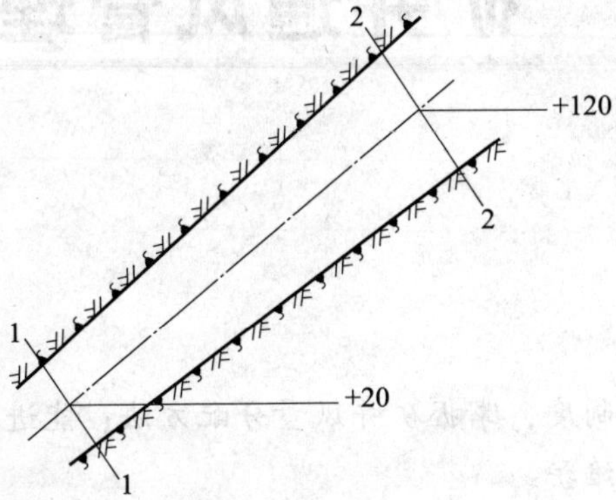

图 1—23　倾斜巷道

3. 简述降低矿井通风阻力的目的与意义。

4. 什么是采区通风系统？它包含哪些内容？

5. 目前我国煤矿掘进通风为什么广泛采用压入式通风方式？

第二章

矿井通风管理

学习目标

了解矿井通风相关管理制度，掌握矿井风量分配方法；能进行巷道风速测定计算，能够对矿井通风设施进行检查和维护。

在矿井生产过程中，由于生产条件不断发生变化，矿井通风工作因此受到影响，需要不断地对矿井风量进行调节，对通风设施和井巷进行维修，加强通风管理。矿井通风管理是矿井灾害防治的基础和关键，通风管理的好坏直接影响煤矿的安全状况。

第一节　生产现场通风管理

一、管理制度

1. 矿井通风管理制度

（1）各矿每年在安排生产计划前必须进行矿井通风能力的核定工作，保证矿井不超通风能力生产。

（2）矿井必须有完整的独立通风系统，全矿井通风系统必须制定通风设计和专项安全技术措施，由煤矿企业技术负责人审批。

（3）生产矿井必须采用机械通风，必须安装两套同等能力的主要通风机，其中一套作为备用，备用主要通风机必须能在 10 min 内启动。生产矿井现有的两套不同能力的主要通风机，在满足生产要求时，可继续使用。主要通风机必须设专职司机看管，每小时填写运行记录。主要通风机房必须安装水柱计、电流表、电压表、轴承温度计等仪表和直通矿调度室的电话。反风操作系统图、司机岗位责任制和操作规程应悬挂上墙。

（4）改变主要通风机的工况时，必须有煤矿企业技术负责人批准的安全技术措施。主要通风机必须在合理工况范围内运行。两台及以上主要通风机联合运转的矿井，要制定相应的通风安全技术措施，报煤矿企业主要负责人审批。

（5）因检修、停电或其他原因停止主要通风机运转时，必须制定停风安全措施；主要通风机停止运转时，受停风影响的地点，必须立即停止工作、切断电源，工作人员先撤到进风巷道中，并立即向矿调度室汇报，由矿长或矿技术负责人决定全矿井是否停止生产、工作人员是否全部撤出。

（6）各煤矿企业要从供电系统、机电设备、日常管理方面加强管理，严禁主要通风机和局部通风机的无计划停电停风。主要通风机和局部通风机一旦出现无计划停风停电，必须按事故追查。

（7）生产矿井主要通风机及其附属装置必须具备反风功能，并每年进行一次反风演习，矿井反风演习报告报煤矿企业和当地煤矿安全监察机构备案。

（8）矿井必须严格执行测风制度，每 10 天进行一次全面测风。采掘工作面及其他用风地点应根据实际需要随时测风，测风站必须悬挂记录牌。通风部门应将测风报表报矿长和矿技术负责人。矿井测风报表应计算矿井有效风量率，矿井、采区及采掘工作面绝对瓦斯涌出量，矿井内、外部漏风率等。

（9）加强井巷维修，保持巷道设计断面，保证通风畅通和行人安全。

（10）没有形成负压通风系统的采煤工作面不得回采；严禁在独头巷道利用局部通风机通风回采；采煤工作面必须确保两个安全出口；严禁采煤工作面利用采空区通风（《煤矿安全规程》等有关法规有特殊规定的除外）。

（11）矿井必须构筑可靠的控制风流的风门、风桥、风墙、风窗，进回风井之间和主要进回巷之间的联络巷，必须砌筑永久性风墙；需要使用的联络巷，必须安设两道正向永久风门和两道反向风门。采区进回风巷之间的联络巷应砌筑永久性风墙，确需行人、通车的联络巷应设置永久风门，永久风门不得少于两道。非自动风门必须互相连锁。

永久调节风窗的调节窗应在上部设置，调节板灵活可靠。带风窗的永久风门不得少于两道。

永久风桥通风断面不得小于原巷道的五分之四，其坡度不大于 30°，呈流线型。

永久密闭和临时密闭的质量要符合通风质量标准的要求。

（12）采煤工作面投产时，必须由矿总工程师组织有关部门对采煤工作面的通风、防尘、监测、监控等系统进行验收，不符合规定不准生产。

（13）掘进巷道施工前必须在作业规程中编制局部通风设计，掘进工作面拉门时，必须由矿技术负责人组织有关部门对工作面的局部通风装备进行验收。

（14）采、掘工作面应实现独立通风。如实现独立通风确有困难时，可采用串联通风，串联通风的次数不得超过 1 次。对于串联通风，必须制定安全技术措施，经矿技术人员批准后实施。

2. 主要通风机管理制度

（1）生产矿井必须采用机械通风，必须安装两套同等能力的主要通风机，其中一套作为备用，备用主要通风机必须能在 10 min 内启动。生产矿井现有两套不同能力的主要通风机，在满足生产要求时，可继续使用。主要通风机必须设专职司机看管，每小时填写一次记录。主要通风机房必须安装水柱计、电流表、电压表、轴承温度计等仪表和直通矿调度室的电话。反风操作系统图、司机岗位责任制和操作规程应悬挂上墙。新安装的主要通风机投入使用前，必须进行一次通风机性能测定和试运转工作，以后每5年至少进行一次性能测定。

(2) 改变主要通风机运行的工况时，必须有煤矿企业技术负责人批准的安全技术措施。主要通风机必须在合理工况范围内运行。两台及以上主要通风机联合运转的矿井，要制定相应的通风安全技术措施，报煤矿企业主要负责人审批。

(3) 因检修、停电或其他原因停止主要通风机运转时，必须制定停风安全措施；主要通风机停止运转时，受停风影响的地点，必须立即停止工作、切断电源，工作人员先撤到进风巷道中，并立即向矿调度室汇报，由矿长或矿技术负责人决定全矿井是否停止生产、工作人员是否全部撤出。

3. 巷道贯通管理制度

(1) 矿井地测部门要及时通知矿总工程师及通风部门掘进进度情况，一般巷道要相距贯通20 m前、综合机械化掘进巷道相距50 m前负责汇报矿总工程师，并通知通风部门。

(2) 掘进巷道与已密闭区域、老窑及情况不明的巷道贯通前，必须制定相应的巷道贯通措施，并报煤矿企业技术负责人审批，贯通时，矿技术负责人、通风负责人、安全负责人、瓦斯检查员等必须现场指挥，救护队协助。

(3) 生产队组接到巷道贯通的通知后，必须立即停止一个工作面掘进，只允许一个工作面向前贯通。停掘的工作面切断电源，设置栅栏，保持正常通风，正常检查瓦斯，瓦斯超限时，停止对方掘进工作面的掘进，并进行处理。

(4) 通风部门必须做好贯通前的准备工作，保证两端巷道不积存瓦斯，并做好贯通时调整通风系统的准备工作，确保贯通后风流不紊乱。

(5) 每次贯通前，通风技术负责人必须制定严密的贯通措施，经矿总工程师批复后，认真组织落实。

(6) 采、掘技术员制定出采、掘技术措施，通风技术负责人制定瓦斯排放及通风安全措施，报送矿总工程师批复后执行。

(7) 贯通时，必须由通风部门派主管人员在现场统一指挥，确保安全贯通。

(8) 严格执行《煤矿安全规程》中有关贯通管理的通风、瓦斯、爆破及施工有关规定。

4. 局部通风管理制度

(1) 局部通风机入井前，必须经机电部门检查验收合格。局部通风机应定期检修和更换，凡在井下运行累计时间达半年以上的必须升井检修。

(2) 局部通风机必须24 h连续运转，任何人不准随意停开，并有专人负责管理。

(3) 局部通风机必须实行挂牌管理，牌板上应填明局部通风机供风地点、供风量、功率、风筒长度、出口风量、负责人等，并注明填写人姓名和时间。

(4) 压入式局部通风机和启动装置，必须安装在进风巷道中，距回风口不小于10 m，全风压供给该处的风量必须大于局部通风机的吸入风量，避免循环风。

(5) 1台局部通风机只准向一个掘进工作面（用风地点）供风。局部通风机的安装、拆除、迁移都必须经通风部门负责人和矿分管领导批准。

安装局部通风机要求离轨道距离大于 50 cm，离地高度大于 30 cm，局部通风机周围要清理干净，无杂物堆积。

（6）局部通风机因检修、停电等原因需要停风时，必须立即切断电源、撤出人员、设置栅栏。局部通风机恢复通风前必须先检查瓦斯，只有在局部通风机及其开关附近 10 m 以内风流中的瓦斯浓度都不超过 0.5%时，方可人工开启。

（7）严格管理风筒，发现有破口必须及时修补或更换，风筒吊挂要平直，逢环必挂，风筒接头严密，软质风筒接头要双压边，拐弯处必须使用弯头，风筒出口风量必须根据工作面的瓦斯涌出量确定，保证无瓦斯超限或积聚，风筒口到掘进工作面的距离应在作业规程中明确规定，严禁使用非阻燃、非防静电的风筒。

5. 通风设施管理制度

（1）加强矿井通风设施管理，提高设施工程质量，确保矿井有效风量率在 85%以上。

（2）风门、密闭等通风设施的设置地点要合理，质量要符合相关标准的要求。

（3）矿井通风设施要按标准要求上图，建账建卡，做到图、账、卡与井下实际相符。

（4）矿井必须构筑可靠的控制风流的风门、风桥、风墙、风窗，进回风井之间和主要进回风巷之间的联络巷，必须砌筑永久性风墙；需要使用的联络巷，必须安设两道正向永久风门和两道反向风门。采区进回风巷之间的联络巷应砌筑永久性风墙，确需行人、通车的联络巷应设置永久风门，永久风门不得少于两道。非自动风门必须互相连锁。

（5）永久调节风窗的调节窗应在上部设置，调节板灵活可靠。带风门的永久风窗不得少于两道。

（6）永久风桥通风断面不得小于原巷道的五分之四，其坡度不大于 30°，呈流线型。

6. 盲巷及采空区管理制度

（1）采煤工作面上、下盲巷（上、下隅角）必须及时回收，盲巷长度不得超过“作业规程”规定距离。

（2）超过扩散通风距离（6 m）的盲巷要实行局部通风机供风或导风筒供风，否则必须设置栅栏、揭示警标，禁止人员入内，长期停风的盲巷必须在 24 h 内封闭完毕。

（3）废弃的巷道必须及时连续进行回收、封闭。

（4）临时停工、停风造成的盲巷必须设置栅栏、揭示警标，恢复工作时要制定排出积聚瓦斯的安全措施，并按《煤矿安全规程》规定进行瓦斯检查工作。

（5）封闭的盲巷必须在密闭前断开铁道。

（6）采、掘工作面接近盲巷需要启封利用时，必须制定排放瓦斯的安全措施。

（7）采煤工作面结束后，采空区必须在 45 天之内进行永久性封闭。每周观察采空区内的瓦斯和其他有害气体变化情况，发现有异常情况，进行气体分析。

（8）严格执行《煤矿安全规程》的有关规定。

二、矿井通风报表的编制

每个矿井每 10 天编制一次通风旬报，每月编制一次通风月报，下面主要介绍通风报表的编制。

1. 矿井供风原则

（1）矿井供风总的原则是，既要能确保矿井安全生产的需要，又要符合经济要求。

（2）矿井所需风量的确定，必须符合《煤矿通风能力核定办法（试行）》及《煤矿安全规程》中有关条款的规定，即：

1）氧气含量的规定。

2）沼气、二氧化碳、氢气等有害气体安全浓度的规定。

3）井巷风流速度的规定。

4）空气中悬浮粉尘允许浓度的规定。

5）空气温度的规定。

6）每人每分钟供风量不少于 4 m^3 的规定。

2. 矿井需要总进风量计算

矿井需要总进风量按各采煤工作面、掘进工作面、硐室、备用工作面及其他巷道等用风地点实际需要风量分别进行计算。

$$Q_{矿}=(\sum Q_{采}+\sum Q_{掘全}+\sum Q_{硐}+\sum Q_{备}+\sum Q_{其他})\times K_{矿通}$$

式中 $Q_{矿}$——矿井需要总进风量，m^3/min；

$\sum Q_{采}$——矿井独立通风采煤工作面需要风量之和，m^3/min；

$\sum Q_{掘全}$——矿井独立通风掘进工作面局部通风机安装处全风压需要风量之和，m^3/min；

$\sum Q_{硐}$——矿井独立通风硐室需要风量之和，m^3/min；

$\sum Q_{备}$——矿井独立通风备用工作面需要风量之和，m^3/min；

$\sum Q_{其他}$——矿井除了采、掘、硐室和备用工作面以外的其他用风巷道需要风量之和，m^3/min；

$K_{矿通}$——矿井通风系数，包括矿井内部漏风和配风不均衡等因素，一般可取 $K_{矿通}=1.15\sim1.2$，低瓦斯矿井（有高瓦斯地区的矿井除外）独立供风采掘工作面数量少于 12 个且最大通风流程小于 10 000 m 时，取 $K_{矿通}=1.15$，否则，取 $K_{矿通}=1.2$。

（1）采煤工作面需要风量计算

每个采煤工作面需要风量，应按瓦斯、二氧化碳绝对涌出量和爆破后有害气体产生量，以及工作面气温、风速和人数等规定分别进行计算，然后取 $Q_{采1}\sim Q_{采5}$ 的最大值作为该采煤工作面需要风量。

（2）备用采煤工作面需要风量计算

备用工作面亦应满足按瓦斯、二氧化碳、气温等规定计算的风量，且最少不得低于同一采煤方式、相同的采煤工作面实际需要风量的 50%。

$$Q_{备}\geqslant 0.5\times Q_{采}$$

（3）掘进工作面局部通风机处的需要风量（见第一章第五节）

（4）井下硐室需要风量计算

按矿井各个独立通风硐室需要风量的总和确定：

$$\sum Q_{硐}=Q_{硐1}+Q_{硐2}+Q_{硐3}+\cdots+Q_{硐n}$$

式中 $\sum Q_{硐}$——所有独立通风硐室需要风量总和，m^3/min；

$Q_{硐1}$、$Q_{硐2}$、$Q_{硐3}$、…、$Q_{硐n}$——不同独立通风硐室需要风量，按硐室配风原则计算，并与实际配风情况相比，取其最大值，m^3/min。

（5）其他巷道需要风量计算

按矿井各个其他巷道需要风量的总和确定：

$$\sum Q_{其他}=Q_{其1}+Q_{其2}+Q_{其3}+\cdots+Q_{其n}$$

式中 $Q_{其1}$、$Q_{其2}$、$Q_{其3}$、…、$Q_{其n}$——各其他巷道需要风量，m^3/min。

第二节 矿 井 漏 风

矿井漏风是指矿井通风系统中，进入井巷的风流在没有到达用风地点之前沿途漏出或漏入的现象。漏出或漏入的风量称为漏风量，用风地点的实际供风量称为有效风量。通过地表裂缝或井口通风设施（如风门、风硐闸门、反风装置、防爆门等），风流由外部直接漏入风硐，称为外部漏风。通过井下各种通风设施、采空区、煤柱等的漏风，称为内部漏风。

一、漏风的产生及危害

产生漏风的原因很多，主要原因是漏风区两端存在压差和风流通道。此外，井上下控制风流的设施不严密，采空区顶板岩石冒落后未被压实，煤柱被压坏，地表有裂隙通道，都会造成矿井漏风。

矿井漏风的危害如下：

1. 漏风会使工作面有效风量减少，造成工作面风量不足、微风或无风，使瓦斯积聚，煤尘不能排出，工作面气温升高，形成不良的气候条件，影响工人的身体健康，降低劳动效率。

2. 漏风通道较多且漏风量大的通风系统，必然使整个通风系统复杂化，降低了通风系统的稳定性和可靠性，增加了风量调节的困难程度。

3. 采空区、煤柱等地点的漏风，会引起煤炭的自然发火。

4. 抽出式通风的矿井，地表塌陷区的漏风，会将采空区或老窑内的有害气体带入井巷，直接威胁采掘工作面的安全。

5. 大量漏风会造成电能的无益消耗，浪费大量电能，使经济效益降低。

二、矿井有关通风参数的计算方法

1. 矿井有效风量

矿井有效风量是指风流通过井下各用风地点（包括独立通风采煤工作面、掘进工作面、备用工作面、硐室及其他用风巷道）实测风量之和。

矿井有效风量计算：

$$Q_{有效}=\sum Q_{采i}+\sum Q_{掘全i}+\sum Q_{硐i}+\sum Q_{备i}+\sum Q_{其他i}$$

式中 $Q_{有效}$——矿井有效风量，m^3/min；

$\sum Q_{采i}$——矿井独立通风采煤工作面实测风量之和，m^3/min；

$\sum Q_{掘全i}$——矿井独立通风掘进工作面局部通风机安装处全风压实测风量之和，m^3/min；

$\sum Q_{硐i}$——矿井独立通风硐室实测风量之和，m^3/min；

$\sum Q_{备i}$——矿井独立通风备用工作面实测风量之和，m^3/min；

$\sum Q_{其他i}$——矿井其他独立用风巷道实测风量之和，m^3/min。

2. 矿井有效风量率

矿井有效风量率（E）是矿井有效风量与各台主要通风机工作风量总和之比。

矿井有效风量率计算：

$$E = Q_{有效} \div \sum Q_{主通i} \times 100\%$$

式中 E——矿井有效风量率,%；

$Q_{有效}$——矿井有效风量，m^3/min；

$\sum Q_{主通i}$——各台主要通风机工作风量总和，m^3/min。

3. 矿井外部漏风量

矿井外部漏风量是指直接由主要通风机装置及其风井附近地表漏失的风量之和，也是主通风机工作风量总和与矿井总进风量之差。

矿井外部漏风量计算：

$$\sum Q_{外漏} = \sum Q_{主通i} - \sum Q_{井i}$$

式中 $\sum Q_{外漏}$——矿井外部漏风量之和，m^3/min；

$\sum Q_{主通i}$——各台主要通风机工作风量总和，m^3/min；

$\sum Q_{井i}$——各回风井的实测风量之和，m^3/min。

4. 矿井外部漏风率

矿井外部漏风率是指矿井外部漏风量与各台主要通风机工作风量总和之比。

矿井外部漏风率计算：

$$L = \sum Q_{外漏} \div \sum Q_{主通i} \times 100\%$$

式中 L——矿井外部漏风率,%；

$\sum Q_{外漏}$——矿井外部漏风量之和，m^3/min；

$\sum Q_{主通i}$——各台主要通风机工作风量总和，m^3/min。

5. 矿井内部漏风量

矿井内部漏风量是指矿井实际总进风量与矿井有效风量之差。

矿井内部漏风量计算：

$$Q_{内漏} = Q_{实进} - Q_{有效}$$

式中 $Q_{内漏}$——矿井内部漏风量，m^3/min；

$Q_{实进}$——矿井实际总进风量，m^3/min；

$Q_{有效}$——矿井有效风量，m^3/min。

6. 矿井主要通风机工作风量（排风量）

矿井主要通风机工作风量（排风量）应等于矿井的实际总回风量与外部漏风量之和。

7. 矿井总进风量比

矿井总进风量比（G）是反映矿井通风能力大小的指标，该值合理范围应为 $100\%<G<110\%$。该值大于 110%时，则反映主要通风机能力充裕，矿井实际进风量过大，经济不合理，主要通风机工况点应予下调；该值小于等于 100%时，则反映主要通风机目前工况点满足不了矿井安全生产的要求，应予上调。

矿井总进风量比计算：

$$G=Q_{实进}\div Q_{矿}\times 100\%$$

式中 G——矿井总进风量比，%；

$Q_{实进}$——矿井实际总进风量，m^3/min；

$Q_{矿}$——矿井需要总进风量，m^3/min。

8. 矿井等积孔

矿井等积孔（A）是用以表示矿井通风难易程度的指标。

（1）单风井矿井等积孔计算

$$A=1.19\frac{Q_{主通}}{\sqrt{H}}$$

式中 A——矿井等积孔，m^2；

$Q_{主通}$——主要通风机工作风量，m^3/s；

H——主要通风机的静压，Pa。

（2）多风井矿井等积孔计算

$$A=1.19\frac{\sum Q_{主通}}{\sqrt{\sum Q_iH_i/\sum Q_{主通}}}$$

式中 A——矿井等积孔，m^2；

$\sum Q_{主通}$——各台主要通风机工作风量总和，m^3/s；

$\sum Q_iH_i$——各台主要通风机工作风量和对应的主要通风机静压乘积之和，$Pa\cdot m^3/s$。

9. 矿井内部漏风系数

矿井内部漏风系数是指矿井实际总进风量与矿井总有效风量之比。

矿井内部漏风系数计算：

$$K=Q_{实进}\div Q_{有效}$$

式中 K——矿井内部漏风系数；

$Q_{实进}$——矿井实际总进风量，m^3/min；

$Q_{有效}$——矿井有效风量，m^3/min。

10. 矿井有效风量、有效风量率、漏风量、漏风率、漏风系数及主要通风机工作风量

计算矿井有效风量、有效风量率、漏风量、漏风率、漏风系数及主要通风机工作风量时，风量均应换算成标准状态下的风量，可按下式计算：

$$Q_{标} = Q_{测} \times \rho_{测} \div 1.2$$

式中 $Q_{标}$——标准状态下的风量，m^3/min；

$Q_{测}$——测定地点的实际风量，m^3/min；

$\rho_{测}$——测定地点的空气密度，kg/m^3；

1.2——标准状态下矿井空气密度，kg/m^3。

三、防止矿井漏风的措施

通常来讲，矿井漏风是有害的。在实际生产和通风管理中，要采取必要的措施，防止矿井漏风，满足《煤矿安全规程》对漏风的要求。为了减少并防止矿井漏风，应根据实际情况采取以下措施：

1. 选择合理的通风系统。矿井的通风方式、通风方法、通风网络的形式，以及矿井通风设施的数量、位置、质量，与矿井的漏风有着密切关系，应根据实际情况，进行通风系统方案设计、比较，选择合理的通风系统。

2. 选择合理的开拓、开采方法。矿井的开拓系统、开采顺序和开采方法对矿井漏风有很大的影响。因此，服务年限长的主要巷道应布置在岩层中，尽量采用后退式下行开采顺序，用垮落法控制顶板的采煤方法应适当增加煤柱尺寸或填充采空区，以杜绝采空区漏风。

3. 减少井口漏风。对于斜井，可多设几道风门，并加强其工程质量；对于立井，应加强防爆门的密封。此外，还要防止反风装置和闸门的漏风。

4. 减少塌陷区和地表的漏风。及时填充地表塌陷坑洞和裂缝，并封闭井田内小窑。

5. 减少煤仓和溜煤眼的漏风。煤仓和溜煤眼要保持一定的煤量，起到堵塞作用，减少煤仓和溜煤眼的漏风。

6. 防止通风设施的漏风。通风设施的安装位置、类型及质量应慎重考虑。通风设施不应安装在有裂隙的地质条件不好的地点，在风压大的巷道内应采用质量较高的通风设施。

7. 加强通风检查与管理，及时发现漏风，查明原因，采取措施处理。

第三节　井巷中风速测定

单位时间内通过井巷断面的空气体积称为风量，它等于井巷的断面积与通过井巷的平均风速的乘积。因此，测量风量时必然测定风速。风速和风量测定是矿井通风测定技术中的重要组成部分，也是矿井通风管理中的基础性工作。

◎ 相关法规

《煤矿安全规程》规定：矿井必须建立测风制度，每10天至少进行1次全面测风。对采掘工作面和其他用风地点，应当根据实际需要随时测风，每次测风结果应当记录并写在测风地点的记录牌上。应当根据测风结果采取措施，进行风量调节。

一、井巷断面上的风速分布

空气在井巷中流动时，风速在巷道断面上的分布是不均匀的。一般来说，位于巷道轴心部分的风速最大，靠近巷道周壁部分的风速最小，如图2—1所示，通常所谓巷道内的风速都是指平均风速 $v_{均}$。平均风速 $v_{均}$ 与最大风速 $v_{大}$ 的比值叫做巷道的风速分布系数（速度场系数），用 $K_{速}$ 表示，其值与井巷粗糙程度有关，巷道周壁越光滑，$K_{速}$ 就越大，即断面上的风速分布越均匀。据调查：对于砌碹巷道，$K_{速}=0.8\sim0.86$；对于木棚支护巷道，$K_{速}=0.68\sim0.82$；对于无支护巷道，$K_{速}=0.74\sim0.81$。

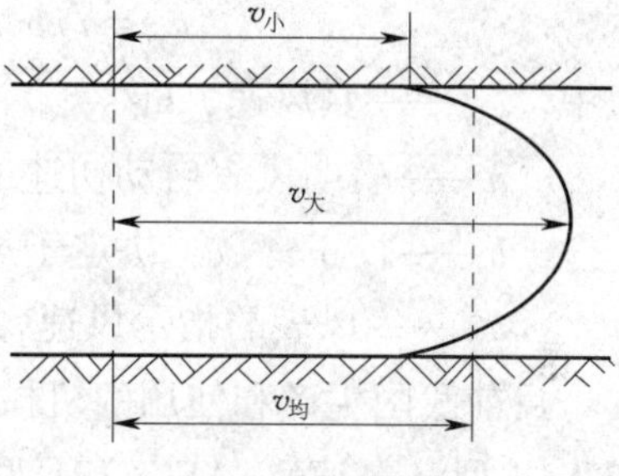

图2—1　巷道中的风速分布

需要注意的是，由于受到井巷断面形状、支护形式、直线程度及障碍物的影响，最大风速不一定正好位于井巷的中轴线上，风速分布也不一定具有对称性。

二、测风仪表

测量井巷风速的仪表叫风表，又称风速计。目前，煤矿中常用的风表按结构和原理不同可分为机械式风表、热效式风表、电子叶轮式风表和超声波风速计等几种。

1. 机械式风表

机械式风表是目前煤矿使用最广泛的风表。它全部采用机械结构，多用于测量平均风速，也可以用于点风速的测定。按感受风力部件的形状不同，机械式风表又分为叶轮式和杯式两种，其中，杯式主要用于气象部门，也可用于煤矿井下；叶轮式在煤矿中应用广泛，是本节介绍的重点。

机械叶轮式风表由叶轮、传动蜗轮、蜗杆、计数器、回零压杆、离合闸板、护壳等构成，如图2—2所示。

风表的叶轮由8个铝合金叶片组成，叶片与转轴的垂直平面成一定的角度，当风流吹动叶轮时，通过传动机构将运动传给计数器3，指示出叶轮的转速。离合闸板4的作用是使计数器与叶轮轴连接或分开，用来开关计数器。回零压杆5的作用是使风表的表针回零。

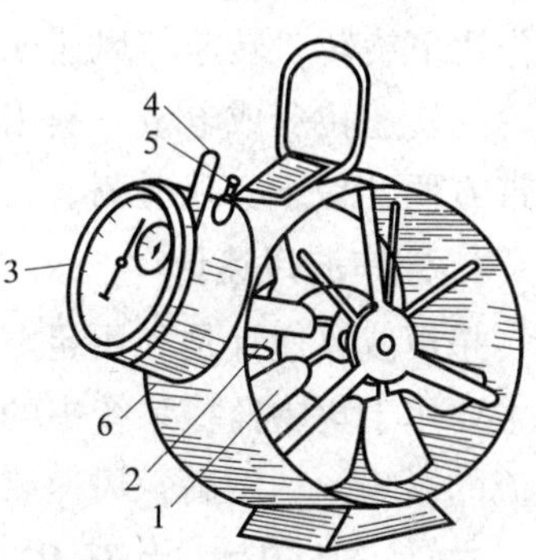

图2—2　机械叶轮式风表

1—叶轮　2—蜗杆　3—计数器　4—离合闸板　5—回零压杆　6—护壳

风表按风速的测量范围不同分为高速风表（0.8～25 m/s）、中速风表（0.5～10 m/s）和微（低）速风表（0.3～5 m/s）三种。三种风表的结构大致相同，只是叶片的厚度不同，启动风速有差异。

由于风表结构和使用中机件磨损、腐蚀等影响，通常风表的计数器所指示的风速并不是实际风速，表速（指示风速）$v_{表}$与实际风速（真风速）$v_{真}$的关系可用风表校正曲线来表示。风表出厂时都附有该风表的校正曲线，风表使用一段时间后，还必须按规定重新进行检修和校正，得出新的风表校正曲线。图 2—3 为风表校正曲线示意图。

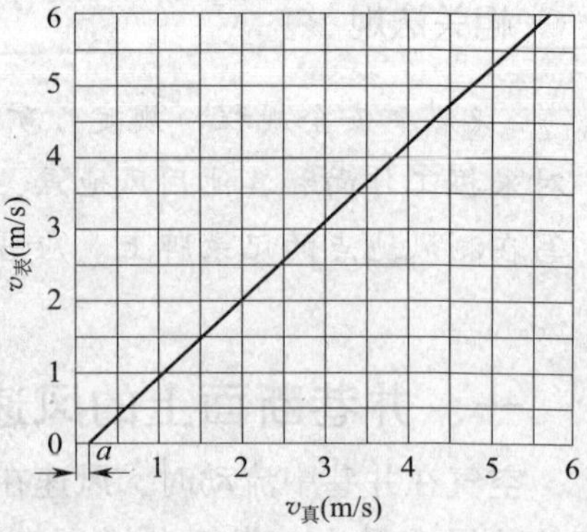

图 2—3　风表校正曲线示意图

风表的校正曲线还可用下面的表达式来表示：

$$v_{真}=a+bv_{表}$$

式中　$v_{真}$——真风速，m/s；

a——表明风表启动初速的常数，决定于风表转动部件的惯性和摩擦力；

b——校正常数，决定于风表的构造尺寸；

$v_{表}$——风表的指示风速，m/s。

目前我国生产和使用的机械叶轮式风表主要有 DFA-2 型（中速）、DFA-3 型（微速）、DFA-4 型（高速）、AFC-121 型（中、高速）、EM9 型（中速）等。机械叶轮式风表的优点是体积小，质量轻，重复性好，使用及携带方便，测定结果不受气体环境影响；缺点是精度低，读数不直观，不能满足自动化遥测的需要。

2. 热效式风表

我国目前生产的热效式风表主要是热球式风速计。它的测风原理是，一个被加热的物体置于风流中，其温度随风速大小和散热多少而变化，通过测量物体在风流中的温度便可测量风速。由于只能测瞬时风速，且测风环境中的灰尘及空气湿度等对它也有一定的影响，所以这种风表使用不太广泛，多用于微风测量。

3. 电子叶轮式风表

电子叶轮式风表由机械结构的叶轮和数据处理显示器组成。它的测定原理是叶轮在风流的作用下旋转，转速与风速成正比，利用叶轮上安装的一些附件，根据光电、电感等原理把叶轮的转速转变成电量，利用电子线路实现风速的自动记录和数字显示。它的特点是读数和携带方便，易于实现遥测。

4. 超声波风速计

超声波风速计是利用超声波技术，通过测量气流的卡门涡街频率来测定风速的仪器，目前主要用于集中监控系统中的风速传感器。它的特点是结构简单，寿命长，性能稳定，不受风流的影响，精度高，风速测量范围大。

三、测风方法及步骤

1. 测风地点

井下测风要在测风站内进行，为了准确、全面地测定风速、风量，每个矿井都必须建立完善的测风制度和分布合理的固定测风站。对测风站的要求如下：

（1）应在矿井的总进风巷、总回风巷，各水平、各翼的总进风巷、总回风巷，各采区和各用风地点的进风巷、回风巷中设置测风站，但要避免重复设置。

（2）测风站应设在平直的巷道中，其前后各 10 m 范围内不得有风流分叉、断面变化、障碍物和拐弯等局部阻力。

（3）若测风站位于巷道断面不规整处，其四壁应用其他材料衬壁，呈固定形状断面，长度不得小于 4 m。

（4）采煤工作面不设固定的测风站，但必须随工作面的推进，选择在支护完好、前后无局部阻力物体的断面上测风。

（5）测风站内应悬挂测风记录板（牌），记录板（牌）上写明测风站的断面积、平均风速、风量、空气温度、大气压力、瓦斯和二氧化碳浓度、测定日期、测定人等项目。

2. 测风方法

为了测得平均风速，可采用线路法或定点法。线路法是风表按一定的线路均匀移动进行测风的方法，如图 2—4 所示；定点法是将巷道断面分为若干格，风表在每一个格内停留相等的时间进行测风的方法，如图 2—5 所示。根据断面大小，常用的有 9 点法、12 点法等。

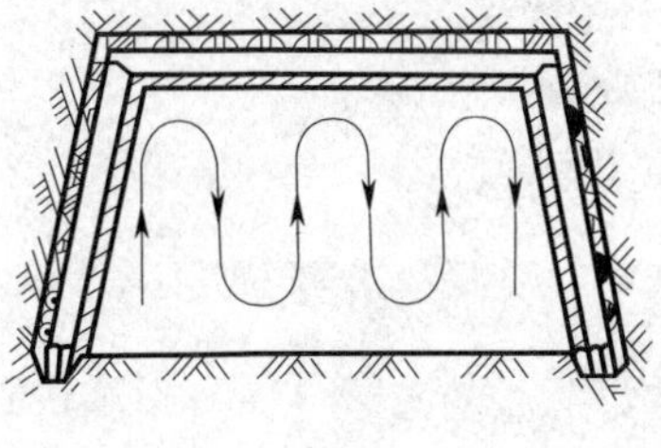

图 2—4　线路法

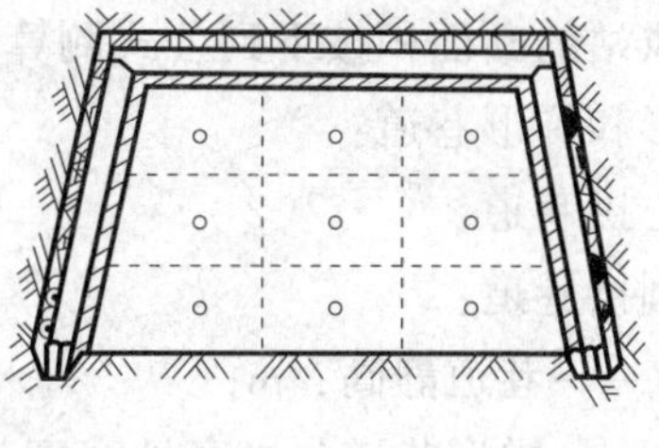

图 2—5　定点法

测风时，根据测风员的站立姿势不同，测风方法又分为迎面法和侧身法两种。

采用迎面法时，测风员面向风流，将手臂伸向前方测风。由于测风断面位于人体前方，且人体阻挡了风流，使风表的读数值偏小。为了消除人体的影响，需将测得的真风速乘以 1.14 的校正系数，才能得到实际风速。

采用侧身法时，测风员背向巷道壁站立，手持风表将手臂向风流垂直方向伸直，然后在巷道断面内做均匀移动。由于测风员立于测风断面内，减少了通风面积，从而增大了风速，测量结果较实际风速偏大，故需对测得的真风速进行校正。校正系数 K 由下式计算：

$$K=\frac{S-0.4}{S}$$

式中　S——测风站的断面积，m^2；

0.4——测风员阻挡风流的面积，m^2。

3. 机械式风表测风步骤

（1）测风员进入测风站或待测巷道中，先估测风速范围，然后选用相应量程的风表。

（2）取出风表和秒表，先将风表指针和秒表回零，然后使风表叶轮平面迎向风流，并与风流方向垂直，待叶轮转动正常后（约 20～30 s），同时打开风表的计数器开关和秒表，在 1 min 的时间内，风表要均匀地走完测量路线（或测量点），然后同时关闭秒表和计数器开关，读取风表指针读数。为保证测定准确，一般在同一地点要测三次，取平均值，并按下式计算表速：

$$v_{表}=\frac{n}{t}$$

式中 $v_{表}$——风表测得的表速，m/s；

n——风表刻度盘的读数，取三次平均值，m；

t——测风时间，一般为 60 s。

（3）根据表速查风表校正曲线，求出真风速 $v_{真}$。

（4）根据测风员的站立姿势，将真风速乘以校正系数 K 得实际平均风速 $v_{均}$，即：

$$v_{均}=Kv_{真}$$

（5）根据测得的平均风速和测风站的断面积，按下式计算巷道通过的风量：

$$Q=v_{均}S$$

式中 Q——测风巷道通过的风量，m^3/s；

S——测风站的断面积，m^2。

测风站的断面积按下列公式测算：

矩形和梯形巷道： $S=HB$

三心拱巷道： $S=B(H-0.07B)$

半圆拱巷道： $S=B(H-0.11B)$

式中 H——巷道静高，m；

B——梯形巷道为半高处宽度，拱形巷道为净宽，m。

4. 测风时应注意的问题

（1）风表的测量范围要与所测风速相适应，避免风速过高、过低造成风表损坏或测量不准。

（2）风表不能距离人体和巷道壁太近，否则会引起较大误差。

（3）风表叶轮平面要与风流方向垂直，偏差不得超过 10°，在倾斜巷道中测风时尤其要注意。

（4）按线路法测风时，路线分布要合理，风表的移动速度要均匀，防止忽快忽慢，造成读数偏差。

（5）秒表和风表的开关要同步，确保在 1 min 内测完全线路（或测点）。

（6）有车辆或行人时，要等其通过后风流稳定时再测。

（7）同一断面测定三次，三次测得的计数器读数之差不应超过 5%，然后取其平均值。

四、微风测量

当风速很小（低于 0.1~0.2 m/s）时，可以采用烟雾、气味或者粉末作为风流的传递物进行风速测定。用下式计算巷道内的平均风速：

$$v=\frac{L}{t}$$

式中 v——巷道断面内的平均风速，m/s；

L——风流流经的巷道距离，m；

t——风流流经巷道所用的时间，s。

第四节 矿井通风设施

一、通风设施的类别

矿井常用的通风设施主要有风门、密闭、风桥、测风站等，以及其他通风设施。

1. 风门

风门是用以在需要通车和行人的巷道隔断风流或调节风量的设施。

风门按用途和开启方式不同，可分为普通风门、调节风门、自动风门和反向风门。在行人或通车不多的地方，可构筑普通风门。而在行人、通车比较频繁的主要运输道上，则应构筑自动风门。风门按使用时间还可分为永久性风门和临时性风门。

普通风门用来隔断巷道风流，利用人力开启，依靠自重和风压差来实现自行关闭。调节风门与普通风门结构类似，只是在风门上方设置一调节风窗来限制巷道中通过的风量。自动风门是依靠外界力量自动开启和关闭的风门。在矿井的主要进风巷道设置风门处，要同时设置反向风门，正常时风门开启，反向时风门关闭。

图 2—6 和图 2—7 为某矿撞杆式自动风门示意图（单扇、双扇），撞杆式自动风门的机械构造主要由撞车器、拉杆、撞杆、滑轮、传动钢丝绳、滑轮架等组成。

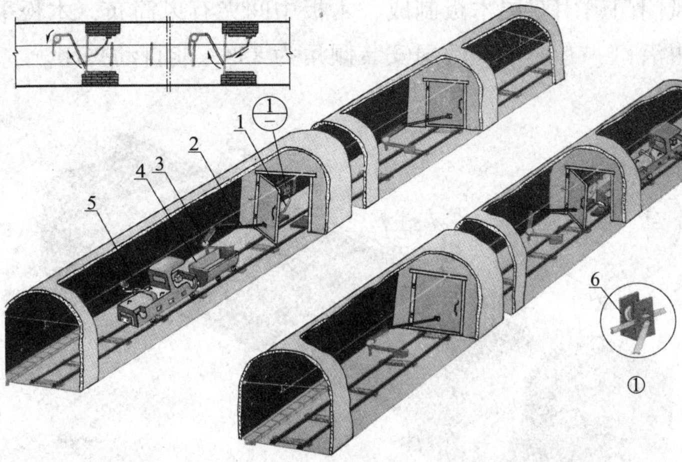

图 2—6 某矿撞杆式自动风门（单扇）示意图

1—撞杆 2—拉杆 3—撞车器回转轴 4—矿车 5—架空线

6—滑轮架 ①—滑轮机构

当矿车正向通过风门时，矿车撞击撞车器，撞车器旋转、拉动拉杆，风门打开（两扇风门之间用传动钢丝绳连接），矿车通过后，门扇借助风压和弹簧的作用自行关闭。

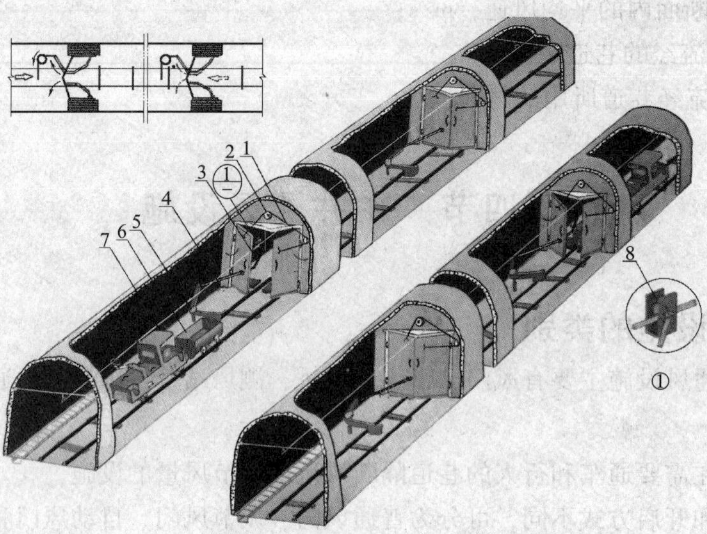

图 2—7　某矿撞杆式自动风门（双扇）示意图

1—传动钢丝绳　2—滑轮　3—撞杆　4—拉杆　5—撞车器回转轴

6—矿车　7—架空线　8—滑轮架　①—滑轮机构

当矿车反向通过风门时，矿车撞击撞杆，撞杆将门扇顶开，矿车通过后，门扇借助风流压力和弹簧的作用自行关闭。撞杆的安装布置方式，各矿的情况各有不同。

该风门结构简单、使用方便，故广泛用于各种车场。

图 2—8 为某矿闭锁式联动风门示意图。风门结构要求墙垛用矸石砖、石灰、水泥砌筑，墙厚为 0.5 m，墙面用灰泥抹面，平整不漏风。墙体一侧嵌入一根与墙体厚度等长的铁管，以便穿过钢丝绳。风门门扇用双层木板制成，木板中间夹有风筒布，木板采用错缝钉接。门框门扇四周均匀包边沿口，有衬垫，门扇安装倾角为 85°，能自动关闭。

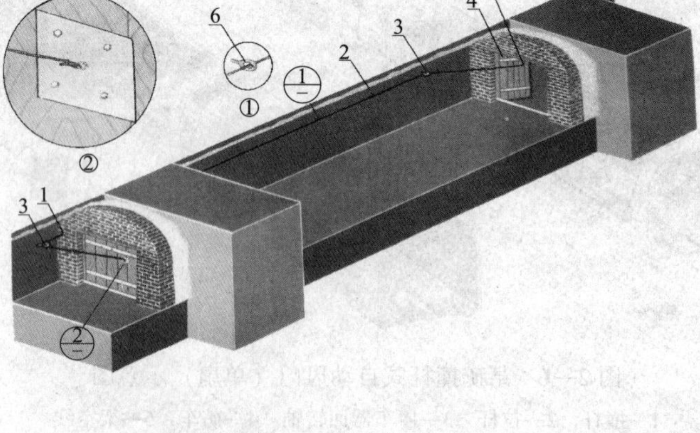

图 2—8　某矿闭锁式联动风门示意图

1—铁管　2—联动钢丝绳　3—滑轮　4—风门　5—固绳扣　6—铁环

①—联动钢丝绳的吊扣　②—门扇与联动钢丝绳的固定

联动风门的动作过程：当某一风门门扇开启 90°后，联动钢丝绳 2 拉紧，由于钢丝绳长度及风门间距固定，故另一风门门扇关闭，不能打开。这样就保证了两扇风门不能同时打开，实现了联动闭锁。

该风门易于安装，既经济又方便可靠，可有效地防止风流短路，提高通风系统的稳定性和安全性。它适用于人行平巷、人行斜巷和通车巷道等。

安装风门时应注意以下事项：

（1）宜选用直径较小、伸缩性小的钢丝绳。

（2）钢丝绳的几个固定和移动点应在一个平面上。

（3）钢丝绳在风门上离地基三分之二的位置固定，这样受力较合适，太低会影响人、车通行。

（4）两扇风门的距离较长或在弯道上时，中间可增加滑轮托住钢丝绳。

2. 密闭

密闭是在不许通车、行人的巷道中截断风流的设施。密闭根据服务年限不同可分为临时密闭和永久密闭，根据用途不同可分为通风密闭、防火密闭、防水密闭、防爆密闭等。

（1）临时密闭

图 2—9 为临时密闭立体示意图。临时密闭用于临时停工或需要封闭但时间较短的巷道，多用木板或黄泥木段砌筑。

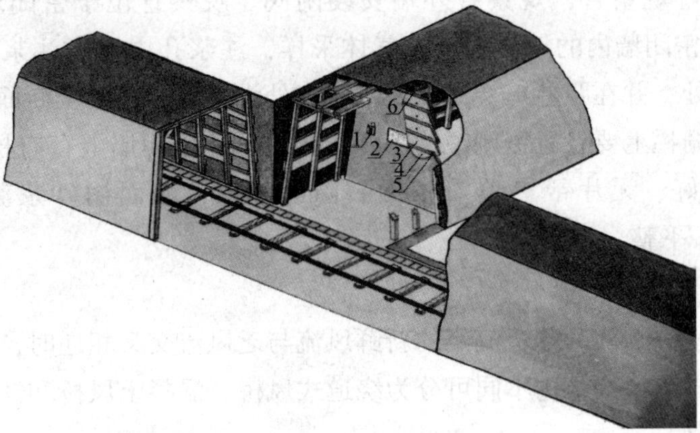

图 2—9　临时密闭立体示意图

1—检查箱　2—说明牌　3—铁钉　4—木板　5—灰泥　6—木柱

砌筑木板墙时，先在施工地点顶底板间安设两根木柱，直径 150 mm 左右，将木板条横放，用铁钉钉在木柱上，木板条鱼鳞状搭接，以增加其严密性。巷道的顶帮底要坚硬平整，巷道周边的缝隙必须用小木板条钉实，保证板墙与周边接触严密，不漏风。木板的外面用灰泥涂抹，厚度为 5 mm 左右，抹面要光滑、平整、不漏风。

黄泥木段墙一般多用于巷道压力大、需要注水注浆的巷道，在砌筑永久密闭墙之前砌筑黄泥木段墙。黄泥木段墙抗压能力强，木段长度为 500 mm 左右，木段直径为 300~500 mm。

（2）永久密闭

永久密闭常用料石、砖、水泥等不燃性材料修筑。如图 2—10 所示为永久密闭立体示意图。

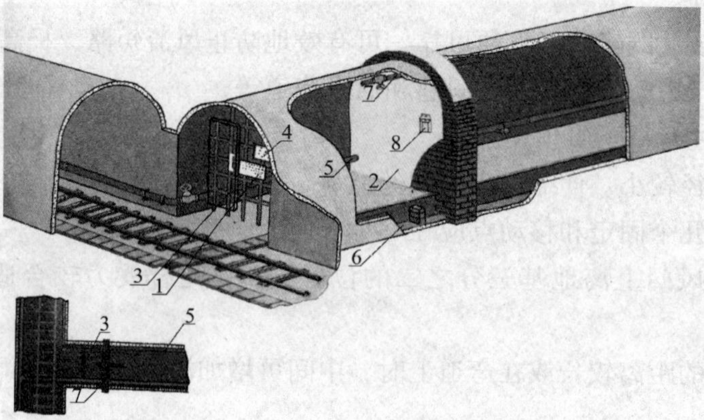

图 2—10　永久密闭立体示意图

1—说明牌　2—砂浆抹面　3—栅栏　4—警戒牌　5—注浆管　6—反水沟　7—取样管　8—检查箱

永久密闭主要用于封闭采空区，通常用砖或料石砌筑，墙厚为 500 mm，如果采空区注浆，墙厚也可以达到 750 mm，甚至更厚。在采用锚喷支护的巷道，为保护密闭墙的严密性，墙壁的四周要掏槽，槽深 200 mm 以上，密闭上设置观察孔和注浆孔，密闭墙的下部设置出水孔，观察孔内设有观察管，观察管外端安装闸阀。观察管位于密闭墙的上部，距顶板 500 mm，用于检查密闭墙内的气体浓度及气体采样，注浆孔内设置注浆管。密闭建于距巷道交叉点 5 m 左右处，并在距巷道交叉点 2 m 左右处设置带小门的全断面栅栏，栅栏可用木条或铁丝网结构，栅栏上要设置密闭说明牌并悬挂警标，密闭墙上存有检查记录的小木箱。密闭应建在支护良好、无片帮冒顶及较少裂隙的地点，墙面用砂浆涂抹，厚度不小于 20 mm，做到光滑、平整、不漏风。

3. 风桥

风桥的作用是使分别从两巷道流经的新鲜风流与乏风流交叉相遇时，采用立体交叉方式分开通过的构筑物。风桥按结构不同可分为绕道式风桥、混凝土风桥和铁筒风桥三种。

（1）绕道式风桥

绕道式风桥开凿在岩石里，最坚固耐用，漏风少。图 2—11 为绕道式风桥立体示意图。

该风桥开掘在进风巷顶板岩层中，从进风巷上方穿过，与回风巷沟通。该风桥漏风少，不仅可为采煤工作面掘进回风，还可为下区段采煤工作面掘进和采煤时回风，服务时间长。风桥布置在煤层顶板岩层中，纯岩柱大，巷道维护容易，适用于服务年限长、风速较大的高瓦斯、煤与瓦斯突出危险区域的煤巷掘进，在进风和回风平巷相遇时，实现立体交叉，形成独立的通风系统。

（2）混凝土风桥

混凝土风桥通常建于采区上山与平巷的立体交叉处，如图 2—12 所示，风桥下部为运输巷，上部为回风巷兼人行道。风桥建筑材料主要是砖石、工字钢和混凝土。砌筑风桥时，先

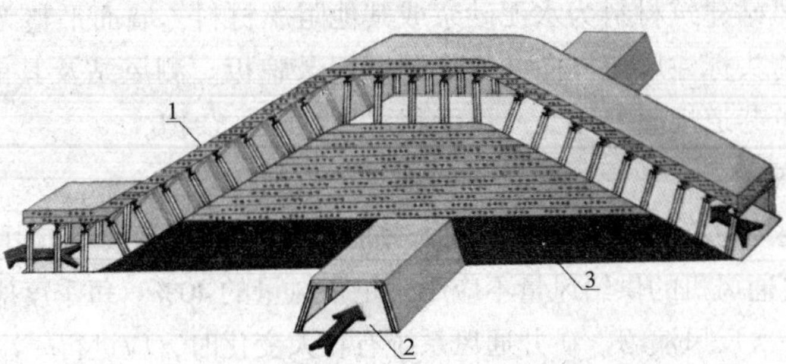

图 2—11 绕道式风桥立体示意图

1—风桥 2—进风巷 3—煤层

在下面的运输巷两帮建两道砖墙，墙的厚度为0.5 m，高度为2.0 m，并在左侧墙上留有安装风门的门框。墙建好后，在两道墙之间均匀地铺上工字钢，工字钢上面敷以混凝土，混凝土厚度为0.1 m。在留有风门的一侧砌人行台阶，材料为砖石和混凝土。距左侧墙外2.5 m再建一道带门框的墙，在两道门框上各安装一道风门。风门要求严密，墙壁抹面，以防漏风。风桥的上层净高为1.8 m，巷道表面要求光滑平整，以减少通风阻力。该风桥具有坚固耐用、安全、上下联系方便、通风阻力小、使用年限长等优点，缺点是砌筑比较困难，费时费力。在使用年限长的情况下建筑这种风桥比较合适。

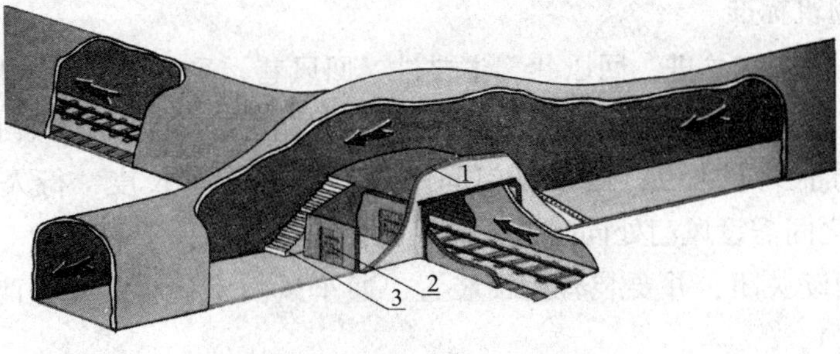

图 2—12 混凝土风桥立体示意图

1—工字钢梁 2—风门 3—台阶

（3）铁筒风桥

如图2—13所示，该风桥一般使用在通风量不大的次要风路中，多为独立供风较为困难的硐室供风。该风桥进风口一般设在进风道中，通过通风设施或回风道，将回风口放在硐室的入风口处，实现直接从进风道引风进入供风地点的目的。该风桥架设简单，节省了为硐室单独供风的巷道，具有架设快捷、铺设容易、投资少、维护容易的特点。

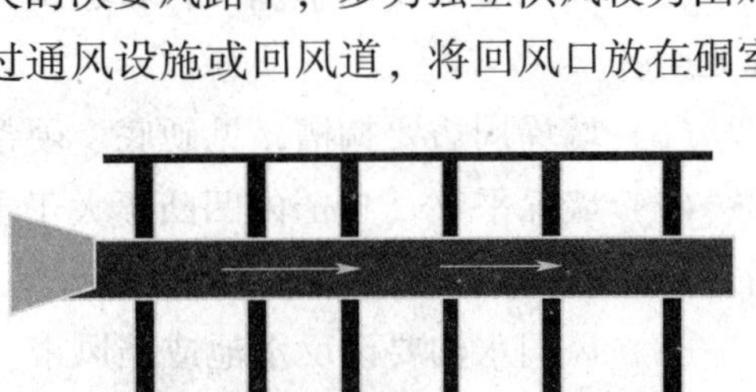

图 2—13 铁筒风桥

4. 测风站

测风站是指固定的测风地点。矿井，一翼，水平的进、回风巷，采区进、回风巷等测风地点要建立测风站。测风站建筑材料为水泥砂浆或其他阻燃材料，墙面平整无凹凸，整体用白色颜料粉刷，用红色箭头标注风流方向，悬挂测风记录牌板。测风站及其前后 10 m 范围内巷道支护良好、平直，巷道规整、无交叉，无积水、淤泥、杂物。

5. 其他通风设施

生产矿井主要通风机必须装有反风设施，并能在 10 min 内改变巷道中的风流方向。当风流方向改变后，主要通风机的供给风量不应小于正常风量的 40%。每季度应至少检查一次反风设施，每年应进行一次反风演习。矿井通风系统有较大变化时，应进行一次反风演习。

◎ 相关法规

《煤矿安全规程》规定：进、回风井之间和主要进、回风巷之间的每条联络巷中，必须砌筑永久性风墙；需要使用的联络巷，必须安设 2 道联锁的正向风门和 2 道反向风门。控制风流的风门、风桥、风墙、风窗等设施必须可靠。不应在倾斜运输巷中设置风门；如果必须设置风门，应安设自动风门或者设专人管理，并有防止矿车或者风门碰撞人员以及矿车碰坏风门的安全措施。开采突出煤层时，工作面回风侧不得设置调节风量的设施。

二、通风设施的构筑标准

1. 永久风门砌筑标准

永久风门一般设置在总进、回风巷，主要进、回风巷，采区进、回风巷之间，以及回采巷道的联络巷内，服务时间较长，一般均不低于一个月。主要施工标准如下：

（1）每组风门不少于两道，通车风门间距不小于一列车长度，行人风门间距不小于 5 m。入排风巷道之间需设风门处同时设反向风门，其数量不少于两道。

（2）风门能自动关闭，并要装有闭锁装置，通车风门实现自动化，两道风门不能同时敞开（包括反风门）。

（3）风门前后各 5 m 内巷道支护良好，无杂物、积水、淤泥。

（4）门框要包边沿口，有衬垫，四周接触严密（以不透光为准，通车门底坎除外），门扇平整不漏风，门扇与门框不歪扭。

（5）风门墙垛要用不燃性材料建筑，厚度不小于 0.5 m，严密不漏风（手触无感觉，耳听无声音）。

（6）墙垛周边要掏槽，见硬底、硬帮与煤岩接实。

（7）墙垛平整（1 m^2 内凹凸不大于 10 mm，料石间勾缝除外），无裂缝（雷管脚线不能插入）、重缝和空缝。

（8）风门水沟要设反水池或挡风帘，通车风门要设底坎，电缆、管路孔要堵严。

2. 临时风门构筑标准

临时风门一般位于回采巷道内，作为临时调节控制风量之用。由于使用时间短，临时风门一般用施工容易、搬运便捷的木质材料构筑。临时风门的主要施工标准如下：

（1）每组风门不少于两道，间距不小于 5 m。

（2）风门能自动关闭，通行电机车及斜巷运输的风门要有报警信号，否则要设专人负责看守。

（3）风门设在顶、底帮良好处，前后各 5 m 内支护良好，无杂物、积水、淤泥。

（4）门墙四周接触严密。木板墙要鱼鳞搭接，墙面要用灰、泥满抹或勾缝。

（5）门框要包边沿口，有衬垫，四周接触严密。

（6）门扇平整不漏风，与门框接触严密。

（7）通车风门必须设底坎和挡风帘（运输机道风门也需设挡风帘）。

3. 永久调节风窗构筑标准

调节风窗用不燃性材料构筑，位置应设在风门的上方，其风门不漏风，必须能够实现连续可调。调节风窗其他标准同永久风门的砌筑标准。

4. 临时调节风窗构筑标准

风窗设在顶帮良好处，见硬帮硬底，与煤岩接实，并能随意调节风窗面积大小。设在风墙的风窗、风墙结构、质量符合密闭质量要求；设在临时风门墙上的风窗、风门的结构与质量符合临时风门的要求。风窗前后 5 m 支护良好，无片帮、冒顶，无积水、淤泥和杂物。

5. 密闭墙构筑标准

（1）临时密闭墙的构筑标准

临时密闭墙设在顶帮良好处，见硬帮硬底，与煤岩接实。墙前 5 m 支护良好，无片帮、冒顶，无积水、淤泥和杂物。密闭墙四周接触严密，木板密闭墙应采用鱼鳞式搭接，密闭墙面要用灰、泥满抹或勾缝，不准漏风。密闭墙前要设栅栏、警标和检查牌，无瓦斯积聚。

（2）永久密闭墙的构筑标准

永久密闭墙用不燃性材料建筑、严密不漏风（手触无感觉、耳听无声音），墙体厚度不少于 0.5 m。永久密闭墙前 5 m 支护良好，无片帮、冒顶，无积水、淤泥和杂物，无瓦斯积聚。墙体要掏槽（砌碹巷道要破碹后掏槽），周边见煤、岩与煤岩接实。

密闭墙内有水的，要设反水池或反水管，有自然发火煤层的采空区要设观测孔和措施孔，孔口封堵严密。

密闭墙前要设置栅栏、警标、说明牌和检查箱（入排风之间的挡风墙除外）。墙面平整（1 m^2内凹凸不大于 10 mm，料石间勾缝除外），无裂缝、重缝和空缝。

6. 风桥构筑标准

（1）用不燃性材料建筑。

（2）桥面平整、严密、不漏风（手触无感觉）。

（3）风桥前后 5 m 支护良好，无片帮、冒顶，无积水、淤泥和杂物。

（4）风桥通风断面不小于原巷道断面的五分之四，成流线形，坡度小于 30°。

（5）风桥上下不准设风门。

思考练习题

1. 简述防止漏风和提高矿井有效风量的措施。

2. 简述设置风门应注意的事项。

3. 测风站应符合哪些要求？

4. 矿井总风量调节的方法主要有哪些？

5. 某矿井总进风量为 1 350 m^3/min，通过通风机的风量为 1 500 m^3/min，井下共有互不串联的 3 处用风点，第 1 处用风量为 350 m^3/min，第 2 处用风量为 400 m^3/min，第 3 处用风量为 500 m^3/min，试求矿井漏风率和矿井有效风量率。

6. 已知某矿井的风量为 6 000 m^3/min，总风压为 2 200 Pa，试求该矿的总风阻和总等积孔。

第二章

矿井瓦斯防治

学习目标

了解瓦斯的性质、危害及爆炸的基本条件，掌握矿井瓦斯等级的划分依据及瓦斯检查的相关规定；能熟练使用仪器检测瓦斯浓度，能对不同地点瓦斯检查和瓦斯积聚处理编写措施。

矿井瓦斯灾害是煤矿五大自然灾害之首，根据多年的统计，因瓦斯事故而死亡的人数约占煤炭行业工伤事故死亡人数的30%~40%，占重大事故死亡人数的70%~80%。防治煤矿瓦斯事故，消除矿井瓦斯灾害隐患，提高煤矿安全生产的保障程度，是煤矿行业安全生产的一项长期任务。

第一节　瓦 斯 概 述

一、瓦斯基本知识

1. 矿井瓦斯的概念及来源

矿井瓦斯是成煤过程中的一种伴生气体，是指煤矿井下以甲烷（CH_4）为主的有毒、有害气体的总称，有时单独指甲烷。

矿井瓦斯来自煤层和煤系地层，它的形成经历了两个不同的造气时期，从植物遗体到形成泥炭，属于生物化学造气时期。泥炭埋藏较浅，覆盖层的胶结固化也不好，因此，生成的气体通过渗透和扩散很容易排放到大气中，留存在现今煤层中的瓦斯，只是其中很少的部分。在变质作用造气时期，由于埋藏较深，生成的瓦斯大部分留存在煤层和岩层中。

2. 瓦斯的性质

瓦斯通常指甲烷，分子式为CH_4，它是一种无色、无味的气体。在标准状态下（气温为0 ℃，大气压为1.0×10^5 Pa），1 m^3甲烷的质量为0.716 kg，而1 m^3空气的质量为

1.293 kg，因此，瓦斯比空气轻，其相对密度为 0.554。瓦斯有很强的扩散性，扩散速度是空气的 1.34 倍。巷道内瓦斯浓度的分布取决于其涌出源的分布和涌出强度。当无瓦斯涌出源时，瓦斯在井巷断面内的分布是均匀的；当有瓦斯涌出源时，在其涌出的侧壁附近会出现瓦斯浓度增高，巷道顶板、冒落区顶部往往积聚高浓度瓦斯，这不是因为瓦斯表现出上浮力，而是说明这里有瓦斯涌出源。

> ◎ 注意
>
> 瓦斯可燃，并具有爆炸性。

3. 矿井瓦斯的危害

（1）瓦斯窒息

甲烷本身虽然无毒，但空气中甲烷浓度较高时，就会相对降低空气中氧气浓度。在压力不变的情况下，当甲烷浓度达到 43%时，氧气浓度就会被冲淡到 12%，人就会感到呼吸困难；当甲烷浓度达到 57%时，氧气浓度就会降到 9%，这时人若误入其中，短时间内就会因缺氧窒息而死亡。

> ◎ 相关法规
>
> 《煤矿安全规程》规定：临时停工的地点，不得停风；否则必须切断电源，设置栅栏、警标，禁止人员进入，并向矿调度室报告。

某矿−330 m 水平 52 采区 3 斜上掘进工作面临时停工，因水力引射器发生循环风造成巷道内瓦斯积聚，通风人员立即钉上栅栏并悬挂“严禁入内”的警标。11 月 22 日 11 时，采区 3 名技术员为准备复工，闯进栅栏检查情况，当走进 44 m（盲巷全长 69 m）处时，全部窒息死亡，直到第二天才被发现。现场取样分析表明，瓦斯浓度为 43.9%，二氧化碳浓度为 4.3%，氧气浓度为 0.9%，氮气浓度为 50.9%。

（2）瓦斯的燃烧和爆炸

当瓦斯与空气混合达到一定浓度时，遇到高温火源就能燃烧或发生爆炸，一旦形成灾害事故，会造成井下作业人员的大量伤亡，严重影响和威胁矿井安全生产，会给国家财产和职工生命安全造成巨大损失，瓦斯爆炸事故是矿井五大自然灾害之首。

1988 年 8 月 5 日，甘肃陇南地区某煤矿二号掘进上山与采空区打通，瓦斯浓度达到 10%以上，排放瓦斯无措施，不停电，不撤人，随意启动局部通风机“一风吹”，工人在回风巷拆卸矿灯引爆了排放的瓦斯，死亡 45 人。

据不完全统计，全国约有 1 000 余个高瓦斯和瓦斯突出矿井，占矿井总数的 48%。历年来因瓦斯事故死亡的人数约占煤炭行业工伤事故死亡人数的 30%～40%，占重大事故死亡人数的 70%～80%。

4. 瓦斯的赋存

（1）瓦斯在煤层中的垂直分带

在漫长的地质年代中，变质作用过程中生成的瓦斯在其压力差与浓度差的驱动下不断向古大气中运移，而地表空气通过渗透和扩散也不断向煤层深部运移，这就导致沿煤层垂深出现了特征明显的4个分带，即CO_2-N_2带、N_2带、N_2-CH_4带和CH_4带，各带的气体成分组成及含量见表3—1，按照各带的成因和组分变化规律，第Ⅰ、Ⅱ、Ⅲ带又统称为瓦斯风化带，第Ⅳ带称为瓦斯带。

确定瓦斯风化带和瓦斯带的深度是很重要的，因为在瓦斯带内，煤层中瓦斯含量、瓦斯压力，以及在开采条件变化不大的前提下的瓦斯涌出量，都随着深度的增加而有规律地增大。研究这些规律性及影响因素，是防治矿井瓦斯灾害的基本工作之一。

表3—1　　煤层垂向各瓦斯带主要特征

名称	成因	瓦斯成分		
		N_2	CO_2	CH_4
CO_2-N_2带	生物化学—空气	20%~80%	>20%	<10%
N_2带	空气	>80%	10%~20%	<20%
N_2-CH_4带	空气—变质	<80%	10%~20%	<80%
CH_4带	变质	<20%	<10%	>80%

（2）瓦斯的赋存

瓦斯在煤层及围岩中的赋存状态有两种，一种是游离状态，另一种是吸附状态，如图3—1所示。

1）游离状态。这种状态的瓦斯以自由气体状态存在于煤层或围岩的孔洞中，其分子可自由运动，处于承压状态。

2）吸附状态。吸附状态的瓦斯按照结合形式的不同，又分为吸着状态和吸收状态。吸着状态是指瓦斯被吸着在煤体或岩体微孔表面，在表面形成瓦斯薄膜；吸收状态是指瓦斯被溶解于煤体中，与煤的分子相结合，即瓦斯分子进入胶粒结构，类似于气体溶解于液体的现象。

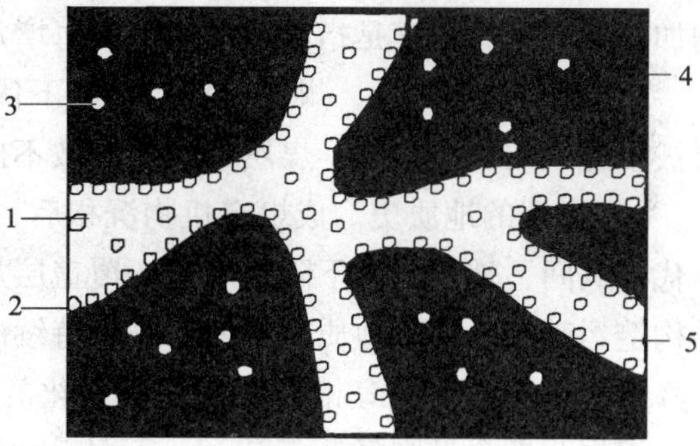

图3—1　煤层瓦斯赋存状态
1—游离瓦斯　2—吸着瓦斯　3—吸收瓦斯　4—煤体　5—孔隙

煤体中瓦斯存在的状态不是固定不变的，而是处于不断交换的动平衡状态，当条件发生变化时，这一平衡就会被打破，由于压力降低或温度升高使一部分吸附瓦斯转化为游离瓦斯的现象，称为瓦斯解吸。

二、煤层瓦斯含量

1. 煤层瓦斯含量的概念

煤层瓦斯含量指煤层在自然条件下单位质量或单位体积所含有的瓦斯量，一般用m^3/t或m^3/m^3表示。煤层瓦斯含量包括游离瓦斯和吸附瓦斯两部分，其中游离瓦斯约占10%~

20%，吸附瓦斯约占 80%~90%。

2. 煤层瓦斯含量的主要影响因素

煤层瓦斯含量的大小决定于两个方面的因素，一是在成煤过程中伴生的气体量和煤的含瓦斯能力，二是煤系地层保存瓦斯的条件。

（1）煤的变质程度

煤的变质程度决定了成煤过程中伴生的气体量和煤的含瓦斯能力。煤的变质程度越高，生成的气体量就越大，煤的微孔隙就越多，总的表面积就越大（1 kg 煤的孔隙表面积可达 200 m^2），吸附瓦斯的量就越大，含瓦斯能力就越强。因此在其他条件相同的情况下，变质程度高的煤层，瓦斯含量就大。煤的变质程度增高的顺序是：褐煤、烟煤、无烟煤。根据实验室测定，煤层含有瓦斯的最大能力一般不超过 60 m^3/t。

此外，煤层中的灰分和杂质也降低了煤层吸附瓦斯的能力。煤中的水分，不仅占据了孔隙空间，也占据了煤的孔隙表面，降低了煤的含瓦斯能力。

（2）煤系地层保存瓦斯的条件

当前煤层瓦斯含量的大小，主要取决于煤系地层保存瓦斯的条件。

1）煤层有无露头。煤层有无露头对煤层瓦斯含量有很大影响，有露头时一般存在着瓦斯风化带，在该风化带内，瓦斯沿煤层向大气中运移的阻力较小，煤层的瓦斯很容易放散到大气中去。所以，地表有煤层露头时，该煤层的瓦斯含量很低。

2）煤层埋藏深度。煤层埋藏深度加大，保存瓦斯的条件就变好，煤层吸附瓦斯的能力就加大，瓦斯放散就越困难，在瓦斯带内，煤层的瓦斯含量和瓦斯压力随埋藏深度的增加而增加，瓦斯压力梯度是指煤层埋藏深度每增加 1 m 时，煤层内瓦斯压力的增加值。

3）围岩的透气性。煤层上覆岩层和下伏岩层的透气性，对煤层瓦斯含量影响很大。煤层被不透气的岩层包围，煤层的瓦斯放散不出去，瓦斯含量就高；反之，瓦斯含量就低。

4）煤层的地质史。成煤有机物沉积后，直到现今的变质作用阶段，经历了漫长的地质年代。其间，地层多次下降或上升，覆盖层加厚或遭受剥蚀，海相与陆相交替变化并伴有地质构造运动等。这些地质过程的形式和持续的时间对煤层瓦斯含量影响很大。一般来说，以下降、覆盖层加厚和海相沉积为主要变化的地质活动过程，会导致煤层瓦斯含量增高；反之，煤层瓦斯含量则降低。

5）地质构造及其条件。闭合的和倾伏的背斜或穹窿，通常是储瓦斯构造，在其轴部区域形成瓦斯包，即所谓的“气顶”。构造形成的煤层局部变厚的大型煤包，往往也是瓦斯包。断层对煤层瓦斯含量的影响与其性质有关：开放性断层（一般指张性、张扭性或导水的压性断层等）会导致煤层瓦斯含量降低，封闭性断层（压性、压扭性或不导水断层）会导致煤层瓦斯含量提高。

煤层倾角小，瓦斯沿层运移的路径长，阻力大，煤层瓦斯不易流失，导致煤层瓦斯含量大；反之，则煤层瓦斯含量小。

地下水活跃的矿区，通常煤层的瓦斯含量小，地下水对煤层瓦斯含量的降低作用表现在三个方面：一是长期的地下水活动，带走了部分溶解的瓦斯；二是地下水渗透的通道，同样可以成为瓦斯渗透的通道；三是地下水带走了溶解的矿物，使围岩及煤层卸压，透气性增大，造成了瓦斯的流失。

三、矿井瓦斯涌出

1. 矿井瓦斯涌出的形式

当煤层被开采时，煤体受到破坏，储存在煤体内的部分瓦斯就会离开煤体而涌入采掘空间，这种现象称为瓦斯涌出。瓦斯涌出可以分为普通涌出和特殊涌出。

（1）普通涌出

瓦斯从采落的煤炭及煤层、岩层的暴露面上通过细小的孔隙缓慢而长时间的涌出，称为普通涌出。普通涌出时，首先涌出游离瓦斯，其次是部分解吸的吸附瓦斯。普通涌出是矿井瓦斯涌出的主要形式，不仅范围广，而且数量大。

（2）特殊涌出

如果煤层或岩层中含有大量瓦斯，采掘时，这些瓦斯有时会在极短的时间内突然大量涌出，可能还伴有煤粉、煤块或岩块，这种涌出形式称为特殊涌出。瓦斯特殊涌出是一种动力现象，分为瓦斯喷出和煤与瓦斯突出。瓦斯特殊涌出是局部的、短暂的、突发性的，但其危害极大。

2. 矿井瓦斯涌出的来源

掌握矿井瓦斯涌出的来源，是实行瓦斯分源治理的前提条件。按照瓦斯涌出地点和分布状况，瓦斯涌出来源可分为以下几种：

（1）煤岩壁瓦斯涌出，即从采掘工作面及巷道周围的煤壁中涌出的瓦斯。

（2）采落煤炭瓦斯涌出，即采掘工作进行采煤和掘进时从落煤中涌出瓦斯。

（3）采空区的瓦斯涌出，即从采空区的顶、底板和浮煤中涌出的瓦斯。

（4）邻近煤层瓦斯涌出，即从邻近煤层中的煤岩壁、巷壁和落煤中涌出的瓦斯。

上述瓦斯构成了矿井瓦斯涌出总量，它们各自在总量中所占比例随着生产条件的改变而改变，其测定方法是：在全矿同时测定各区域的绝对瓦斯涌出量，然后分别计算出各自所占的百分比。

通过对瓦斯涌出来源及构成比例关系的分析，可以找出主要瓦斯涌出源，并采取相应措施进行重点控制与管理，尽量减少其涌出量。

3. 矿井瓦斯涌出量

（1）矿井瓦斯涌出量的概念与计算

矿井瓦斯涌出量是指在开采过程中，单位时间内或单位质量煤涌出的瓦斯量，仅指普通涌出。矿井瓦斯涌出量的表示方法有两种。

1）绝对瓦斯涌出量。绝对瓦斯涌出量是指单位时间内涌入采掘空间的瓦斯量，用 m^3/min 或 m^3/d 表示，可用下式进行计算：

$$Q_{CH_4}=QC$$

或

$$Q_{CH_4}=1\,440QC$$

式中 Q_{CH_4}——矿井（或采区）绝对瓦斯涌出量，m^3/min 或 m^3/d；

Q——矿井（或采区）总回风量，m^3/min；

C——矿井（或采区）总回风流中的瓦斯浓度，%；

1 440——1 昼夜的分钟数。

2）相对瓦斯涌出量。相对瓦斯涌出量是指在矿井正常生产条件下，月平均日产 1 t 煤所涌出的瓦斯数量，用 m^3/t 表示，可用下式进行计算：

$$q_{CH_4}=1\,440\ Q_{CH_4}N/A$$

式中 q_{CH_4}——矿井（或采区）相对瓦斯涌出量，m^3/t；

Q_{CH_4}——矿井（或采区）绝对瓦斯涌出量，m^3/min；

A——矿井（或采区）月产煤量，t；

N——矿井（或采区）的月工作天数。

必须指出，对于抽放瓦斯的矿井，在计算矿井瓦斯涌出量时，应包括抽放的瓦斯量。

（2）影响瓦斯涌出量的因素

矿井瓦斯涌出量并不是固定不变的，它随自然条件和开采技术条件的变化而变化。

1）煤层瓦斯含量。它是影响矿井瓦斯涌出量的决定因素，被开采煤层的原始瓦斯含量越高，其涌出量就越大。如果开采煤层附近有瓦斯含量大的围岩或煤层（通常称为邻近层），由于受采动的影响，邻近层中的瓦斯就会沿采动裂隙涌入开采空间，导致实际瓦斯涌出量大于开采煤层的瓦斯含量。

2）地面大气压力的变化。正常情况时，采空区及裂隙中的瓦斯与巷道风流处于相对平衡的状态。当大气压力突然降低时，就会破坏原来的平衡状态，瓦斯涌出的数量就会增大；反之，瓦斯涌出量变小。因此，当地面大气压突然下降时，必须百倍警惕，加强对采空区和密闭区等附近的瓦斯检查，否则可能造成重大事故。

3）开采规模。开采规模是指矿井的开采深度、开拓开采的范围和矿井产量。开采深度越大，煤层瓦斯含量越高，瓦斯涌出量就越大；开拓与开采范围越大，瓦斯涌出的暴露面积越大，其涌出量就越大；在其他条件相同时，产量高的矿井，其瓦斯涌出量一般较大。

4）开采程序。厚煤层分层开采时，第一分层（上分层）的瓦斯涌出量最大，这是由于受采动的影响，其他分层中的瓦斯也会沿裂隙涌出的缘故。显然，对顶、底部邻近层已采过的煤层，其开采过程中的瓦斯涌出量会显著减少。

5）采煤方法与顶板管理。机械化采煤时，煤的破碎较严重，瓦斯涌出量高；水力采煤时，水包围着采落的煤体，对其中的瓦斯排出起阻碍作用，导致湿煤中残余的瓦斯含量增大，其瓦斯涌出量较小。采用全部垮落法管理顶板时，由于能够造成顶底板更大范围的松动，以及采空区存留大量散煤等原因，其瓦斯涌出量比采用充填法管理顶板要高。另外，回采率低的采煤方法，瓦斯涌出量相对较高。

6）生产工序。同一采面，爆破或割煤时的瓦斯涌出量最高，较该面平均涌出量可高出一倍或几倍。

7）通风压力。采用负压通风（抽出式）的矿井，风压越高，瓦斯涌出量越大；而采用正压通风（压入式）的矿井，风压越高，瓦斯涌出量越小。这主要是风压与瓦斯涌出压力相互作用的结果。

8）采空区管理。一般来说，多数采空区都积存有大量瓦斯，其管理方法及好坏程度对瓦斯涌出量影响很大。例如，该封闭而未封闭或密闭质量很差，就会造成采空区瓦斯向外涌出。对采空区进行合理抽放就会降低矿井的实际瓦斯涌出量。

总之，矿井瓦斯涌出量的影响因素很多，但有主有次，应根据不同矿井的具体条件，找出其主要因素及影响规律，以制定和采取针对性的防治措施。

四、矿井瓦斯等级的划分

1. 矿井瓦斯等级划分的目的

矿井瓦斯等级是矿井瓦斯涌出量大小和安全程度的基本标志。由于不同煤田瓦斯生成与赋存的条件不同，开采时不同矿井的瓦斯涌出量就有很大差异。为保障安全生产，并做到经济合理，所选用的通风设备、通风要求及有关管理制度都应有所不同。因此，根据瓦斯涌出量和涌出形式将矿井瓦斯划分为不同等级，对矿井瓦斯实行分级管理，是十分必要的。

2. 矿井瓦斯等级划分的依据

◎ 相关法规

《煤矿安全规程》规定：一个矿井中只要有一个煤（岩）层发现瓦斯，该矿井即为瓦斯矿井。瓦斯矿井必须依照矿井瓦斯等级进行管理。

矿井瓦斯等级，可根据矿井相对瓦斯涌出量、矿井绝对瓦斯涌出量、工作面绝对瓦斯涌出量和瓦斯的涌出形式，划分为低瓦斯矿井、高瓦斯矿井和煤（岩）与瓦斯（二氧化碳）突出矿井。

（1）低瓦斯矿井

矿井相对瓦斯涌出量不大于 10 m^3/t、矿井绝对瓦斯涌出量不大于 40 m^3/min、矿井任一掘进工作面绝对瓦斯涌出量不大于 3 m^3/min、矿井任一采煤工作面绝对瓦斯涌出量不大于 5 m^3/min，四个条件同时满足的矿井即为低瓦斯矿井。

（2）高瓦斯矿井

矿井相对瓦斯涌出量大于 10 m^3/t、矿井绝对瓦斯涌出量大于 40 m^3/min、矿井任一掘进工作面绝对瓦斯涌出量大于 3 m^3/min、矿井任一采煤工作面绝对瓦斯涌出量大于 5 m^3/min，四个条件具备其中之一的矿井即为高瓦斯矿井。

（3）煤（岩）与瓦斯（二氧化碳）突出矿井

在矿井的开拓、生产范围内有突出煤（岩）层的矿井即为煤（岩）与瓦斯（二氧化碳）突出矿井。

3. 矿井瓦斯等级的鉴定

《煤矿安全规程》规定：每 2 年必须对低瓦斯矿井进行瓦斯等级和二氧化碳涌出量的鉴定工作，鉴定结果报省级煤炭行业管理部门和省级煤矿安全监察机构。高瓦斯、突出矿井不再进行周期性瓦斯等级鉴定工作，但应当每年测定和计算矿井、采区、工作面瓦斯和二氧化碳涌出量，并报省级煤炭行业管理部门和煤矿安全监察机构。

第二节　瓦斯爆炸与预防

一、瓦斯爆炸

1. 瓦斯爆炸的概念

瓦斯是一种能够燃烧和爆炸的气体，瓦斯爆炸就是空气中的氧气（O_2）与瓦斯（CH_4）进行剧烈氧化反应。具体反应式为：

$$CH_4+2O_2 = CO_2+2H_2O+882.6\ \text{kJ/mol}$$

从上式中看出：瓦斯在高温火源作用下，与氧气发生化学反应，生成的二氧化碳和水蒸气迅速膨胀，形成高温、高压并以极高的速度向外冲出而产生动力现象，这就是瓦斯爆炸。

2. 瓦斯爆炸的条件

瓦斯爆炸必须具备下面3个基本条件。

（1）一定的瓦斯浓度

1）瓦斯爆炸界限。瓦斯爆炸具有一定的浓度范围，只有在这个浓度范围内，瓦斯才能够爆炸（见图3—2），这个范围称为瓦斯爆炸界限。最低爆炸浓度称为爆炸下限，最高爆炸浓度称为爆炸上限。在新鲜空气中，一般认为瓦斯爆炸的界限是5%~16%。

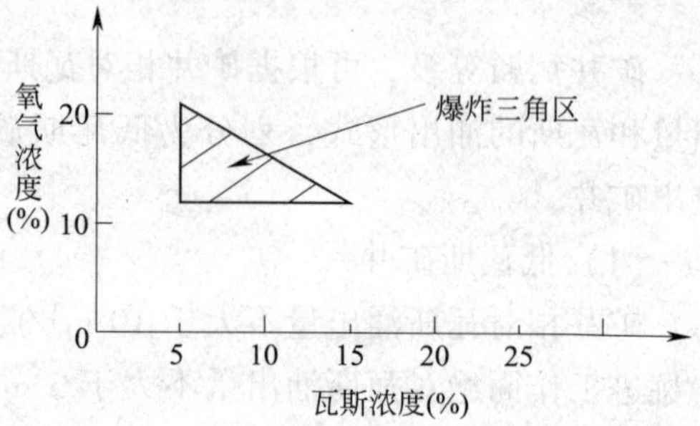

图3—2　瓦斯爆炸三角

2）瓦斯在不同浓度时的燃爆特性。当瓦斯浓度低于5%时，由于参加化学反应的瓦斯较少，不能形成热量积聚，因此，不能爆炸，只能燃烧。燃烧时，在火焰周围形成比较稳定的、呈现蓝色或淡青色的燃烧层。当瓦斯浓度高于16%时，由于空气中的氧气含量不足，满足不了氧化反应的全部需要，只能有部分瓦斯与氧气发生反应，所生成的热量被多余的瓦斯和周围介质吸收而降温，所以也就不能发生爆炸。

（2）一定的引火温度

瓦斯爆炸的第二个基本条件是高温火源的存在。点燃瓦斯所需的最低温度，称为引火温度。瓦斯的引火温度一般认为是650~750 ℃。明火、煤炭自燃、电气火花、赤热的金属表面、吸烟、放炮、安全灯网罩、架线火花，甚至撞击和摩擦产生的火花等都足以引燃瓦斯。因此，消灭井下一切火源是防止瓦斯爆炸的重要措施之一。

（3）充足的氧气含量

试验表明，瓦斯爆炸界限随着混合气体中氧气浓度的降低而缩小，氧气浓度降低时，瓦斯爆炸下限缓缓地提高，而瓦斯爆炸的上限则迅速下降，当氧气浓度降低到12%时，混合气体中的瓦斯就失去了爆炸性，遇火也不会爆炸。

由于氧气含量低于12%时，短时间内就能导致人窒息死亡，因此在正常生产的矿井中，采用降低空气中的氧气含量来防止瓦斯爆炸是没有实际意义的。但是，对于已封闭的火区，采取降低氧气含量的措施，对防止瓦斯爆炸却有着十分重要的意义，因为火区往往积存有大量瓦斯，且有火源存在，如果不按规定封闭火区或火区封闭不严造成大量漏风，一旦氧气浓度达到12%以上时，就有发生爆炸的可能。

◎ 相关法规

《煤矿安全规程》规定：采掘工作面的进风流中，氧气浓度不低于20%。

3. 瓦斯爆炸产生的危害

瓦斯爆炸的危害主要表现在以下3个方面。

（1）爆炸温度

试验研究表明，当瓦斯浓度为9.5%时，爆炸时产生的瞬时温度，在自由空间可达1 850 ℃，在封闭的空间内高达2 650 ℃。由于井下巷道是半封闭空间，其内的瓦斯爆炸温度为1 850~2 650 ℃，而这样高的温度，不仅会烧伤人员、烧坏设备，还可能引起井下火灾，扩大灾情。

（2）爆炸压力

瓦斯爆炸产生的高温，会使气体突然膨胀，引起气体压力的骤然增大，再加上爆炸波的叠加作用或瓦斯连续爆炸，爆炸产生的冲击压力会更高。据测定，瓦斯爆炸后的压力约为爆炸前的10倍，在高温高压的作用下，爆源处的气体以每秒几百米的速度向前冲击。瓦斯爆炸时，常常伴生两种冲击。

1）正向冲击。在爆炸产生的高温、高压作用下，爆源附近的气体以极大的速度向四周扩散，在所经过的路程上形成威力巨大的冲击波的现象称为正向冲击。

发生正向冲击时，由于冲击气流具有高温、高压，因此能够造成人员伤亡、巷道和器材设施的破坏，能扬起大量煤尘使之参与爆炸，产生更大的破坏力，还可能点燃坑木或其他可燃物而引起火灾。

2）反向冲击。爆炸发生后，由于爆炸气体从爆源处高速向外冲击，加上爆炸后生成的一部分水蒸气很快冷却和凝聚，因此，在爆源附近就形成了气体稀薄的低压区。这样，在压差的作用下，爆炸气体就会连同爆源外围的气体又以极高的速度反向冲回爆炸地点，这一过程称为反向冲击。

虽然反向冲击的力量较正向冲击的力量小，但由于它是沿着已经遭受破坏的区域内的反冲，所以其破坏性更大。尤其应当指出的是，如果反向冲击的空气中含有足够的瓦斯和氧气，而爆源附近的火源尚未熄灭，或有因爆炸而产生的新火源存在时，就可能造成二次爆炸。

（3）有毒有害气体

瓦斯爆炸后，将产生大量有害气体，据分析，瓦斯爆炸后的空气成分为：氧气6%~10%、氮气82%~88%、二氧化碳4%~8%、一氧化碳2%~4%。爆炸后生成的如此大量的一氧化碳是造成人员大量伤亡的主要原因。如果有煤尘参与爆炸，一氧化碳的生成量就会更大，危害就更为严重。统计资料表明，已发生的瓦斯、煤尘爆炸事故中，死于一氧化碳中毒的人数占总死亡人数的70%以上。

◎ 相关法规

《煤矿安全规程》规定：入井人员必须随身携带额定防护时间不低于30 min的隔绝式自救器。

4. 影响瓦斯爆炸的主要因素

瓦斯爆炸的基本条件受很多因素影响，以下从爆炸界限和引火温度两个方面进行介绍。

（1）影响爆炸界限的因素

影响瓦斯爆炸界限的主要因素有可燃性气体、煤尘、惰性气体及混合气体的初始温度等。

1）可燃性气体的混入。在瓦斯和空气的混合气体中，如果有一些可燃性气体（如硫化氢、乙烷等）混入，由于这些气体本身具有爆炸性，不仅增加了爆炸气体的总浓度，而且会使瓦斯爆炸下限降低，从而扩大了瓦斯爆炸的界限。

表3—2为常见的几种可燃性气体的爆炸界限。经计算表明，这些可燃性气体的混入都能使瓦斯爆炸界限扩大。因此，需要特别注意的是，当井下发生火灾或可能产生其他可燃性气体时，即使平时瓦斯涌出量不大的矿井、采区或工作面，也可能发生瓦斯爆炸。

表3—2　几种可燃性气体的爆炸界限（按体积）

气体名称	下限	上限	气体名称	下限	上限
甲烷（CH_4）	5.0%	16.0%	乙烯（C_2H_4）	3.0%	16.0%
乙烷（C_2H_6）	3.2%	12.5%	乙炔（C_2H_2）	2.3%	82.0%
丙烷（C_3H_8）	2.4%	9.5%	氢气（H_2）	4.0%	74.2%
丁烷（C_4H_{10}）	1.9%	8.5%	硫化氢（H_2S）	4.3%	45.5%
戊烷（C_5H_{12}）	1.4%	8.0%	一氧化碳（CO）	12.5%	75.0%
己烷（C_6H_{14}）	1.2%	7.0%	氨气（NH_3）	15.7%	27.4%

2）爆炸性煤尘的混入。多数矿井的煤尘具有爆炸性。当瓦斯和空气的混合气体中混入有爆炸性危险的煤尘时，由于煤尘本身遇到火源会放出可燃性气体，因而会使瓦斯爆炸下限降低。根据试验，空气中煤尘含量为5 g/m³时，瓦斯的爆炸下限降低到2.5%。显然，正常情况下，空气中的煤尘含量达到这样高是不可能的，但当沉积煤尘被爆风吹起时，达到这样的煤尘含量却十分容易。因此，对于有煤尘爆炸危险的矿井，做好防尘工作，从防止瓦斯爆炸的角度来讲也是十分重要的。

3）惰性气体的混入。惰性气体是指不太容易与其他分子结合、化学性质不太活泼的气体，如氮气、二氧化碳等。瓦斯和空气的混合气体中，混入惰性气体将使氧气的含量降低，可以缩小瓦斯的爆炸界限，降低瓦斯爆炸的危险性。

（2）影响引火温度的因素

影响瓦斯爆炸引火温度的主要因素有瓦斯浓度、混合气体压力及火源性质等。

1）瓦斯浓度。不同浓度瓦斯所需要的引火温度也不同，一般来说，瓦斯浓度在7%~8%时，其引火温度最低；高于这个浓度，所需引火温度就增高，这是因为瓦斯的热容量较大，吸收热量较多的缘故；当瓦斯浓度过低时，也不易引燃，所需引火温度也比较高。

2）混合气体压力。混合气体的压力越大，引火温度就越低。例如，当瓦斯与空气混合气体的压力为9.8 kPa时，引火温度为700 ℃；压力为274.2 kPa时，引火温度为460 ℃。当混合气体瞬间被压缩到原来体积的1/20时，混合气体由于被压缩自身产生的热量，就能使其自行爆炸。

引火温度随着混合气体压力的增加而降低，这对加强爆破管理很有指导意义。因为爆破时能造成很大的气体压力，大大降低了引火温度，因而就比较容易引起瓦斯爆炸事故。

3）火源性质。火源有多种，不同的火源有不同的性质，它们的温度、存在时间及表面积等也都不同，而这些都能对瓦斯爆炸的引火温度产生很大的影响。

4）瓦斯爆炸的感应期。在一定温度条件下，达到爆炸浓度的瓦斯遇到高温火源，不立即发生爆炸，而需要延迟很短的时间，瓦斯的这种延迟很短时间才爆炸的现象，称为引火延迟现象。引火延迟的时间称为瓦斯爆炸的感应期。感应期的长短与瓦斯浓度、引火温度有密切关系，瓦斯浓度越高，感应期越长；引火温度越高，感应期越短。

瓦斯爆炸的感应期虽然非常短暂，但对指导煤矿安全生产却有着十分重要的意义。

首先，利用这一特性，通过缩短高温火源的存在时间，使其不超过瓦斯爆炸的感应期，可以减少或消除瓦斯爆炸的可能性。现在煤矿使用的毫秒雷管和安全炸药，在一定程度上就是根据瓦斯爆炸感应期这一特性研制生产的；其次，根据瓦斯爆炸感应期这一特性，对一些存在或停留时间较长（超过感应期）的高温火源，如明火、电火、灼热金属板（网）、摩擦火花等，在瓦斯矿井中都要严加禁止。

综上所述，由于瓦斯爆炸的3个基本条件中的一些数值受很多因素影响，会在较大范围内发生变化，加上矿井通风和瓦斯涌出量的不稳定性，所以《煤矿安全规程》对井下各地点的瓦斯浓度及可能产生的火源都进行了严格的限制和规定，这是十分必要的，必须认真执行。

5. 瓦斯爆炸的原因分析

瓦斯爆炸是由3个方面的因素促成的，即瓦斯积聚、引爆火源和管理因素。

（1）瓦斯积聚

1）瓦斯积聚的概念。瓦斯积聚是指采掘工作面及其他地点，体积大于0.5 m^3的空间内积聚瓦斯浓度达到或超过2%的现象。瓦斯积聚是造成瓦斯爆炸的根源，对井下瓦斯状况不了解、矿井通风系统布置不合理、通风设施损坏等，都容易造成瓦斯积聚。

2）引起瓦斯积聚的主要原因。引起瓦斯积聚而导致瓦斯爆炸的原因很多、很复杂，主要有以下几点：

①局部通风机停止运转。这种现象导致瓦斯积聚而引起爆炸的比例最大。有的是设备检修，无计划停电、停风；有的是机电故障，掘进工作面停工而停风；还有的是局部通风机管理混乱，任意开停等。

鸡西煤矿（低瓦斯煤矿）某掘进工作面工人运送电动机时嫌风筒碍事，曾 3 次任意关停局部通风机，累计停风 1 h 40 min，造成掘进工作面瓦斯积聚。瓦斯检查员虽然在场，但也未制止，更没有检查瓦斯就脱岗离去，后终因矿用绞车拖拉电动机撞击轨道产生火花，造成 45 人死亡的爆炸事故。

②风筒断开或严重漏风。这种现象的原因主要是施工人员不爱护通风设施，将风筒掐断、压扁、刮坏等，而通风人员又不能及时发现和进行维护、修补，造成掘进工作面风量不足而导致瓦斯积聚。

山西西山某矿，工人在已停掘的煤巷内拆运耙斗时撞倒棚子将风筒刮断，致使 500 m 巷道 37.5 h 内无风而引起瓦斯积聚，又由于瓦斯检查员弄虚作假，终因电工带电修理开关，产生电火花而引爆瓦斯，造成 48 人死亡。

③采掘工作面风量不足。造成采掘工作面风量不足的原因多种多样，如不按需要风量配风、通风巷道冒顶堵塞、单台局部通风机供多个工作面、风筒出口距掘进工作面太远等，都可能造成采掘工作面风量小、风速低而导致瓦斯积聚。

河南平顶山市某煤矿是低瓦斯矿井，一台局部通风机（5.5 kW）供两个工作面，风量不足，风筒拐弯 8 处，严重漏风且长期不检查瓦斯，1998 年 6 月 11 日，因矿灯短路产生火花，引爆了积聚的瓦斯，井下 12 人全部遇难。

④局部通风机出现循环风。局部通风机安装的位置不符合规定或全风压供给风量小于该处局部通风机的吸入风量等，都可能使局部通风机出现循环风，致使掘进工作面的瓦斯反复回到掘进工作面，越积越多，达到爆炸浓度。

河北曲阳某矿一平巷半煤岩掘进工作面的局部通风机，由于吸入风量大于全风压供给该处的风量，产生循环风，致使该掘进工作面内瓦斯形成恶性循环积聚，在瓦斯浓度达到 3%～4%时仍未停止作业进行处理，而瓦斯检查工又不负责任地提前升井脱岗，终因爆破工在瓦斯浓度超限情况下违章爆破，引起了瓦斯爆炸，死亡 12 人。

⑤风流短路。如打开风门而不关闭、巷道贯通后不及时调整通风系统等，都可能造成通风系统的风流短路而引起瓦斯积聚。

1988 年 2 月 8 日，鸡西某矿前进井，因嫌采煤工作面温度低而将进、回风巷之间唯一的一道风门敞开，造成风流短路，采煤工作面风量大大减少，出现瓦斯积聚，由于瓦斯检查工漏检，后因电钻接线短路引起瓦斯爆炸，井下 28 名正在交接班的工人全部遇难。

⑥通风系统不合理，不完善。自然通风、不符合规定的串联通风、扩散通风和无回风道独眼井，以及通风设施不齐全等，都是不合理通风，都可能引起瓦斯积聚而导致爆炸事故。

云南曲靖某矿由当地村民非法建井，无任何合法证照和手续，地方政府已责令封停。2004 年 12 月初矿主擅自启封，非法组织生产，因独眼井开采，未形成矿井通风系统，造成瓦斯积聚，导致瓦斯爆炸事故，死亡 27 人。

⑦采空区或盲巷。采空区和盲巷没有风流通过，往往积存有大量高浓度瓦斯，在发生气压变化或冒顶，使其涌出或突然压出时，都可能导致瓦斯爆炸。

1989 年 2 月 11 日，南票某矿由于采空区内大面积冒顶，采空区内高浓度的瓦斯被挤出来，且瞬间达到爆炸浓度，而此时瓦斯检查工脱岗，爆破工也没有检查瓦斯，结果由于爆破器与母线接触不良，产生火花引爆了瓦斯，13 人死亡。

⑧瓦斯涌出异常。断层、褶曲或地质破碎地带是瓦斯的富集区域，在接近或通过这些地带时，瓦斯涌出可能会突然增大，或忽大忽小变化无常，而且容易冒顶造成瓦斯积聚。

1984 年 7 月 5 日，内蒙古某矿一采煤工作面中部遇到地质破碎带，6 日发生局部冒顶，瓦斯涌出量突然增大（由 1.15%突然上升到 2.8%），但未引起注意。9 日该采煤工作面分两组用两台爆破器同时爆破，由于第二组在破碎带附近爆破时，泄出了大量瓦斯，且随风流排到了第一组爆破打筒火源处炮眼内装药，在爆破时未能对周围介质产生破坏作用，而是沿炮眼口方向崩出的现象，称为放空炮，俗称爆破打筒），结果发生了爆炸，死亡 25 人。

⑨巷道支架背后空间及高顶区瓦斯积聚。掘进巷道支架背后空间及高顶区，由于位置特殊而不能形成良好的通风条件，当巷道风量较小、风速较低时经常会出现瓦斯积聚。

⑩局部地点瓦斯积聚。在正常通风系统中存在局部地点的瓦斯积聚，往往具有更大的危险性。如采煤工作面的上隅角、采煤机切割机附近、采掘工作面的机组附近、刮板输送机底槽和未充填的各种钻孔，常常积聚着高浓度的瓦斯。

（2）引爆火源

引爆瓦斯的主要火源有以下几种：

1）电火花。由于对井下照明和机械设备的电源及电气装备的管理不善或操作不当，如矿灯失爆、电钻失爆、带电作业、电缆漏电或短路、电缆明接头或抽线、电气开关失爆、电机车架线出火，以及杂散电流等产生的电火花，是引起瓦斯爆炸的主要火源。其中矿灯失爆、电缆明接头及带电作业所占比例较大，由于杂散电流引爆瓦斯事故也时有发生，电火花引起瓦斯爆炸事故的比重约为 40%。

1978 年 9 月 13 日，鹤壁某矿因一电工带电接线头作业，接线过程中线路短路产生电火花引爆瓦斯，造成 20 人死亡；1990 年 4 月 15 日，七台河某矿由于两条入井高压电缆相继短路、停电，使七采区 72 号有一片停风积聚瓦斯，在架线电机车启动时杂散电流产生火花而引爆瓦斯，死亡 33 人。

2）爆破火花。爆破产生火花是引爆瓦斯的另一主要火源。爆破火花主要是因炮泥装填不满、最小抵抗线不够、放明炮、糊炮、接线不良及炸药不合乎要求等引起的，爆破火花引起瓦斯爆炸事故的比重约为 40%。

吉林辉南县某矿，由于爆破器接线不牢产生火花，引起瓦斯爆炸事故，死亡 13 人；1981 年 3 月 19 日，河北某矿由于抵抗线过小，封泥不足，爆破出火，引起瓦斯爆炸，死亡 46 人。

3）撞击摩擦火花。井下因撞击和摩擦产生火花的情形多种多样，机械设备之间的摩擦、截齿与坚硬岩石之间的摩擦、坚硬顶板冒落时的撞击、金属表面之间的摩擦等，都可能产生火花而引爆瓦斯。随着机械化程度的不断提高，因机电设备撞击出现摩擦火花而引起的爆炸事故也在逐渐增多，仅次于电火花和爆破火花的引爆次数。

1987 年 12 月 9 日，淮南某矿由于没有按规定排放瓦斯，致使排出的高浓度瓦斯与回风流中违章开动的齿轮矿用绞车产生的机械摩擦火花相遇而发生爆炸，死亡 45 人。

4）明火。井下严禁明火，但是由于种种因素的影响，井下明火并未能杜绝，而由此引爆的瓦斯事故也时有发生。井下明火的来源主要有煤炭自然发火、井下电焊、吸烟等。

2006 年 5 月 2 日，贵州一非法采煤点发生瓦斯燃烧事故，造成 15 人死亡。经初步调查，该非法采煤点多次被地方政府关闭查封，但又多次死灰复燃，独眼井开采，无风作业，造成瓦斯积聚，井下作业人员吸烟导致瓦斯燃烧事故。

（3）管理因素

一部分瓦斯爆炸事故是由于管理上存在缺陷造成某些作业人员的违章失职所造成的。

例如，根本没有或不执行瓦斯检查制度，瓦斯检查员失职或业务素质不高，空岗、漏检、假检和脱岗，不在现场交接班，不带甲烷检测仪等。

二、瓦斯爆炸事故的防治

瓦斯爆炸事故是可以预防的，预防瓦斯爆炸就是指消除瓦斯爆炸的条件并限制爆炸火焰向其他区域传播，归纳起来主要有以下 3 个方面：防止瓦斯积聚、防止引爆瓦斯和防止瓦斯爆炸灾害的扩大。

1. 防止瓦斯积聚的措施

（1）加强通风管理

通风是防止瓦斯积聚的主要措施。建立一个完善合理的矿井通风系统，加强通风管理，做到有效、稳定、可靠、连续不断地向井下所有用风地点输送足够数量的新鲜空气，以保证及时排出和冲淡矿井瓦斯和粉尘，使井下各处的瓦斯浓度符合《煤矿安全规程》的要求，是防止矿井发生瓦斯爆炸事故的可靠保证。为此，要求矿井通风系统要具有较强的抗灾能力，通风系统要力求简单，实行分区通风，各水平、各采区要有单独的回风道，不得串联通风。矿井通风设施要保证规格质量，经常检查维修，保证完好。

（2）加强瓦斯检查和监测

井下瓦斯状况的检查和监测是判断和预测井下瓦斯状况、采取防范措施和处理措施的依据，随时检查和监测煤矿井下通风、瓦斯状况是矿井安全管理的主要内容。它可以及时发现瓦斯超限和积聚，从而采取处理措施，将事故消灭在萌芽状态。每个矿井都必须建立井下瓦斯检查制度，设立相应的瓦斯检查和通风管理机构，配备相应的瓦斯检查仪器、仪表，监测、监控井下瓦斯。瓦斯检查人员发现瓦斯超限，有权立即停止工作，撤出人员，并向有关部门报告。瓦斯检查员应由责任心强，经过专业培训并考试合格的人员担任，持证上岗。严禁瓦斯检查空班、漏检、假检等，一经发现，严肃处理。

（3）及时处理局部积聚的瓦斯

矿井瓦斯积聚是发生瓦斯事故的物质基础，要及时处理。

◎ 相关法规

《煤矿安全规程》规定：采掘工作面及其他巷道内，体积大于0.5 m^2 的空间内积聚的甲烷浓度达到2.0%时，附近20 m内必须停止工作，撤出人员，切断电源，进行处理。

2. 防止引爆瓦斯的措施

（1）防止明火

1）禁止在井口房、通风机房周围20 m以内使用明火、吸烟或用火炉取暖。

2）严禁携带烟草、点火物品和穿化纤衣服入井；严禁携带易燃品入井，必须带入井下的易燃品要经矿总工程师批准。

3）井下禁止使用电炉或灯泡取暖。

4）不得在井下和井口房内从事施焊作业。如必须在井下主要硐室、主要进风道和井口房内从事电焊、气焊和使用喷灯焊接时，每次都必须制定安全措施，报矿长批准，并遵守《煤矿安全规程》的有关规定。回风巷不准进行施焊作业。

5）严禁在井下存放汽油、煤油、变压器油等。井下使用的棉纱、布头、润滑油等，必须放在有盖的铁桶内，严禁乱扔乱放和抛洒在巷道、硐室或采空区内。

6）防止煤炭氧化自燃，加强火区检查与管理，定期采样分析，防止复燃。

（2）防止出现爆破火焰

1）严格炸药、爆破管理，井下严禁使用产生火焰的爆破器材和爆破工艺。

2）井下爆破作业，必须使用煤矿许用炸药和煤矿许用电雷管，煤矿许用炸药的选用，应按《煤矿安全规程》的规定执行，不合格或变质的炸药不准使用。

3）炮眼深度和装药量要符合"作业规程"的规定，炮眼黄泥装填要满，要防止爆破打筒，坚持使用水炮泥。

4）禁止使用明接头或裸露的爆破母线；爆破母线与发爆器的连接要牢固，防止产生电火花；爆破员尽量在进风流中启动发爆器。

5）禁止放明炮、糊炮。

6）严格执行"一炮三检"制度。

（3）防止出现电火花

1）井下电气设备选用时应符合《煤矿安全规程》的要求，定期、经常检查电气设备的防爆性能，不符合要求的要及时更换和修理，否则不准使用。

2）井口和井下电气设备必须有防雷和防短路保护装置，采取有效措施防止井下杂散电流。

3）所有电缆接头不准有"鸡爪子""羊尾巴"和明接头。

◎ 知识拓展

不规范的电缆接头外形类似鸡爪子或羊尾巴的形状，俗称"鸡爪子""羊尾巴"。

4）严禁带电作业。

5）局部通风机开关要设风电闭锁、瓦斯电闭锁装置和检漏装置等。

6）发放的矿灯要符合要求，严禁在井下拆开、敲打和撞击灯头和灯盒。

（4）其他引火源的治理

1）矿井中使用的塑料、橡胶、树脂等高分子材料制品，其表面电阻应低于规定值。其中，洒水、给排水用塑料管外壁表面电阻应小于 $10^9\ \Omega$，压风用管外壁表面电阻应小于 $10^8\ \Omega$，喷浆用管内、外壁表面电阻应小于 $10^8\ \Omega$，负压风管及抽放瓦斯用管内、外壁表面电阻应小于 $10^6\ \Omega$。

2）在摩擦发热的部件上安设过热保护装置，在摩擦部金属表面熔敷活性低的金属，使用难引燃性能的合金工具。综合机械化机组作业的采掘工作面遇到坚硬岩石时，应采用爆破处理，机组截齿处应采取喷水降温措施。

3. 防止瓦斯爆炸灾害扩大的措施

除建立完善合理、抗灾能力强的矿井通风系统外，为防止瓦斯爆炸灾害扩大，还应采取下列措施。

（1）编制灾害预防与处理计划

矿井每年年初都要编制有针对性的、切合实际的“矿井灾害预防与处理计划”，每季度根据矿井变化的情况进行修订和补充，并且组织所有入井职工认真学习、贯彻，使每个入井人员都能了解和熟悉一旦发生瓦斯爆炸时撤出和躲避的路线与地点。每年由矿长组织一次实战演习。

（2）安设安全装置

1）安设防爆门。安装主要通风机的出风井口处，必须装设防爆门或防爆井盖，以便在井下发生瓦斯爆炸时，冲击波将防爆门（或井盖）冲开，释放能量，防止通风机受到破坏。

2）安设反风装置。主要通风机必须有反风设备，并做到每季度至少检查一次，一年至少进行一次反风演习，操作时间和反风风量达到《煤矿安全规程》规定要求，保证在处理事故需要紧急反风时能灵活使用。

3）安设隔爆设施。隔爆设施是根据瓦斯或煤尘爆炸时所产生的冲击波与火焰的速度差的原理设计的。爆炸时产生的冲击波在前，可使隔爆设施动作，将随后而来的火焰扑灭、隔住，从而使爆炸灾害范围不再扩大。

4）佩戴自救器。每个入井人员不仅要随身佩戴自救器，还要懂原理、会使用，保证在发生瓦斯爆炸或其他灾害时，能安全逃生。

第三节　瓦斯突出与预防

一、煤与瓦斯突出概述

1. 煤与瓦斯突出的概念和危害

（1）煤与瓦斯突出的概念

在煤矿井下，由于地应力和瓦斯压力（二氧化碳）的共同作用，在极短的时间内，破碎的煤和瓦斯由煤体或岩体内突然向采掘空间抛出的异常动力现象，称为煤与瓦斯突出。

（2）煤与瓦斯突出的危害

当发生煤与瓦斯突出时，采掘工作面的煤壁将遭到破坏，大量的煤与瓦斯将从煤层内部，以极快的速度向巷道或采掘空间喷出，充塞巷道，煤层中会形成孔洞。同时，由于伴随有强大的冲击力，巷道设施会被摧毁，通风系统会被破坏，甚至发生风流逆转，还可能造成人员窒息和发生瓦斯爆炸、燃烧及煤流埋人事故。

某煤矿二水平东翼三采区+20 m 标高四区石门，在揭 4 号煤层的施工中，当用风钻打震动炮炮眼时，发生了特大煤岩与瓦斯突出事故，突出煤量达 8 765 t、岩石 61. 4 m^3、瓦斯 201 万 m^3，煤粉堵塞巷道 1 388 m，瓦斯逆流 1 846 m，波及井田两翼的 3 个采煤工作面和 5 个掘进工作面。事故中有 135 名职工受到瓦斯威胁，其中有 120 名经及时有效抢救或自救而脱离危险，有 14 名被煤粉埋住而死亡，1 名因瓦斯中毒窒息而亡。

2. 煤与瓦斯突出的分类

（1）按动力现象分类

按动力现象的力学特征，煤与瓦斯突出可分为突出、压出和倾出。

（2）按突出强度分类

突出强度是指每次突出抛出的煤岩量或喷出的瓦斯量。按突出强度不同，煤与瓦斯突出可分为小型突出（小于 100 t）、中型突出（等于或大于 100 t，小于 500 t）、大型突出（等于或大于 500 t，小于 1 000 t）和特大型突出（等于或大于 1 000 t）。

二、煤与瓦斯突出的预兆和规律

1. 煤与瓦斯突出的预兆

绝大多数的煤与瓦斯突出，在发生前都有预兆，没有预兆的突出是极少数的，突出的预兆可分为有声预兆和无声预兆。

（1）有声预兆

1）响煤炮。由于各矿区、各采掘面的地质条件、采掘方法、瓦斯及煤质特征不同，所以预兆声音的大小、间隔时间、在煤体深处发出的响声种类也不同。有的像炒豆似的劈劈啪啪声，有的像鞭炮声，有的像机关枪连射声，有的似跑车发动一样的闷雷、嘈杂、沙沙声、嗡嗡声，有的像气体穿过含水裂缝时的吱吱声。

2）其他有声预兆。发生突出前，因压力突然增大，支架会出现嘎嘎响、劈裂折断声，煤岩壁会开裂，打钻时会喷煤、喷瓦斯等。

（2）无声预兆

1）煤层结构构造方面表现为：煤层层理紊乱，煤变软、变暗淡、无光泽、煤层干燥和煤尘增大，煤层受挤压，褶曲变粉碎，厚度变大，倾角变陡。

2）地压显现方面表现为：压力增大，使支架变形，煤壁外鼓、片帮、掉渣，顶底板出现凸起台阶、断层、波状鼓起，手扶煤壁感到震动和冲击，炮眼变形，装不进药，打眼时垮孔、夹钻等。

3）其他方面的预兆有：瓦斯涌出异常、忽大忽小，煤尘增大，空气气味异常、闷人，有时变热。

◎ 注意

上述煤与瓦斯突出预兆并非每次突出时都同时出现，而是出现一种或几种。当发现有突出的预兆时，现场人员立即按避灾路线撤离，撤离时每个人都必须佩戴好隔离式自救器，同时要将发生突出的地点、预兆情况和人员撤离情况向调度室汇报；立即切断突出地点及回风流中一切电气设备的电源，撤离现场要关闭反向风门，并在突出区域或瓦斯流区域内设置栅栏，以防人员进入，避免窒息死亡；当确定不能撤离突出的灾区时，要进入就近的避难硐室，关好铁门，打开供气阀，做好自救。

2. 煤与瓦斯突出的一般规律

国内外煤与瓦斯突出的统计资料表明，煤与瓦斯突出的发生有以下规律。

（1）地压是发动突出的主要动力

1）突出的危险性随着煤层埋藏深度的增加而增大。一般矿井发生突出的最浅深度约为瓦斯风化带深度的2倍，随着深度的增加，突出的危险性增高，表现为突出次数增多，强度增大，突出煤层增加，突出危险区域扩大。

2）采掘工作形成的集中应力区是突出点密集区。如邻近层煤柱上下、相向的采掘接近处、两巷贯通之前的煤柱内、采掘工作面附近的应力集中区等，这些地区不仅发生突出次数多，强度也大。

3）突出危险区集中在地质构造带并呈带状分布。向斜轴部地区，背斜构造中部降起地区，地层扭转、断层和褶曲附近，火成岩侵入形成的变质煤与非变质煤的交界附近等地区都是突出密集地区，也是大型甚至特大型突出发生的地区。一般突出危险带的面积小于突出煤层面积的10%。

4）产生强烈震动的采掘作业可能诱发突出。这种作业不仅可引起应力状态的改变，而且可以使动载荷作用在新暴露煤体上，造成煤的突然破碎。

5）受煤自重的影响，上山掘进头发生突出的次数多，强度小；下山掘进头发生突出的次数少，强度稍大。

（2）瓦斯是抛出煤体、完成突出过程的主要动力

1）突出危险煤层的瓦斯压力一般为0.7～1 MPa，同一煤层中，瓦斯压力越高的区域，突出的危险性越大。

2）突出危险煤层的瓦斯含量和开采时的瓦斯涌出量都在10 m^3/t 以上。突出发生时，吨煤瓦斯涌出量是煤层瓦斯含量的几倍至几百倍。

3）突出气体的种类主要是甲烷，个别矿井突出二氧化碳，突出瓦斯中含有少量重烃类气体。

（3）煤的物理力学性质决定突出发生和发展的难易

1）突出的次数和强度随着煤层厚度，特别是软分层厚度的增加而增多，突出最严重的

煤层一般是最厚的主采煤层。

2）突出危险性随着煤层倾角增大而增加。煤层倾角增大，岩层及煤层承重应力参与突出的作用就增大，从而使突出的危险性增加，表现为始突深度变浅、突出次数增多和平均强度增大。

3）突出煤层的特点是强度低，手捻能成粉末，煤层结构软硬相间，至少存在两个以上的软分层，光泽暗淡、层理紊乱，煤层松软、湿度小、透气性差，瓦斯放散初速度高。如果煤层顶、底板坚硬致密，可以形成危险的瓦斯压力梯度，突出危险性更大。

三、防治煤与瓦斯突出的措施

在防治煤与瓦斯突出的实践中，我国总结了一套行之有效的综合防突措施，习惯上称为“四位一体”的防突措施，即突出危险性预测、防治突出措施、防治突出措施的效果检验和安全防护措施。

1. 突出危险性预测

突出危险性预测是综合防突的第一个重要环节。当预测有突出危险时，可采取防突措施，对其防突效果进行检验，确定措施有效时，可采取安全防护措施进行采掘作业；当预测无突出危险时，可采取安全防护措施直接进行采掘作业。

2. 防治突出措施

（1）区域性防突措施

目前采用的区域性防突措施，包括开采保护层、预抽煤层瓦斯和煤体注水。

1）开采保护层。在突出矿井中，在煤层群中首先开采的、并能使相邻的突出煤层消除突出危险的煤层叫保护层，后开采的具有突出危险的煤层叫被保护层。位于被保护区上部的保护层叫上保护层，位于被保护区下部的保护层叫下保护层。开采保护层是防治煤与瓦斯突出最有效、最经济的措施之一。

保护层开采后，被保护层中对应区域内的煤体被充分卸压，导致煤层和围岩中积蓄的弹性能被释放，减弱了发动突出的主要动力；煤体卸压后会产生大量裂隙，使煤层的透气性增加，造成瓦斯潜能的释放，减弱了完成突出过程的主要动力；高压瓦斯的大量释放，使煤层瓦斯的含量降低，导致煤体强度增加，这就增大了突出的阻力。这些因素综合作用的结果，必然导致被保护层突出危险的消失。

保护层保护作用的有效范围，应根据矿井实际考察结果或参照《防治煤与瓦斯突出规定》确定。

2）预抽煤层瓦斯。开采保护层时，已有瓦斯抽放系统的矿井，应同时抽放被保护层的瓦斯。单一煤层和无保护层可开采的突出危险煤层，经试验预抽瓦斯有效果时，也必须采用抽放瓦斯的措施。

煤层抽放瓦斯后，大量高压瓦斯的排放导致瓦斯潜能的释放，减弱了完成突出过程的主要动力，大量瓦斯的排放，直接导致煤体强度的增大，增加了突出的阻力；另一方面，大量瓦斯的排放又导致了煤体的卸压，释放了积蓄在煤体和围岩中的弹性能，减弱了发动突出的主要动力。这些因素综合作用的结果，消除了突出的危险。

3）煤体注水。压力水进入煤层可以破碎工作面附近的煤体。水进入煤层内部的裂缝和孔隙后，可使原始煤体湿润，改变煤的力学性质，增加了煤的可塑性和柔性，降低了煤的弹性，使煤体疏松；可减小煤体内部的应力集中和瓦斯放散初速度，应力分布变得比较均匀。同时，水进入煤体后封闭了瓦斯流动的通道，并将瓦斯向煤体内部挤压，提高了煤体承受压力的能力（煤的微孔直径越小，承受压力的能力越大），降低了瓦斯破碎煤体的可能性；另一方面，水浸入煤体微孔隙后使瓦斯难以排放。根据实际测定，运到地面的经过注水的煤层煤块，其中残留的瓦斯量比干煤中大两倍多，瓦斯放散初速度降低了90%。综上所述，煤体注水能较有效地起到防止突出的作用。煤体注水不仅可以预防煤与瓦斯突出，也可以减少开采过程中粉尘的产生和飞扬。当水中加入一些阻化剂时，还可以防止煤炭自燃。

（2）局部防突措施

1）井巷揭煤工作面的防治突出措施。石门和其他岩石井巷揭穿突出危险煤层时的防突出措施中，除预抽煤层瓦斯外，还有水力冲孔（见图3—3）、排放钻孔（见图3—4）、水力

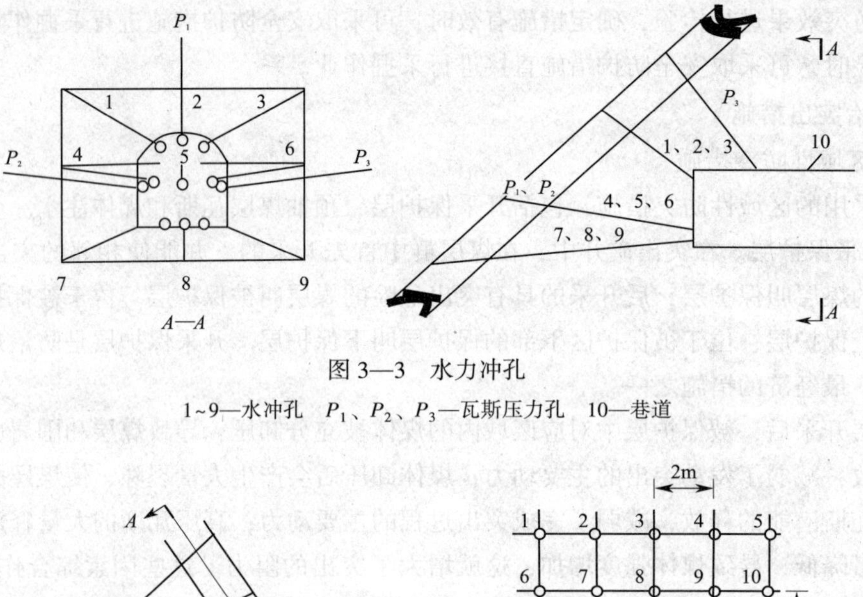

图3—3 水力冲孔

1~9—水冲孔 P_1、P_2、P_3—瓦斯压力孔 10—巷道

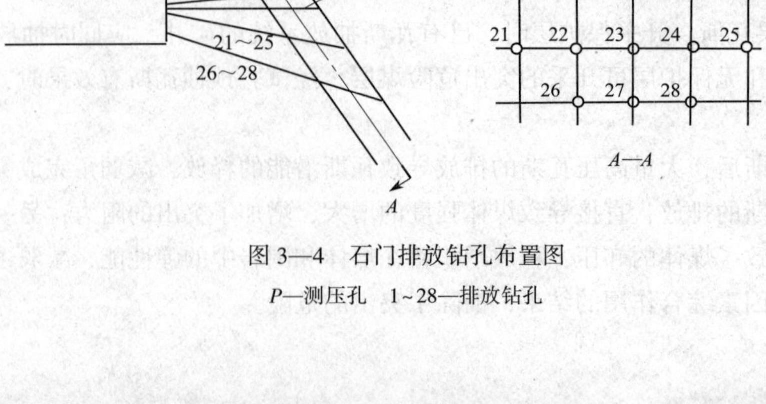

图3—4 石门排放钻孔布置图

P—测压孔 1~28—排放钻孔

冲刷、金属骨架和煤体固化等。

水力冲孔利用钻孔向煤层注入高压水，可部分破坏煤体，造成应力不平衡，导致喷出的煤、水、瓦斯通过管道输送到远离工作面的地方分离。排放钻孔是为提前排放瓦斯而钻一系列孔，达到瓦斯卸压的目的。水力冲孔是利用高压水冲刷工作面前方煤体，使煤体卸压并排放瓦斯。金属骨架则是石门揭煤时用于防护的整体超前支架。

2）煤巷掘进工作面防治突出措施。在有突出危险的煤层中掘进巷道，可以采用预抽瓦斯、水力冲孔、超前钻孔、深孔松动爆破、深孔控制卸压爆破、卸压槽和前探支架等防治突出措施，从而达到提前排放瓦斯、卸压及防护的目的。

3）采煤工作面防治突出措施。对于有突出危险的采煤工作面，防治突出应以区域性措施为主，因为采煤工作面范围大，又是采煤场所，任何局部防突措施都将中断采煤作业，影响生产。当由于某种原因未采取区域防突措施时，或在区域防突措施失效的区段，可采用排放钻孔、松动爆破、注水湿润煤体、大直径钻孔、预抽瓦斯等局部防突措施，并应尽可能地采用刨煤机或浅截深滚筒式采煤机采煤。

3. 防治突出措施的效果检验

对防治突出采取的措施进行效果检验，相当于对已经采取了防突措施的采掘工作面，在原来预测的基础上，再进行一次突出危险性预测。按照《防治煤与瓦斯突出规定》，在突出危险工作面进行采掘作业前，必须采取防治突出措施。采取防治突出措施之后，还要进行措施效果检验，经检验证实措施无效，则必须采取防治突出的补充措施并经检验有效后，方可采取安全防护措施作业。

防治突出措施的效果检验方法与工作面突出危险性预测的方法基本相同。

4. 安全防护措施

安全防护措施包括石门揭穿煤层时的震动爆破、采掘工作面的远距离爆破、挡栏（见图 3—5）、反向风门（见图 3—6）、自救器、避难硐室和压风自救系统等。其中震动爆破和远距离爆破是诱导突出的措施，而挡栏、反向风门、自救器、避难硐室和压风自救系统等则是职工避灾和个人防护设施。

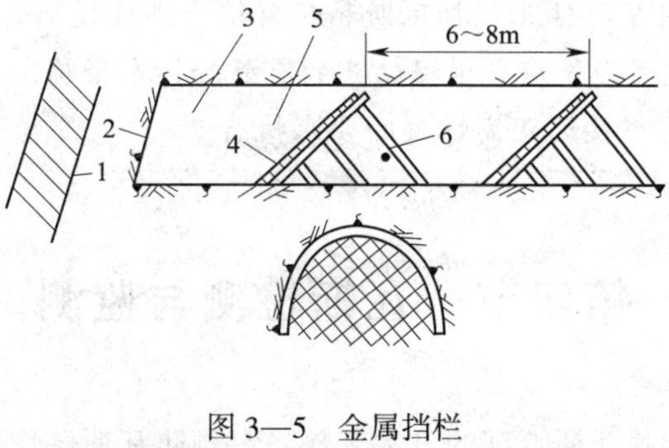

图 3—5　金属挡栏

1—突出危险煤层　2—掘进工作面　3—石门
4—框架　5—金属网　6—斜撑木支柱

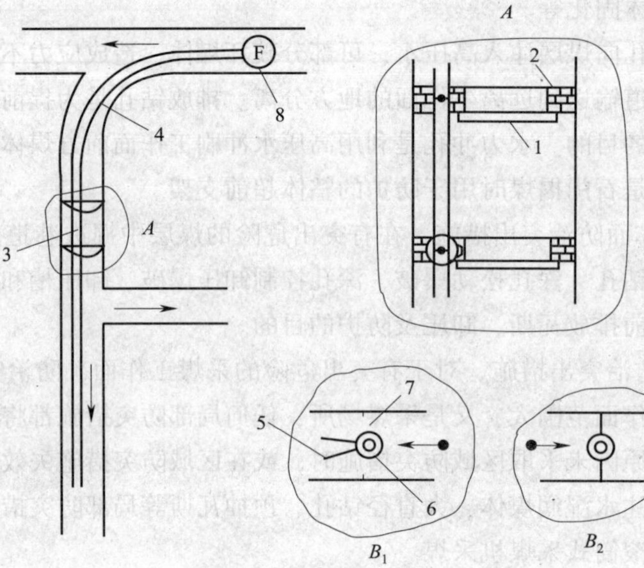

图 3—6 反向风门和防逆风装置

1—木质带铁皮的风门 2—砖墙 3—铁风筒 4—胶皮风筒 5—防止瓦斯逆流铁板
6—防止瓦斯逆流铁板立轴 7—定位圈 8—局部通风机 B_1—正常通风时
防止瓦斯逆流铁板位置 B_2—突然逆风时防止瓦斯逆流铁板位置

◎ 相关法规

《煤矿安全规程》规定：突出煤层的采掘工作面，应当根据煤层实际情况选用防突措施，并遵守下列规定：

1. 不得选用水力冲孔措施，倾角在 8°以上的上山掘进工作面不得选用松动爆破、水力疏松措施。

2. 突出煤层煤巷掘进工作面前方遇到落差超过煤层厚度的断层，应当按井巷揭煤的措施执行。

3. 采煤工作面采用超前钻孔预抽瓦斯和超前钻孔排放瓦斯作为工作面防突措施时，超前钻孔的孔数、孔底间距等应当根据钻孔的有效抽排半径确定。

4. 松动爆破时，应当按远距离爆破的要求执行。

第四节 瓦斯检测与监测

瓦斯浓度的检测是矿井瓦斯管理的日常工作，是预防瓦斯爆炸事故的重要前提。只有及时、准确地掌握瓦斯情况，有针对性地采取各种预防措施，才能确保安全生产。瓦斯检查员是防治瓦斯事故的侦察兵，国家财产和职工的人身安全与他们的工作有着密切的关系。以高度的责任心搞好瓦斯浓度的检测，预防瓦斯事故的发生，是每一个瓦斯检查员艰巨而光荣的任务。

一、检测地点

井下哪些地方容易积聚瓦斯，哪些地方就必须检测，下面分三个方面来叙述。

1. 掘进工作面

在掘进巷道的过程中，不断产生新的暴露面，加上通风条件不好，瓦斯容易积聚。高瓦斯矿井和煤与瓦斯突出矿井的掘进工作面常采用压入式通风，在掘进巷道中距工作面200 mm及距掘进巷道口5～10 m要重点检测瓦斯。此外，在掘进巷道冒顶处上方、有向外涌出瓦斯的掘进巷道内裂缝、裂隙处都要设检测点，检查瓦斯。

2. 回采工作面及其附近

回采工作面的瓦斯来源于煤壁和采空区。下列地点要设检测点检测瓦斯：回采工作面上、中、下部，回采工作面上隅角和尾巷内，工作面回风巷和运输巷，回采工作面冒顶处。

3. 其他巷道和硐室

在不通风的地方或通风不好的地方均要设检测点，如回采工作面收作眼内、密闭墙外面、并联通风巷道中风速较低的巷道内、矿井总回风巷或一翼总回风巷，以及可能有瓦斯积聚的机电硐室内，如采区绞车房等。

◎ 相关法规

《煤矿安全规程》规定：所有采掘工作面、硐室、使用中的机电设备的设置地点、有人员作业的地点都应纳入检查范围。

二、检测仪器及检测方法

瓦斯检测仪器的种类很多，按原理分，主要有三种：即光干涉式、热效式和热导式；按检测瓦斯的方式不同，可分为携带式、局部地区报警式、遥测式或集中遥测式。

1. 光学瓦斯检定器

光学瓦斯检定器使用方便、测量范围广、操作简单、精度高，可检测瓦斯和二氧化碳。其测量范围分0～10%（精度为0.01%）和0～100%（精度为0.1%）两种。

（1）仪器的结构、原理

目前我国使用的光学瓦斯检定器有AQC-1型和GWJ-1型，其结构、原理基本相同。AQC-1型光学瓦斯检定器的外部及内部结构如图3—7所示。

光学瓦斯检定器的光学系统如图3—8所示。光通过气体介质的折射率与气体的密度有关，当瓦斯被吸进气室时，则因为与空气的密度不同，引起折射率的变化，从而使光谱发生位移。若将气室的温度和压力保持相同，那么光谱的位移距离就与瓦斯的浓度成正比，从分划板的刻度尺上就可读出位移的距离，读数值就表示所测定的瓦斯浓度。这就是光学瓦斯检定器的原理（光干涉原理）。

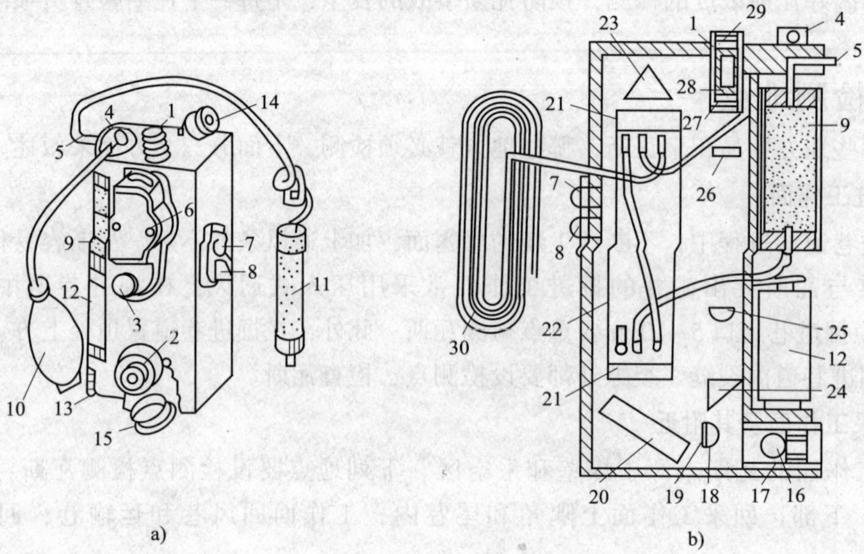

图 3—7　AQC-1 型光学瓦斯检定器外形及构造

a）外形　b）构造

1—目镜　2—主调螺旋　3—微调螺旋　4—吸气孔　5—进气孔　6—微读数窗口

7—微读数电门　8—光源电门　9—水分吸收管　10—吸气球　11—二氧化碳吸收管

12—干电池　13—光源盖　14—目镜盖　15—主调螺旋盖　16、17—光栅　18—聚光镜

19—光屏　20—平行平面镜　21—平面玻璃　22—气室　23—反射棱镜　24—折射棱镜

25—物镜　26—测微玻璃　27—分划板　28—场镜　29—目镜盖　30—毛细管

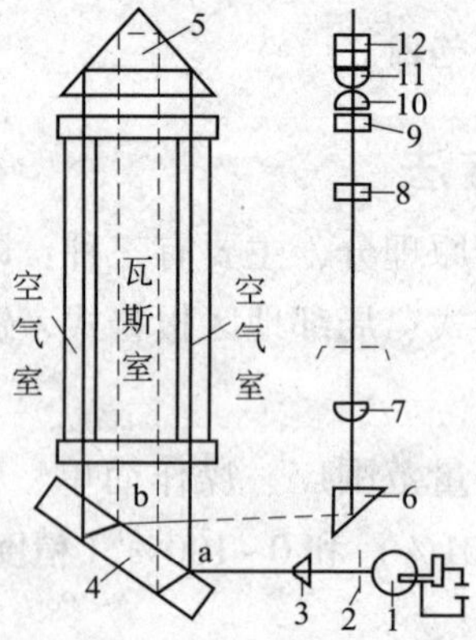

图 3—8　光学瓦斯检定器光学系统图

1—光源　2—光栅　3—透镜　4—平行平面镜　5—大三棱镜　6—三棱镜

7—物镜　8—测微玻璃　9—分划板　10—场镜　11—目镜　12—目镜保护玻璃

（2）仪器的使用

1）测定前的准备工作

①药品性能检查。应根据药品的使用时间和变化程度来确定是否能继续使用。药品的颗

粒大小以 3~5 mm 为宜，太小则粉末易进入气室，太大则不能充分发挥吸收能力。

②气路系统检查。首先，检查吸气球是否漏气，其方法是用一手捏扁吸气球，另一手捏住胶皮管，然后放松吸气球，吸气球不鼓胀起来说明不漏气；其次，检查仪器是否漏气，即将吸气球的胶皮管接在仪器的吸气孔 4 上，用另一手手指堵住进气孔 5，捏扁吸气球，松手后吸气球不鼓胀起来，说明气路系统不漏气；最后，检查气路系统是否畅通，即放开进气孔，用手捏扁吸气球，放手后吸气球立即鼓胀起来，说明气路畅通无阻。

③光路系统检查。按下光源电门 8，由目镜观察，并旋转目镜筒，使分划板刻度清晰时，再看光谱是否清晰，如不清晰，可调节光谱灯泡。

④清洗空气室。仪器应定期拆开后盖板，打开堵头，拔去毛细管，利用吸气球清洗空气室，使空气室经常保持新鲜空气。

2）测定方法

① 对零。首先在和待测地点温度相近的进风巷中，捏放气球数次，清洗瓦斯室。温度相近，是为了防止由于温差过大而引起测量时出现零点飘移的现象。其次按微读数电门 7 并逆时针方向转动微调螺旋 3，使零位对准指标线；按光源电门 8，转动主调螺旋 2，从目镜中观察，使光谱中最明显的一条黑线对准零位，盖好主螺旋盖 15，防止基线因碰撞而移动。

② 测定。在测定地点将二氧化碳吸收管接在仪器的进气口上，然后捏放吸气球 5~6 次，使含有瓦斯的空气进入瓦斯室。按光源电门 8，从目镜中观察黑基线的位置，例如黑基线位于刻度 1 与 2 之间，那么瓦斯浓度的整数值为 1；然后顺时针转动微调螺旋 3，使黑基线退到与整数 1 相重合，从微读数盘上读出小数值为 0.7，则测定结果瓦斯浓度为 1.7%。

2. 实际测量操作方法

以瓦斯及二氧化碳的测量为例介绍光学瓦斯检定器的实际测量操作方法。

（1）瓦斯的测量

1）到达测量瓦斯的地点后，将背在身上的仪器转到胸前。

2）一只手将连接在二氧化碳吸收管进气口的胶皮管伸向待测地点，如果测点过高，可在进气管上接长胶皮管，用木棒等将胶皮管送到待测位置。另一只手捏压吸气橡皮球 5~6 次，将气球放下，收回气管。

3）左手按下光源电门，从目镜中观察原对零点条纹移动的位置，从中读取整数值，然后从微读数观察窗中读取小数值，两者之和即为被测地点的瓦斯浓度值。

若原对零的基准黑条纹移到分划板 4、5 之间，应先从分划板上读出整数 4%，然后转动微调螺旋，使 4、5 之间基准黑条纹回到分划板 4 刻度，这时，按动光源电门，微读数观察窗中指示线与刻度盘 0.32 刻度线重合。因此可知瓦斯浓度为：4%+0.32%=4.32%。测量完毕，将小数回零，为下次测量做准备。

（2）二氧化碳的测量

用光学瓦斯检定器测定二氧化碳浓度时，要首先测出瓦斯浓度，然后去掉二氧化碳吸收管，再测定出瓦斯和二氧化碳混合气体的浓度，混合气体浓度减去瓦斯浓度，再乘以 0.955

的校正系数，即为所要测定的二氧化碳浓度。

【例 3—1】 用光学瓦斯检定器在矿井总回风巷内进行测定工作。在未去掉二氧化碳吸收管时，测得巷道断面上、下 1/5 处的读数分别为 0.68%和 0.45%；取下二氧化碳吸收管测得巷道断面下 1/5 处的读数为 1.19%。计算并判定该回风巷风流中的瓦斯和二氧化碳浓度是否符合《煤矿安全规程》的规定。

解：

(1) 风流瓦斯浓度为 0.68%。

(2) 风流中二氧化碳浓度为：混合气体的浓度减去瓦斯的浓度再乘以校正系数，即：

$(1.19\% - 0.45\%) \times 0.955 = 0.71\%$

(3) 根据《煤矿安全规程》，矿井总回风巷中的甲烷和二氧化碳浓度都不得超过 0.75%，因此，该回风巷风流中的瓦斯和二氧化碳浓度符合《煤矿安全规程》的规定。

3. 热效式、热导式瓦斯检定器

电测瓦斯仪表有两类：一类是热效式瓦斯检定器，另一类是热导式瓦斯检定器。

(1) 热效式瓦斯检定器

我国煤矿使用的便携式瓦斯报警仪大多根据热效原理制造，可在短时间内连续检测瓦斯的变化，当瓦斯浓度超过 1%时，仪器可发出声光报警。该类仪器采用较先进的电子器件，具有体积小、质量轻、耗电省、数字显示清晰、维修方便、便于携带等优点，适宜在煤矿有瓦斯爆炸危险的场所使用。

1) 仪器的性能。仪器测量瓦斯浓度的范围为 0~4%。测量误差为±0.3%。报警方式为断续声光信号。仪器的催化元件置于隔爆腔内，其余电路均为安全火花电路结构。该仪器可在环境温度 0~35℃、相对湿度小于 95%的条件下使用。

2) 仪器的原理。仪器由测量电桥进行瓦斯—电压转换。瓦斯浓度越大，输出电压信号也越大，呈线性关系。因此，仪器的数字显示器可显示出被测地点的瓦斯浓度。

上述瓦斯浓度与输出电压呈线性关系是有一定范围的，如图 3—9 所示，只有瓦斯浓度在0~4%范围内，方呈线性关系；当瓦斯浓度大于 4%，则呈非线性关系。所以，热效式瓦斯检定器的测量范围为 0~4%。

3) 仪器的使用方法

① 电池的检查。打开电源开关，若液晶显示器左上角有“←”字样，说明电池可用，否则电池需要充电或维护。

② 零位检查与调整。在新鲜空气的环境中，打开电源开关，仪器经 15 s 稳定后，显示数若小于 0.03，说明仪器工作在零状态，不需要调整，否则需要做零位调整。

③ 测量。仪器经上述检查、调整后，就可带入井下测量。测量时，打开电源开关，经 15 s 后，仪器的显示数便是测定地点的瓦斯浓度。

采用催化燃烧热效原理元件的检定仪器，测定低浓度瓦斯时，精度较高，输出信号较大，不受其他可燃气体和灰尘存在的影响，信号处理和显示简便、直观，易于超限报警、遥测和自动化。因此，我国生产的瓦斯遥测、警报、断电、监测仪的传感器，都是载体催化燃烧式。

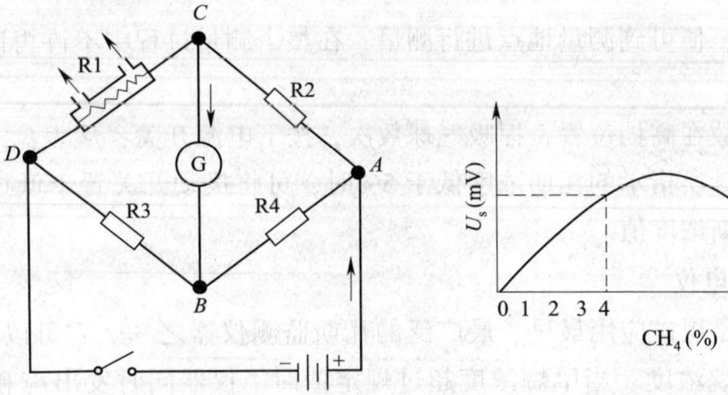

图 3—9 电桥电路原理图及输出电压与瓦斯浓度关系

（2）热导式瓦斯检定器

热导式瓦斯检定器就是根据热传导原理制造的，属于安全火花便携式，其测量瓦斯的浓度范围有 0～5%及 0～100%两挡，因此，既可用于煤矿井下测量低浓度瓦斯，又可用于抽放管道测量高浓度瓦斯。

1）仪器的性能。仪器一般设置波段开关，可用一台仪器分别测定高、低浓度瓦斯。仪器不受硫化氢和二氧化碳的影响。仪器的工作电流和热敏元件的表面工作温度较低，因此元件寿命较长，性能较稳定。测量范围为 0～5%时，误差为±0.2%；测量范围为 0～100%时，误差为±3%。其精度不如热效式和光干涉式。

2）仪器的原理。热导式瓦斯检定器的工作原理是瓦斯浓度的变化与热导率存在一定的对应关系，测量热导率的变化量，就可以测知瓦斯浓度。

3）仪器的使用方法。仪器的外形结构如图 3—10。

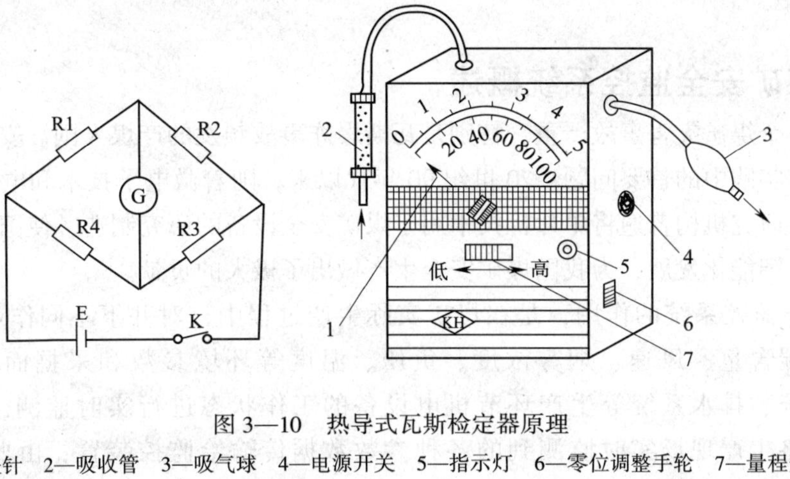

图 3—10 热导式瓦斯检定器原理

1—表针 2—吸收管 3—吸气球 4—电源开关 5—指示灯 6—零位调整手轮 7—量程开关

①使用前先进行零位调整。左手握仪器并用中指扣住仪器右侧面的电源开关，右手将仪器正面的拨动开关置于低挡位置，在新鲜风流处捏气球数次，按下电源开关，表针应指在零刻度位置，如表针不在零位，可用右手调节仪器右侧表面上方孔内的手轮，使表针指在零

位上。

②零位调整准确后，便可到测量地点进行测量，在整个测量过程中不许再调整零位和碰撞手轮。

③测量时拨动开关放在高挡位置，捏吸气球数次，按下电源开关，从表盘下方刻度直接读出瓦斯浓度，如果表针所指示的瓦斯浓度低于5%时，可将拨动开关置于低挡位置，从表盘上方刻度直接读出瓦斯浓度值。

4. 瓦斯遥测报警断电仪

瓦斯报警断电装置是煤矿应用最早、最广泛的瓦斯监测仪器之一。它可以长期、自动、连续地监测风流中的甲烷浓度。当甲烷浓度超过规定值时，仪器同时发出声和光的报警信号；当瓦斯浓度超过断电值时，主机通过控制继电器切断被控区域内的电源，防止电气设备产生火花，引起瓦斯爆炸，从而保证安全生产。

瓦斯遥测报警断电仪种类很多，主要有ADJ-2型瓦斯报警断电仪、AK20A瓦斯报警断电装置、AWD-3瓦斯报警断电装置、FD2B-1型风电瓦斯闭锁装置、KG700S智能型风电瓦斯闭锁装置等。它们都由井上和井下两部分组成。井上部分由五路接收机（或单路接收机）、井上低通滤波器、自动记录仪和携带式电话机组成。井下部分由主机、探头、隔爆挂式电话机、手持式电话、电话接线盒、接头及井下低通滤波器组成，均为矿用隔爆型。仪器可以长期、连续地对井下1~5个检测点的瓦斯进行集中遥测和监视。当瓦斯浓度超过规定报警值时，仪器可在井上发出声、光报警信号，也可实现井下强力声、光报警；当检测点的瓦斯浓度超过断电值时，主机可分别切断井下有关被控设备的电源，同时在主机面板上发出红光断电信号。地面自动记录仪可以自动记录出各被测点长期瓦斯浓度的变化规律。

矿井通风安全监控系统的装备、使用和维护遵照《煤矿安全规程》的相关规定执行。

三、煤矿安全监控系统概述

我国是一个煤矿灾害事故严重，特别是瓦斯爆炸事故频发的产煤大国。安全问题历来是我国煤矿生产实践中的首要问题。20世纪90年代以来，随着微电子技术和电力电子技术的发展，国内各研究机构普遍将单片机技术用于煤矿安全设备的研究制造，使国产煤矿安全设备向多功能、智能化发展，为我国煤矿安全生产做出了极大的贡献。

煤矿安全监控系统的作用，是在煤矿实际生产过程中，对井下不同作业面的瓦斯含量、一氧化碳含量、风速、烟雾浓度、负压、温度等环境参数和采掘面、原煤运输、通风压风系统、排水系统等生产环节机电设备的工作状态进行实时监测，并通过信号传输网络，将生产现场实时监测到的各种参数数据传输给监控装置，由监控装置对各种实时数据与预先设定的相关参考值进行分析和比较，然后向产生脱离参考值的实时参数的工作区域和机电设备反馈指令信号，从而保证生产过程安全、有序。一般而言，煤矿安全监控系统主要由监控主机、网络终端、技术机外围设备、通信接口、系列监控分站、各类传感器和控制执行器组成。

第五节　瓦斯检查与管理

一、瓦斯检查方法

矿井瓦斯检查方法是瓦斯检查员必须熟练掌握的基本技能。正确选用不同的测定方法，准确地检查瓦斯浓度，能准确地反映井下不同地点、不同时间的瓦斯涌出情况，以便进行风量分配与调节，从而达到安全、经济、合理通风的效果。而且，准确地检查瓦斯浓度，对于防止和及时发现瓦斯超限或积聚等隐患，采取有针对性的措施妥善处理，以及防止瓦斯事故的发生都是十分重要的。另外，准确地检查瓦斯浓度，对瓦斯检查员的自身安全也很重要。

1. 巷道风流瓦斯检查方法

（1）巷道风流

巷道风流是指距巷道的顶板、底板和两帮有一定距离的巷道空间内的风流。在设有各类支架的巷道中，是距支架和巷道底板各 50 mm 的巷道空间（见图 3—11）；在不设支架或用锚喷、砌碹支护的巷道中，是距巷道顶板、底板和两帮各为 200 mm 的巷道空间。

（2）检查方法

测定巷道风流瓦斯和二氧化碳浓度时应该在巷道空间风流中进行。

1）当测定地点风流速度较快时，无论测定瓦斯还是二氧化碳，瓦斯检测仪进气管口应位于巷道中心点风速最快的部位，连续测定 3 次，取其平均值。

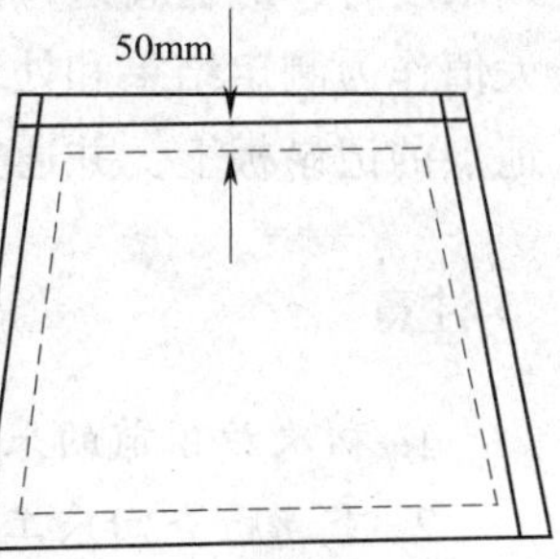

图 3—11　巷道风流示意图

2）当测定地点风速比较慢时，检测仪的进气管口应根据不同气体的相对密度来确定位置，测定甲烷或氢气、氮气等气体浓度时，应该在巷道风流的上部（风流断面全高的上部约 1/5 处）进行抽气，连续测定 3 次，取其平均值。测定二氧化碳（或硫化氢、二氧化氮、二氧化硫等）浓度时，应在巷道风流的下部（风流断面全高的下部 1/5 处）进行抽气，首先测出该处甲烷浓度，然后去掉二氧化碳吸收管，测出该处甲烷和二氧化碳混合气体浓度，后者减去前者，再乘上校正系数即得到二氧化碳浓度，这样连续测定 3 次，最后取其平均值。

◎ 注意

1. 矿井总回风或一翼回风中瓦斯或二氧化碳浓度的测定，应在矿井总回风或一翼回风的测风站内进行。

2. 采区回风中瓦斯或二氧化碳浓度的测定，应在该采区所有的回风流汇合稳定的风流中进行，其测定部位和操作方法与在巷道风流中进行的测定相同。

3. 测定位置应尽量避开由于材料堆积、冒顶等原因阻断巷道断面变化而形成的风速变化大的区域。

4. 注意自身安全，防止冒顶、片帮等事故的发生。

2. 采煤工作面瓦斯检查方法

（1）采煤工作面风流与采煤工作面回风流

采煤工作面风流是指距煤壁、顶（岩石、煤或假顶）底、两帮（煤、岩石或充填材料）各为200 mm（小于1 m厚的薄煤层采煤工作面距顶、底各为100 mm）和以采空区的切顶线为界的采煤工作空间内的风流。采用充填法管理顶板时，采空区一侧应以挡矸、砂帘为界。采煤工作面回风隅角和一段未放顶的巷道空间至煤壁线范围内的空间风流，都按采煤工作面风流处理。

采煤工作面回风流是指采煤工作面回风侧从煤壁线开始到采区总回风范围内，锚喷、锚网锁等支护距煤壁、顶板、底板各200 mm的巷道空间范围内的风流。对于支架支护，是指距棚梁、棚腿50 mm的巷道空间范围内的风流。

（2）瓦斯检查方法

1）测点选取。采煤工作面测点选取以能准确反映该区域的瓦斯情况为准则。在风流垂直断面上选取测定部位和测定方法与在巷道风流进行测定时的测定部位和方法相同。

2）测定步骤。应由进风或回风侧开始，逐段检查；检查瓦斯浓度和检查局部瓦斯积聚同时进行，同时还应记住测取温度；测定甲烷浓度时，应在巷道风流的上部进行，测定二氧化碳浓度时，应在巷道风流下部进行；测点选择正确，无遗漏，每个测点连续测定3次，取最大值作为测定结果和处理标准；准确、清晰地将测定结果分别记入瓦斯检查班报手册和检查地点的记录板上，并通知现场工作人员。

◎ 注意

1. 初次放顶前的采空区内也应选点测定，以便对采空区的瓦斯浓度做到心中有数。

2. 重点检查回采工作面的上下隅角。因为此区域是采面风流拐角处，风流不易带走瓦斯。同时此区域又是采空区瓦斯涌出的通道，易造成瓦斯积聚。

3. 准确地掌握《煤矿安全规程》对井下不同地点瓦斯浓度的要求及措施。发现瓦斯或二氧化碳超限、积聚等隐患时，积极采取有效措施进行处理，并向有关领导和地面调度室汇报。

4. 在检查瓦斯的同时，还应注意通风及其他设施是否存在问题，发现问题及时汇报。

5. 另外，还应注意自身安全，防止冒顶、片帮、运输等因素可能造成的危害。测点应选在顶板或支护较完好的地点。

3. 掘进工作面瓦斯检查方法

（1）掘进工作面风流及回风流（见图3—12）

掘进工作面风流，是指掘进工作面到风筒出风口这一段巷道空间中按巷道风流划定法划定的空间中的风流。

掘进工作面回风流，是指自掘进工作面的风筒出口以外的回风巷道中按巷道风流划定法划定的空间中的风流。

（2）瓦斯检查方法

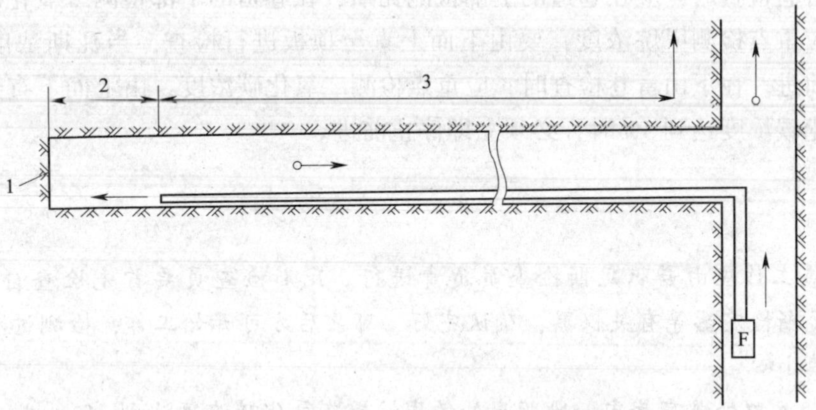

图 3—12 掘进工作面风流及回风流

1—掘进工作面 2—掘进工作面风流 3—掘进工作面回风流

掘进工作面风流中瓦斯和二氧化碳浓度的检查测定地点应选取在工作面上部，左右角距顶、帮、工作面各 200 mm 处测甲烷浓度，工作面第一架棚左、右柱窝距帮、底各 200 mm 处测定二氧化碳浓度。测定方法与巷道风流中的测定方法相同，每个测点连续测定 3 次，并各取最大值作为检查结果和处理依据。

◎ 注意

1. 检查工作应由外向内依次进行。当瓦斯浓度超过 3.0%或其他有害气体浓度超过规定时，立即停止前进或退到进风流中，并通知有关人员和部门进行处理。

2. 首先应检查局部通风机安设位置是否符合规定，是否发生循环风，是否挂牌并有专人管理。

3. 在检查风流瓦斯的同时，还必须注意检查有无局部瓦斯积聚。

4. 检查风筒末端至工作面距离、供风量是否合乎规定、风筒吊挂和安设质量，以及风筒有无破口等。

5. 检查甲烷传感器或断电仪安设是否符合规定，是否正常运行。

6. 上山掘进重点检查甲烷，下山掘进重点检查二氧化碳。

掘进工作面回风巷风流中瓦斯和二氧化碳浓度的检查测定地点，要根据掘进巷道布置情况和通风方式确定。

4. 盲巷瓦斯检查方法

(1) 盲巷

凡不通风（包括临时停风的掘进区）长度大于 6 m 的独头巷道，统称为盲巷。

(2) 瓦斯检查方法

由于盲巷内不通风，如果瓦斯涌出量大或停风时间长，便会积聚大量的高浓度瓦斯，因此进入盲巷内检查瓦斯和其他有害气体时要特别小心谨慎。先检查盲巷入口处的瓦斯和二氧化碳，若其浓度均小于 3.0%，方可由外向内逐渐检查，不可直接进入盲巷检查。

在水平盲巷检查时，应在巷道的上部检测瓦斯，在巷道的下部检测二氧化碳。在上山盲巷检查时，应重点检测甲烷浓度，要由下而上直至顶板进行检查，当瓦斯浓度达到3%时，应立即停止前进。在下山盲巷检查时，应重点检测二氧化碳浓度，由上而下直到底板进行检测，当二氧化碳浓度达到3%时，必须立即停止前进。

◎ 注意

1. 检查工作应由专职瓦斯检查员负责进行。瓦斯检查员要首先检查自己的矿灯、自救器、瓦斯检定器等有关仪器，确认完好、可靠后方可开始工作，检测过程中要精神集中、谨慎小心。

2. 盲巷入口处或盲巷内一段距离处的甲烷或二氧化碳浓度达到3%，或其他有害气体浓度超过《煤矿安全规程》的规定时，必须立即停止前进，并通知有关部门采取封闭等措施进行处理。

3. 检测临时停风时间较短、瓦斯涌出量不大的盲巷内瓦斯和其他有害气体浓度时，可以由瓦斯检查员或其他专业检查人员1人进入检查；检测停风时间较长或瓦斯涌出量大的盲巷内瓦斯和其他有害气体浓度时，最少有2人一起入内检查，2人应拉开一定距离，一前一后边检查边前进。

4. 在检测甲烷、二氧化碳浓度的同时，还必须检测氧气和其他有害气体的浓度，超过规定或有异味等现象时，应停止前进，以防发生中毒或窒息事故。

5. 检查倾角较大的上山盲巷时，应重点检测甲烷浓度；检查倾角大的下山盲巷时，应重点检测二氧化碳浓度。

6. 测定时应小心站在顶板、两帮及支护较好处，防止因碰撞而造成冒落伤人。

5. 其他地点瓦斯检查方法

（1）采掘工作面爆破地点附近20 m范围风流中瓦斯浓度的检查测定

采煤工作面爆破地点附近20 m范围内的风流，即爆破地点沿工作面煤壁方向两端各20 m范围内的采煤工作面风流，此范围内风流的瓦斯浓度都应测定。

掘进工作面爆破地点附近20 m范围内的风流，即爆破的掘进工作面向外20 m范围内的巷道风流。其瓦斯浓度测定部位和方法与巷道风流相同，但要注意检查测定该范围内盲巷、冒顶的局部瓦斯积聚情况。

在上述范围内进行瓦斯浓度测定时，都必须取其最大值作为测定结果和处理依据。

（2）采掘工作面电动机及其开关附近20 m范围风流中瓦斯浓度的检查测定

在采煤工作面中，电动机及其开关附近20 m范围风流即电动机及其开关所在地点沿工作面风流方向的上风流端和下风流端各20 m范围内的采煤工作面风流。

在掘进工作面中，电动机及其开关附近20 m范围风流即电动机及其开关所在地点的上风流端和下风流端各20 m范围内的巷道风流。

在测定采掘工作面电动机及其开关附近风流瓦斯浓度时，对上风流端和下风流端各20 m范围内风流中的瓦斯浓度都要测定，并取其最大值作为测定结果和处理依据。

（3）高冒区及突出孔洞的瓦斯检查

高冒区由于通风不良，检查时都要特别小心，防止瓦斯窒息事故发生。

检查瓦斯时，人员不得进入高冒区或突出孔洞内，只能用瓦斯检查棍或长胶管伸到里面去检查。应由外向里逐渐检查，根据检查的结果（瓦斯浓度积聚瓦斯量）采取相应的措施进行处理。当里面瓦斯浓度达到了3%或其他有害气体浓度超过规定时，或者瓦斯检查棍等无法伸到最高处检查时，则应进行封闭处理，不得留下任何隐患。

（4）爆破过程中的瓦斯检查

井下爆破是在极其特殊而又恶劣的环境中进行的，爆破时煤（岩）层中会释放出大量的瓦斯，并且容易达到燃烧或爆炸浓度，如果爆破时产生火源，就会造成瓦斯燃烧或爆炸事故。

采掘工作面及其他爆破地点，装药前必须检查附近20 m范围内瓦斯浓度，瓦斯浓度达到1%时，不装药。紧接爆破前（距起爆时间不能太长，否则爆破地点及其附近瓦斯浓度可能超过规定），检查爆破地点附近20 m范围和回风流中瓦斯浓度，当达到1%时，不准爆破。当回风流中瓦斯浓度超过1%时，也不准爆破，同时撤出人员，由爆破工或瓦斯检查员向地面报告，等候处理。爆破后至少等候15 min（突出危险工作面至少等候30 min），并待炮烟吹散后，瓦斯检查员在前、爆破工居中、班组长最后，一同进入爆破地点检查瓦斯及爆破效果等情况。

在爆破过程中，爆破工、班组长、瓦斯检查员每次检查的结果都要互相核对，并且每次都以3人中检查所得最大瓦斯浓度值作为检查结果和处理依据。

（5）煤仓、水仓等特殊地点的瓦斯检查

1）煤仓、水仓等特殊地点的瓦斯检查点的选定原则应以能相对准确地反映该区域的瓦斯情况为准则。

2）清理水仓前的检查应重点检查二氧化碳浓度和氧气浓度，以防发生窒息事故。

3）煤仓施工等的瓦斯检查应同时检查甲烷和二氧化碳的浓度。

4）瓦斯检查员应注意自身安全，防止其他事故发生。

6. 瓦斯检查过程注意事项

（1）因瓦斯检查员多数是单独作业，因此要休息好，保持清醒的头脑。

（2）瓦斯检查员应了解矿井的通风线路及采掘工作面大致情况，熟悉自己的测定区域及其范围的巷道情况，在发生冒顶及其他事故后能绕行，或当矿灯不亮时，能摸索着走出来。

（3）认真检查并保护好便携式光学瓦斯检定器，出现故障要及时修理，防止因便携式光学瓦斯检定器不准而造成的事故。

（4）做好下井前的准备工作，带齐各种器具，防止无法检查或无法记录。

（5）检查高冒地点采煤工作面上隅角、采空区边缘的瓦斯时，要站在支护完好的地点，用木棍将胶管送到检查地点，由下向上进行检查，检查人员的头部切忌超越检查的高度，以防缺氧窒息。

（6）检查废巷、盲巷和临时停风的掘进工作面及密闭墙处的瓦斯、二氧化碳及其他有害气体时，只准在栅栏处检查，必须进入废巷、盲巷内检查时，应遵守盲巷内检查的规定。

（7）在运输巷道中检查时，应防止运输事故的发生。遵守行车不行人等安全规定，特别应注意跨越带式输送机、刮板输送机时的安全。

二、矿井瓦斯管理

矿井瓦斯管理是矿井安全生产的一项重要内容，是矿井安全管理的重要组成部分。矿井瓦斯管理工作的好坏，不但制约着矿井安全生产的正常进行，还影响矿井的经济和社会效益。矿井瓦斯管理工作与瓦斯检查员的本职工作关系密切。

1. 矿井瓦斯管理的规章制度

煤矿井下生产是在极其复杂和恶劣的环境中进行作业，如果某一个人的行为不规范，就有可能导致事故的发生。因此，为使通风与瓦斯管理工作能够得到正确的开展，杜绝瓦斯事故的发生，每一个矿井，尤其是高突矿井，应根据《煤矿安全规程》的有关规定，结合该矿井实际情况，建立健全矿井瓦斯管理的有关规定和制度。

（1）矿井瓦斯等级鉴定制度

1）按照《煤矿安全规程》的规定，每年必须对矿井进行瓦斯等级和二氧化碳涌出量的鉴定工作，报省级煤炭行业管理部门审批，并报省级煤矿安全监察机构备案。上报时应包括开采煤层最短发火期和自燃倾向性、煤尘爆炸性的鉴定结果。

2）每年的瓦斯等级和二氧化碳涌出量的鉴定工作选择在7~8月进行。

3）鉴定月份上、中、下三旬中各取一天（每隔10天）分三个班进行瓦斯等级鉴定。

4）矿井瓦斯鉴定工作应在正常的生产条件下进行，被鉴定的矿井、煤层、一翼、水平或采区的采煤产量不应低于该地区总产量的60%。

5）测定用的仪器仪表必须进行校正，测定方法和测定次数要符合操作规程的要求。鉴定点应选择在断面规整、无杂物堆积的一段平直巷道内，所测数据应科学、准确。

（2）矿井瓦斯检查制度

矿井瓦斯检查制度的主要内容有：

1）每月根据矿井生产部署的工作安排，由通风部门按照《煤矿安全规程》的规定的要求编制矿井瓦斯检查计划图表，其内容应包括瓦斯检查地点、检查次数、巡回检查路线、巡回检查时间、检查人员安排等。计划图表报矿总工程师批准后实施。

2）瓦斯检查员的配备必须符合《煤矿安全规程》中有关规定和安全生产的需要。有煤（岩）与瓦斯突出危险的采掘工作面，有瓦斯喷出危险的采掘工作面和瓦斯涌出量较大、变化异常的采掘工作面必须有专人经常检查，并安设甲烷断电仪。符合《煤矿安全规程》的规定，经矿务局（公司）局长（经理）、矿长批准，采煤工作面回风巷风流中瓦斯最高允许浓度为1.5%的采煤工作面，必须配备专职瓦斯检查员经常检查瓦斯（二氧化碳）。

其他采掘工作面（地点）可以不专门配备瓦斯检查员，但必须满足“三人连锁放炮制”和安全生产的需要。

3）瓦斯检查员必须具有一定的煤矿实践经验，掌握一定的通风、瓦斯知识和技能，经专门培训，考核合格，持证上岗。在岗的瓦斯检查员要进行定期培训，每次培训后都要考核、考试，不合格者不能上岗。

4）瓦斯检查员下井时必须携带便携式光学瓦斯检测器，仪器必须完好，精度符合要求，同时备有长度大于1.5 m的胶管（或瓦斯检查棍）、温度计等。矿长、矿技术负责人、采掘与通风区队长、工程技术人员、爆破工、流动电钳工、班长下井时，必须携带便携式甲烷检测仪或便携式光学瓦斯检定器。

5）瓦斯检查员的检查工作必须严格按瓦斯检查计划图表的要求执行。每次检查的结果必须认真、准确地记录在瓦斯检查手册和记录牌上，并通知现场作业人员。瓦斯浓度超过规定时，瓦斯检查员有权责令现场人员停止作业并撤到安全地点，采取措施进行处理。处理不了或超过处理权限时，应在瓦斯超限地点的通道入口设置栅栏、揭示警标，并及时向地面报告。

6）瓦斯检查员不得发生空班（由于瓦斯检查员未上班，造成分工区域当班全部一次都未检查瓦斯）、漏检（由于瓦斯检查员粗心大意、不负责任或其他原因，没按巡回检查的规定检查，造成分工区域应检查的地点一处或多处当班一次都未检查瓦斯）、少检（由于瓦斯检查员不负责任，没按规定的次数检查，造成分工区域一处至全部检查点检查次数少于规定的检查次数）、假检（瓦斯检查员没有在实地检查瓦斯，填写假检查记录，汇报假情况），并做到井下记录牌板、检查手册、瓦斯台账“三对口”。

7）瓦斯检查员必须严格执行井下手上交接班制度。

8）在有自然发火危险的矿井，必须定期检查一氧化碳浓度、气体温度等的变化情况。

9）瓦斯检查员每班必须向通风值班室汇报检查情况。汇报的次数由矿总工程师根据矿井生产、安全状况、井下环境条件的实际情况确定。瓦斯检查员发现问题或隐患时必须及时汇报。

10）任何人在检查瓦斯时，都不得进入瓦斯及二氧化碳浓度超过3%的区域或其他有害气体浓度超过《煤矿安全规程》规定的区域。否则，必须制定切实可靠的安全措施，报矿总工程师批准，并严格按措施的要求执行。

11）通风部门的值班人员，必须审阅瓦斯班报，掌握瓦斯变化情况，发现问题，及时处理，并向矿调度室汇报。

12）通风瓦斯日报，必须送矿长、矿技术负责人审阅，一矿多井的煤矿，必须同时送井长、井技术负责人审阅。对重大通风、瓦斯问题，应制定措施，进行处理。

（3）瓦斯巡回检查和请示报告制度

1）瓦斯检查员必须认真检查分工区域的通风、瓦斯、防火、防尘及机电防爆等情况，要按照矿井通风负责人（工程师、技术员）所规定的瓦斯检查点，制定的巡回检查图表及《煤矿安全规程》所规定的次数，低瓦斯矿井每班不得少于两次进行瓦斯检查工作。

2）按采掘区域划分瓦斯巡回检查路线，有异常变化的作业地点要设专人进行瓦斯检查，不准空班、漏检、假检，把各检查地点的瓦斯浓度记在记录牌上（或记录单上），并通知在场的工作人员。其他地点检查后，也要就地填写在记录牌上，数据要准确、齐全，字迹要清晰、工整，并签字。

3）严格执行瓦斯检查记录“三对口”（瓦斯检查员手册、作业地点记录单或牌板、瓦斯日报）制度。

4）严格执行《煤矿安全规程》中有关要求，发现矿井瓦斯、二氧化碳突出危险、涌出量增大、瓦斯积聚或其他异常现象时，应立即通知班组长，及时组织将人员撤离到安全地点，同时报告矿、公司调度室。

5）执行“一炮三检”的瓦斯检查员要严格按照“一炮三检”规定的时间进行检查，同时要做好“三人连锁放炮制”，瓦斯检查员要将当班的瓦斯检查结果记录在手册上。

6）填写报表内容要详细，数据准确、清晰，文字工整，填写及时。

（4）排放瓦斯管理制度

1）主要通风机有计划地停止运转前，必须断开进入井下巷道内的水管、轨道、电缆等一切导电体，并在井口设置全断面栅栏。需要排放瓦斯时，必须制定排放瓦斯措施，报企业主要领导和技术负责人审批。

2）井下中央变（配）电所，在恢复送电前应由瓦斯检查员全面检查送电区域，只有瓦斯浓度在0.5%以下时，方可送电。

3）局部通风机因故停止运转，不论停风时间长短，在恢复通风前，必须首先检查停风区内的瓦斯和二氧化碳浓度。瓦斯检查员检查瓦斯必须由班组长或安全检查工配合进行，由外向里边走边检查，瓦斯浓度达到3%时，按原路返回。

4）当停风区内瓦斯浓度不超过1%（含1%），二氧化碳浓度不超过1.5%（含1.5%）时，可由瓦斯检查员直接进行排放，但局部通风机及其开关附近10 m以内风流中的瓦斯浓度不得超过0.5%。

5）停风区内瓦斯浓度超过1%或二氧化碳浓度超过1.5%，最高瓦斯或二氧化碳浓度不超过3%时，瓦斯检查员必须请示主管领导，由领导提出安全措施，指定专人控制风流排放瓦斯。

6）停风区内瓦斯或二氧化碳浓度超过3%时，瓦斯检查员必须向矿调度室汇报，由通风部门制定排放瓦斯安全措施，报矿技术负责人批准，并指派专人进行排放。

7）采掘工作面及其他巷道出现体积大于0.5 m^3，浓度达到2%的局部瓦斯积聚时，瓦斯检查员需要立即处理。不能立即处理的瓦斯积聚要汇报矿分管领导，由分管领导提出排放瓦斯措施，指定专人进行排放。瓦斯积聚附近20 m内必须停止工作，撤出人员，切断电源。

8）排放瓦斯时，应坚持低浓度排放原则，采用控制风量等方法使排放出的风流同全风压风流混合后的瓦斯浓度不超过1.5%，排放风流中瓦斯浓度严禁超过2%；在排放瓦斯之前，凡是排放瓦斯流经区域必须切断电源、撤出人员、设置警戒。

9）排放瓦斯坚持低浓度排放原则，必须执行由外向里逐段排放，或采用其他手段控制风流中的瓦斯浓度，严禁“一风吹”。

10）排放密闭区内的瓦斯，瓦斯浓度超过3%时，必须制定专门的安全措施，经矿技术负责人审查批准后，由矿分管领导现场指挥，矿山救护队协助排放。

11）排放瓦斯工作要由外向里依次进行，1个采区内严禁2个瓦斯超限地点同时排放瓦斯。排除串联通风区域的瓦斯时，必须严格遵守排放次序，首先从进风方向第1台局部通风机处开始排放，只有第1台局部通风机送风的巷道内排放瓦斯结束后，且串联风流中的瓦斯浓度降到0.5%以下时，下一台局部通风机方可送电进行瓦斯排放。

2. 排放瓦斯过程中的瓦斯管理

◎ 相关法规

《煤矿安全规程》规定：停风区中甲烷浓度超过1%或者二氧化碳浓度超过1.5%，最高瓦斯浓度和二氧化碳浓度不超过3%时，必须采取安全措施，控制风流排放瓦斯。停风区中甲烷浓度或者二氧化碳浓度超过3%时，必须制定安全排放瓦斯措施，报矿总工程师批准。

排放瓦斯的安全措施有：

(1) 计算排放瓦斯量，预估排放所需时间。

(2) 明确排出的瓦斯与全风压风流混合处的瓦斯浓度，制定控制送入独头巷道风量的方法，严禁“一风吹”。

(3) 确定排放瓦斯流经的路线，标明通风设施、电气设备的位置。

(4) 明确撤人范围，指定警戒人位置。

(5) 明确停电范围、停电地点及断、复电的执行人。

(6) 明确必须检查瓦斯的地点和复电时的瓦斯浓度。

(7) 明确排放瓦斯的负责人和参加人员的名单及各自担负的责任。

(8) 文图齐全、清楚，通风设施、机电设备及甲烷传感器等应该上图的，都要准确，不能遗漏。

3. 盲巷和采空区的瓦斯管理

盲巷和采空区是井下积存大量高浓度瓦斯的主要场所，必须作为矿井瓦斯管理工作的重点，进行严格管理。

(1) 井下应尽量避免出现任何形式的盲巷，与生产无关的报废巷道或旧巷，必须及时充填或用不燃性材料进行封闭。

(2) 对于掘进施工的独头巷道，局部通风机必须保持连续运转，临时停工也不得停风。如因临时停电或其他原因，局部通风机停止运转，要立即切断巷道内一切电气设备的电源（安设风电闭锁装置可自动断电）和撤出所有人员，在巷道口设置栅栏，并挂有明显警标，严禁人员入内，瓦斯检查员每班在栅栏处至少检查一次。如果发现栅栏内侧1 m处瓦斯浓度超过3%或其他有害气体超过允许浓度，不能立即处理，必须在24 h内密闭。

内蒙古自治区乌海市某煤矿对已掘进40多米的巷道既不送风，又未采取打密闭等措施，局部通风机长期循环通风，造成瓦斯积聚，因违章放炮引起瓦斯爆炸，死亡12人。

(3) 长期停工、瓦斯涌出量较大的岩石巷道也必须封闭，没有瓦斯涌出或涌出量不大（积存瓦斯浓度不超过3%）的岩巷可不封闭，但必须在巷口设置栅栏、揭示警标，禁止人员入内并定期检查。

(4) 凡封闭的巷道，要对密闭坚持定期检查，至少每周一次，并对密闭质量、内外压差、密闭内气体成分、温度等进行检测和分析，发现问题采取相应措施及时处理。

（5）有瓦斯积存的盲巷恢复通风排放瓦斯或打开密闭时，应特别慎重，事先必须编制专门的安全措施，报矿总工程师批准。处理前应由救护队佩戴呼吸器进入瓦斯积聚区域检查瓦斯浓度，并估算积聚的瓦斯数量，然后再按“分级管理”的规定排放瓦斯，应严格按照《煤矿安全规程》的规定执行。

关于采空区的瓦斯管理，主要是采取抽放措施，以防止采空区内的高浓度瓦斯向工作面或其他巷道空间涌出而造成风流瓦斯超限或局部积聚。

4. 巷道贯通时的瓦斯管理

在煤层中掘进巷道与其他巷道贯通时，为防止冒顶等事故的发生，必须遵守《煤矿安全规程》中的规定。

（1）贯通前

1）掘进巷道贯通前相距 20 m、综合机械化掘进巷道相距 50 m 时，必须停止一个工作面作业，做好调整通风系统的准备工作，地测部门必须向矿总工程师报告，并通知生产和通风部门。

2）生产和通风部门必须分别制定巷道贯通安全措施和通风系统调整方案。

3）在有突出危险的煤层中，上山掘进工作面同上部平巷的贯通，上部平巷工作面必须超过贯通位置，其超前距离不得小于 5 m。

（2）贯通时

1）必须派相关管理人员（包括通风部门）现场统一指挥，确保施工安全。

2）只准一个工作面向前掘进，停掘工作面必须保持正常通风，停止一切工作，撤出作业人员。还必须经常检查风筒是否脱节，工作面及其回风流中的瓦斯浓度是否超限，发现脱节或超限必须立即处理。

3）掘进工作面每次装药爆破前，生产班组长必须派专人和瓦斯检查员共同到停掘工作面，检查该工作面及其回风流中的瓦斯浓度，只有在两个工作面及其回风流中的瓦斯浓度都在 1%以下时，方可进行掘进工作和装药爆破。

4）每次爆破前，在两个工作面都必须设置栅栏和专人警戒。

5）坚持一炮一检制度，每次爆破后，爆破工和班组长必须巡视爆破地点，检查通风、瓦斯、煤尘、顶板、支架和瞎炮等情况，只有等双方工作面检查完毕认为无异常情况，人员撤出警戒区域后，才允许进行掘进工作面的下一次爆破工作。

6）间距小于 20 m 的平行巷道，其中一个进行爆破时，两个工作面的人员都必须撤至安全地点。

7）在地质构造复杂的地区进行贯通工作，还应按处理破碎顶板防止高冒的安全技术措施执行。

（3）贯通后

通风部门立即组织人员进行风流调整，实现全风压通风，并检查风速和瓦斯浓度是否符合《煤矿安全规程》的规定，通风系统稳定后，方可恢复工作。

1983 年 1 月 29 日，鸡西某矿四井两巷道贯通后，因未立即调整通风系统，造成风流短路，使贯通点附近出现瓦斯积聚，而瓦斯检查员在贯通后也没检查瓦斯浓度便升井了，后由于电动机接线盒产生火花，引爆了瓦斯，造成23人死亡。

第六节　矿井瓦斯抽采与开发利用

一、概述

1. 瓦斯抽采的概念和作用

为了减少和解除矿井瓦斯对煤矿安全生产的威胁，利用机械设备和专用管道造成的负压，将煤层中存在或释放出的瓦斯抽出来，输送到地面或其他安全地点的做法，称为瓦斯抽采。

简单来说，瓦斯抽采的作用就是减少和消除瓦斯威胁，保证煤矿生产安全，主要表现在以下几个方面：

（1）瓦斯抽采可以减少开采时的瓦斯涌出量，从而可减少瓦斯隐患和各种瓦斯事故，是保证安全生产的一项预防性措施。

（2）瓦斯抽采可以减少通风负担，降低通风费用，还能够解决通风难以解决的问题。

（3）煤层中的瓦斯同煤炭一样是一种地下资源，将瓦斯抽出来送到地面作为原料和燃料加以利用，“变害为利，变废为宝”，可以收到可观的经济效益。

（4）将瓦斯抽出并加以利用，可减少由于排放瓦斯到大气中而形成的温室效应，起到保护环境的作用。

2. 瓦斯抽采的必要条件

我国是以矿井瓦斯涌出量的大小作为瓦斯抽采的基本条件的，总的原则是：如果利用通风方法不能够将涌出的瓦斯稀释到《煤矿安全规程》允许的安全浓度，就必须考虑进行瓦斯抽采，否则，可以不考虑瓦斯抽采。

◎ 相关法规

《煤矿安全规程》规定：有下列情况之一的矿井，必须建立地面永久抽采瓦斯系统或者井下临时抽采瓦斯系统。

1. 任一采煤工作面的瓦斯涌出量大于5 m^3/min或者任一掘进工作面瓦斯涌出量大于3 m^3/min，用通风方法解决瓦斯问题不合理的。

2. 矿井绝对瓦斯涌出量达到以下条件的：大于或等于40 m^3/min；年产量100万~150万吨的矿井，大于30 m^3/min；年产量60万~100万吨的矿井，大于25 m^3/min；年产量40万~60万吨的矿井，大于20 m^3/min；年产量小于或等于40万吨的矿井，大于15 m^3/min。

3. 煤层瓦斯抽采难易程度的指标

一个矿井或工作面应该抽采瓦斯，但不一定能抽出瓦斯，这要看煤层瓦斯抽采的难易程度，即瓦斯抽采的可行性如何。煤层瓦斯抽采的可行性主要取决于两个因素：一是煤层瓦斯压力，也就是瓦斯从煤层向外释放的能力，瓦斯压力越大，瓦斯抽采也越容易；二是煤层的透气性能，也就是瓦斯通过煤层时的阻力大小，透气性越低，阻力就越大，瓦斯抽采就越困难。我国将瓦斯抽采的难易程度分为 3 类，见表 3—3。在较难抽采瓦斯的煤层中进行瓦斯抽采工作，必须采取增加煤层透气性的措施。

表 3—3　　瓦斯抽采难易程度分类

类别	钻孔流量衰减系数	煤层透气性系数（m^2/MPa^2d）
容易抽采	<0.003	>10
可以抽采	0.003~0.05	0.1~10
较难抽采	>0.05	<0.1

4. 瓦斯抽采系统

能够造成一定负压，将瓦斯从煤层中抽出并安全输送到地面上来的机械设备，称为瓦斯抽采设备。由瓦斯抽采设备和管路构成的系统，称为瓦斯抽采系统，它主要由瓦斯泵、管路系统和安全装置 3 部分组成。

（1）瓦斯泵

国内常用的瓦斯泵主要有离心式鼓风机、回旋式鼓风机和水环式真空泵 3 种。离心式鼓风机适用于瓦斯流量大（30~1 200 m^3/min）、负压要求不高（3.9~49 kPa）的抽采瓦斯矿井；回旋式鼓风机适用于瓦斯流量较大（1~600 m^3/min）、负压较高（19.61~88.2 kPa）的抽采瓦斯矿井。离心式鼓风机和回旋式鼓风机都可以兼作正压鼓风机和负压抽采用，就是说，既可以抽出井下瓦斯，又可以同时向用户输送。水环式真空泵适用于瓦斯抽出量小、煤层透气性差、管路系统阻力大、需要负压抽采瓦斯的矿井，也适用于抽出瓦斯浓度较低或经常变化的矿井，特别适用于浓度变化大的邻近层抽采的矿井。

（2）管路系统

瓦斯抽采管路系统包括主管、分（干）管、支管和附属装置。

1）主管。主管用于抽排和输送整个矿井或几个抽采区的瓦斯，主管管径为 250~426 mm。

2）分（干）管。分（干）管用于抽排和输送一个抽采区或一个阶段的瓦斯，分（干）管管径为 150~250 mm。

3）支管。支管用于抽排和输送一个工作面或一个钻场的瓦斯，支管管径为 100~150 mm。

4）附属装置。附属装置包括用于调节、测定管路中的瓦斯浓度、流量和压力的阀门、测量装置和放水装置。

瓦斯管路要敷设在曲线段最少、距离最短、矿车不经常通过的巷道中，并架设一定的高度，固定在巷壁上，以免水淹腐蚀管路。

（3）安全装置

1）“三防装置”。所谓“三防装置”是指安设在地面瓦斯抽放泵吸气管路中，具有防回火、防回气和防爆炸作用的安全装置。正常情况下，高浓度瓦斯在抽采输送过程中，一般不会发生爆炸事故。在井下抽采系统被损坏、管路积水堵塞或损坏，进气瓦斯浓度降低时，遇有火源就可能导致瓦斯爆炸，也可能由于突然停机、机械故障使抽采失常和地面放空管受雷击起火而发生回气燃爆等事故。目前，国内采用的“三防装置”，其结构大致可分为水封式、铜网式、板片式、卵石式、多能式等几种类型。

◎ 相关法规

《煤矿安全规程》规定：干式抽采瓦斯泵吸气侧管路系统中，必须装设有防回火、防回流和防爆炸作用的安全装置，并定期检查。抽采瓦斯泵站放空管的高度应当超过泵房房顶 3 m。

2）放水装置。瓦斯抽采管路上的放水装置有很多种形式，大致可分为人工放水器和自动放水器两种。

5.《煤矿安全规程》对瓦斯抽采的有关规定

（1）设置井下临时抽采瓦斯泵时应遵守的规定

1）临时抽采瓦斯泵站应设在抽采瓦斯地点附近的新鲜风流中。

2）抽出的瓦斯可引到地面、总回风巷、一翼回风巷或分区回风巷，但必须保证稀释后风流中瓦斯浓度不超限。在建有地面永久抽采系统的矿井，临时泵站抽出的瓦斯可送至永久抽放系统的管路，但矿井抽采系统的瓦斯浓度必须符合《煤矿安全规程》的规定。

3）抽出的瓦斯排入回风巷时，在排瓦斯管路出口必须设置栅栏、悬挂警戒牌等。栅栏设置的位置上风侧距管路出口 5 m，下风侧距管路出口 30 m，两栅栏之间禁止任何作业。

4）在下风侧栅栏外必须设置便携式甲烷检测报警仪，巷道风流中瓦斯浓度超限报警时，应断电、停止瓦斯抽采，进行处理。

（2）抽采瓦斯的有关规定

1）利用瓦斯时，瓦斯浓度不得低于 30%，且在利用瓦斯的系统中必须装设有防回火、防回气和防爆炸作用的安全装置。不利用瓦斯，采用干式抽采瓦斯设备时，抽采瓦斯浓度不得低于 25%。

2）抽采容易自燃和自燃煤层的采空区瓦斯时，必须经常检查一氧化碳浓度和气体温度等有关参数的变化，发现有自然发火征兆时，应立即采取措施。

3）井下敷设的瓦斯管路，不得与带电物体接触，并应有防止砸坏管路的措施。

二、矿井瓦斯抽采的方法

1. 瓦斯抽采方法分类

矿井瓦斯抽采的方式和方法多种多样，一般有 3 种分类方法，见表 3—4。瓦斯抽采方法虽然有不同分类方法，并且分为不同种类，但现场应用时，往往是相互结合，不能截然分开的。如本煤层抽采中包括巷道预抽法、钻孔预抽法及边采（掘）边抽法；而钻孔抽采法又应用于本煤层抽采、邻近层抽采，以及预抽、边抽等。

表 3—4　　矿井瓦斯抽采方法分类

分类方法	瓦斯抽采方法
按抽采瓦斯的来源分类	本煤层瓦斯抽采 邻近层瓦斯抽采 采空区瓦斯抽采
按抽采与采掘的时间关系分类	采前抽采(也叫预抽) 采中抽采(也叫边采边抽、边掘边抽) 采后抽采(也叫旧区抽放)
按施工工艺分类	巷道抽采法 钻孔抽采法 巷道、钻孔混合抽采法

2. 本煤层瓦斯抽采

本煤层瓦斯抽采就是采用巷道法或钻孔法直接抽采开采煤层的瓦斯。按照抽采与采掘的时间关系，本煤层瓦斯抽采可分为“预抽”和“边抽”两种方法。所谓预抽，就是在开采之前预先抽出煤体内的瓦斯，以减少开采时瓦斯涌出量。预抽又可分为巷道预抽和钻孔预抽两种方法。所谓边抽，就是指边生产边抽采瓦斯，即生产和抽采同时进行。边抽又包括边采边抽和边掘边抽两种方式。

（1）预抽本煤层瓦斯方式

1）巷道预抽。巷道预抽就是在采煤前事先掘出瓦斯巷道（这些巷道同时考虑采煤工作有需要，因此也叫采准巷道)，然后，将巷道密闭，在密闭处接设管路进行抽采，直到采煤时为止。

这种抽采方法的优点是煤体卸压范围大、煤的暴露面积大、有利于瓦斯释放，缺点是需要提前掘进瓦斯巷道，提前投资，且在抽采结束即将开采之前，还要对巷道重新进行修复和支护，浪费工时和材料；在掘进巷道过程中，由于瓦斯涌出量大，不仅施工困难，增加通风负担，而且瓦斯回收率低，浪费资源；如果管理不好，抽采巷道密闭不严，不仅抽出的瓦斯浓度低，而且巷道内易引起自然发火。因此，巷道预抽目前应用很少。

2）钻孔预抽。如图 3—13 所示为钻孔预抽本煤层瓦斯时的钻场、钻孔和管路的布置示意图。这种方法由于钻孔贯穿煤层、钻孔与煤层的层理面或垂直或斜交，瓦斯很容易沿层理面流入钻孔，有利于提高抽采效果。此外，抽采工作是在采煤和掘进之前进行的，所以使生产过程中的瓦斯涌出量大大减少。因为被抽采煤层没受采动影响，煤层压力没有较大的变化（未卸压），因此，对于透气性差的煤层，可能达不到预抽效果。

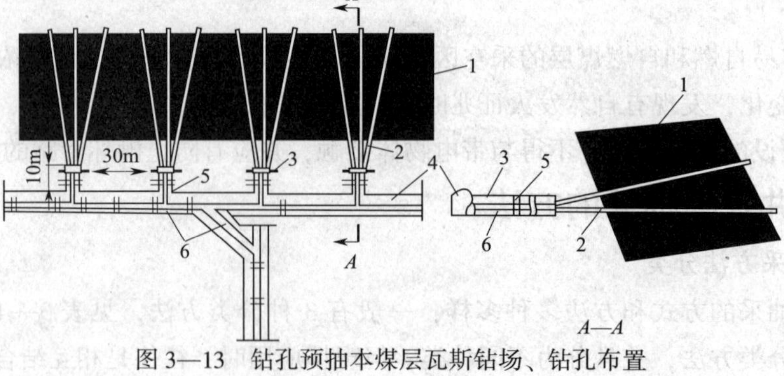

图 3—13　钻孔预抽本煤层瓦斯钻场、钻孔布置

1—煤层　2—钻孔　3—钻场　4—运输大巷
5—密闭　6—抽放瓦斯巷道

这种方法适用于煤层瓦斯含量较大、透气性较好和有一定倾斜角度的中、厚煤层。

（2）边抽本煤层瓦斯方法

1）边采边抽。在煤层比较致密、透气性低、单纯用预抽方法达不到抽采效果时，或者虽然煤层透气性较好，容易抽采，但因生产接续紧张，没有充分的预抽时间，开采时瓦斯涌出量较大时，往往采用边采边抽的方法，以弥补预抽的不足，如图 3—14 所示。

边采边抽的方法适用于瓦斯含量大、时间紧、预抽不充分的地区，以及煤层透气性较小但有抽采可能的较薄或中厚煤层。

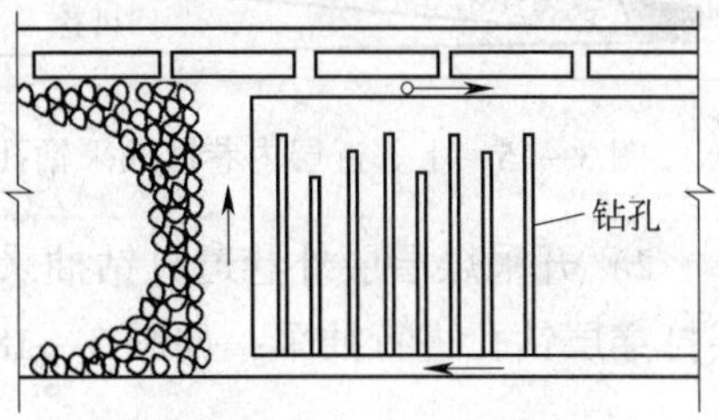

图 3—14　边采边抽钻孔布置

2）边掘边抽。随着工作面的不断推进，钻场和钻孔也要向前排列。这种方法由于在工作面前方和巷道两帮的一定范围内形成了压力集中带，造成煤壁松动，因而煤体中解吸的瓦斯能直接被钻孔抽出，从而大大减少巷道内的瓦斯涌出量。由于增加了掘钻场和打钻孔的工程量和时间，所以，对掘进工作面的掘进速度有一定影响。另外，这种方法只能降低掘进时的瓦斯涌出量，采煤时仍要打钻抽采。

边掘边抽的方法适用于预抽不充分或瓦斯涌出量大的煤巷掘进工作面，对透气性差的煤层也会获得一定效果。

3. 邻近层瓦斯抽采

在开采煤层群时，受采动影响，开采煤层上、下一定距离内的其他煤层中的瓦斯就会沿着由于卸压作用产生的裂隙流入开采煤层工作面空间，这些煤层称为某一开采煤层的邻近层。为了解除邻近层涌出的瓦斯对开采煤层的威胁，从开采煤层或围岩大巷中间向邻近层打钻，抽放邻近层中的瓦斯，以减少邻近层由于受采动影响而向开采煤层涌出的瓦斯。这种瓦斯抽采称作邻近层瓦斯抽采，并分为上邻近层瓦斯抽采（抽采上邻近层中的瓦斯）和下邻近层瓦斯抽采（抽采下邻近层中的瓦斯）两种方式。

（1）上邻近层瓦斯抽采

按抽采钻孔的布置位置，上邻近层瓦斯抽采又分为开采煤层层内巷道打钻抽采和开采煤层层外巷道打钻抽采两种。

1）开采煤层层内巷道打钻抽采。这是上邻近层瓦斯抽采经常采用的一种方法。将钻场设在回风副巷内，然后由钻场向上邻近层打穿层钻孔进行抽采，如图 3—15 所示。

2）开采煤层层外巷道打钻抽采。钻场设在开采煤层顶板的岩巷中，由钻场向上邻近层打钻，每个钻场的钻孔多采用扇形排列（见图 3—16）。

（2）下邻近层瓦斯抽采

与上邻近层瓦斯抽采一样，下邻近层瓦斯抽采也分为开采煤层层内巷道打钻抽采和开采煤层层外巷道打钻抽采两种。

1）开采煤层层内巷道打钻抽采。这是下邻近层瓦斯抽采经常采用的一种方法，与上邻近层瓦斯抽采不同的是，钻场设在工作面的进风正巷内，如图 3—17 所示。

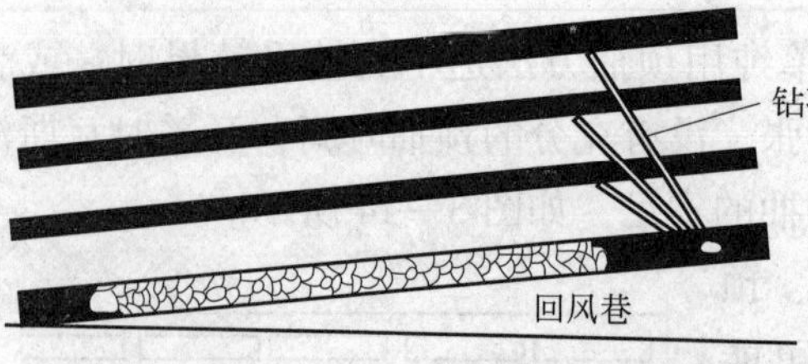

图 3—15　上邻近层内巷道抽采钻孔布置

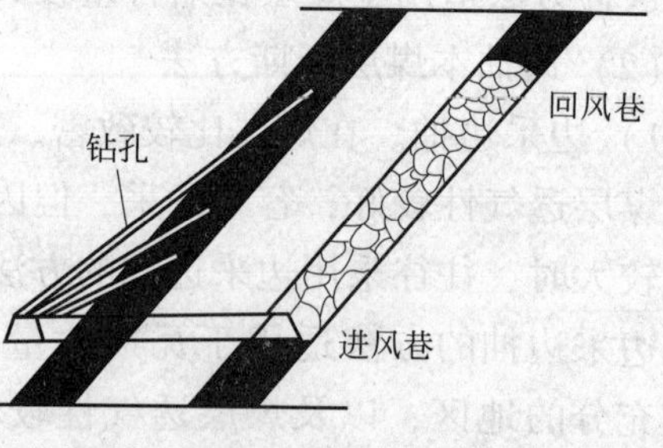

图 3—16　上邻近层外巷道抽采钻孔布置

2）开采煤层层外巷道打钻抽采。钻场设在开采煤层底板岩石巷道中，从钻场向下邻近层打穿层钻孔进行抽采，如图 3—18 所示。

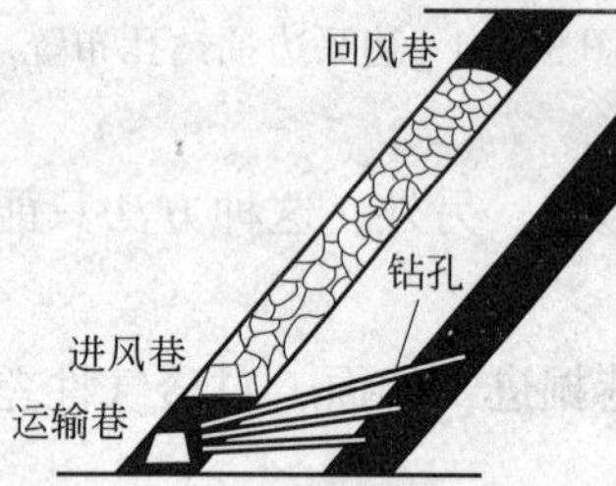

图 3—17　下邻近层内巷道抽采钻孔布置

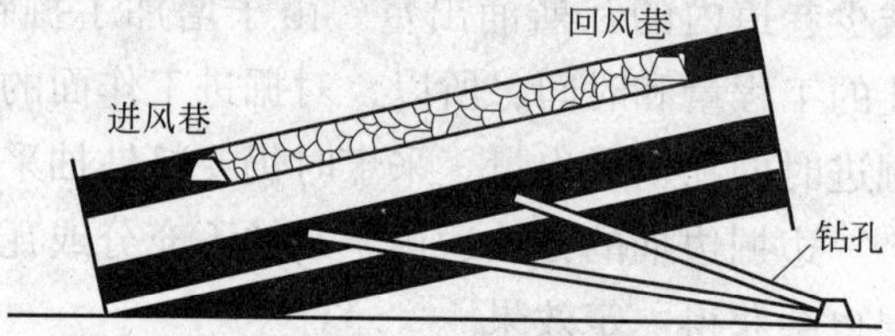

图 3—18　下邻近层外巷道抽采钻孔布置

4. 采空区瓦斯抽采

（1）采空区瓦斯来源

采空区的瓦斯主要有两个来源：一是未能采出而被留在采空区的煤炭中存有一定数量的残存瓦斯；二是顶板和周围煤岩中的瓦斯。采空区积聚的大量瓦斯，往往被漏风带入采煤工作面或生产巷道，影响正常生产。另外，有时由于受大气压力或通风系统变化的影响，在工作面及采空区之间的压力平衡被破坏时，采空区的瓦斯会大量涌入工作面，威胁安全生产，甚至酿成重大事故。

（2）采空区瓦斯抽采方法

1）采煤工作面的采空区瓦斯抽采。抽采采煤工作面采空区瓦斯时，应将采空区全部密闭，以防止向采空区漏风，在回风巷的密闭处插管进行抽采。也可以在回风巷每隔一定距离（30~50 m）掘一个斜口绕行巷道作钻场，由钻场向采空区上方打钻孔，使钻孔进入冒落带或裂隙带，然后将绕行巷道密闭并接设管路进行抽采，随着工作面的推进，不断掘出新的钻场（旧钻孔可继续使用）。这种方法用于处理采空区瓦斯涌出而引起的工作面瓦斯超限或上隅角瓦斯积聚时，效果甚佳。

2）采煤结束后的采空区瓦斯抽采。对采煤工作已结束的采区，可在进、回风巷道内修筑永久性密闭，两个密闭之间用河沙或黏土充满填实，并接设瓦斯管路进行抽采。

（3）采空区瓦斯抽采应注意的事项

为了做到安全抽放采空区瓦斯，必须注意以下两个问题：

1）控制抽采负压，保证瓦斯质量。因为采空区围岩受采动影响，透气性大大提高，抽采负压过大，很容易使空气进入采空区而降低抽出的瓦斯浓度，且有自然发火危险的煤层还会因氧气浓度的增加而引起采空区内的自然发火。

2）定期进行检查测定，避免自然发火。对于有自然发火危险的煤层，为防止采空区因抽采瓦斯而引起煤炭自然发火，必须定期进行检查并采取气样进行分析测定，其内容包括密闭或抽采管内气体成分（氧气、一氧化碳、二氧化碳、甲烷）、温度、负压、流量等，并分析其变化动态。当一氧化碳浓度或温度呈上升趋势时，应进行控制抽采（低负压抽放）；而发现有自然发火征兆时，必须立即停止抽采并采取向密闭内注水、注浆等防火措施，待自然发火征兆消除后再逐渐恢复抽采。

5. 围岩及其裂隙溶洞瓦斯抽采方法

围岩及其裂隙瓦斯是以自由状态积聚在孔隙或孔洞之中，所以抽采这部分瓦斯比较容易。对于溶洞、裂隙瓦斯，关键是探明位置，在掘进中布置抽采瓦斯钻孔，随掘随抽。由岩巷两侧或正前方向溶洞或裂隙带打钻，密闭岩巷进行抽采，封堵岩巷喷瓦斯区并插管抽采。如果钻孔探到溶洞瓦斯（主要是石灰岩溶洞），就利用探放孔接上瓦斯管进行抽采。对于围岩瓦斯（主要是粗岩等），可利用一般的方法打钻孔抽采。

三、瓦斯的开发和利用

瓦斯的存在为煤炭开采带来了障碍，但瓦斯本身是一种良好的能源。据报告称，目前美国能源构成中瓦斯已经达到了10%。我国虽然从20世纪50年代就开始利用瓦斯，但目前利用率仅为42%，潜能巨大。我国将加快瓦斯开发和利用，坚持地面抽采与井下抽采相结合，自主开发与对外合作相结合，就近利用与余气外输相结合，居民利用与工业应用相结合，企业开发与国家扶持相结合，促进瓦斯产业发展。同时，要发挥示范工程的带动作用，促进瓦斯开发和利用。

1. 瓦斯的提纯和储存

如果抽采浓度达不到30%，则不能利用，必须将煤层气（瓦斯）全部排空，这既浪费了能源，又污染了环境。如果抽出的瓦斯浓度为80%~85%，则达不到输入天然气管道的要求。以上两种情况都必须先将煤层气提纯（浓缩、富集），以达到所要求的浓度。

煤层气（瓦斯）的储存主要有三种形式：大储存量的地下储存、按日用量的一定比例建设的储气罐储存，以及长输气管线的储存。

2. 煤层气（瓦斯）民用

由于瓦斯的燃烧热值可根据需要进行调整，而且瓦斯不含煤炭干馏物质，不需要庞大的净化装置进行净化处理，不腐蚀、不堵塞输气设备和管道，是极好的民用燃料气。无论是井下抽放或地面钻孔开发，应始终把瓦斯民用置于首要的位置。这是因为居民燃气比燃煤热效率提高幅度大，节能效果显著（热能利用率提高2倍以上），对城区环境的改善最明显，综合的社会效益、环境效益最好。

目前，我国许多煤矿区都建立了煤层气抽放和利用系统，其中煤层气民用最普遍，形成了较大的规模。例如，淮南矿区煤层气总量为5 928亿立方米，所有煤矿均为高瓦斯矿井，自1993年以来已打6口煤层气测试井，并进行了排水和采气试验，井下年煤层气抽放量为4 000万立方米，年利用量为543.1万立方米，利用率为13.58%。

3. 生产化工产品

高浓度的煤层气以甲烷为主，因此，当开采或抽放的煤层气是含高浓度的纯净甲烷气时，把它作为原料气生产一系列化工产品，可以获得较好的经济效益。

以甲烷为原料，又可生产出甲醛、乙酸、甲基氯化物、甲胺、尿素等一系列重要的产品。

4. 煤层气发电概况

煤层气发电是一项多效益型煤层气利用项目。它能有效地将矿区抽出的煤层气变为电能，可以方便地输送到各地。不同型号的煤层气发电设备可以利用不同浓度的煤层气。井下抽放的瓦斯，不需要提纯或浓缩就可直接作为发电厂的燃料。这对降低发电成本、就地利用矿井煤层气是非常重要的。

近年来，随着煤层气抽采利用政策的出台和完善，国内企业利用煤层气发电的积极性高涨，煤层气发电装机规模逐年上升，技术研发和装备制造水平不断提高。

据国家能源局统计，2015年全国煤层气产量44亿立方米、利用量38亿立方米，是2010年的3倍。煤矿瓦斯抽采利用方面，全国建成了30个年抽采量超过1亿立方米的煤矿区，2015年煤矿瓦斯抽采量136亿立方米、利用量48亿立方米，比2010年翻了近一番。煤层气广泛应用在发电、居民用气、汽车燃料等领域，“十二五”期间五年累计利用煤层气340亿立方米，相当于节约标准煤4 080万吨，减排二氧化碳5.1亿吨。

思考练习题

1. 瓦斯有哪些性质？矿井瓦斯有哪些危害？
2. 瓦斯爆炸的基本条件是什么？
3. 如何防治巷道冒顶空间的瓦斯积聚？
4. 煤与瓦斯突出前有哪些规律？
5. 防治煤与瓦斯突出的安全防护措施有哪些？
6. 应用便携式光学瓦斯检定器测定瓦斯浓度前应做好哪些准备工作？
7. 检查盲巷甲烷和其他有害气体应遵循哪些安全原则？
8. 瓦斯检查员交接班的交班内容有哪些？
9. 排放瓦斯的安全措施包括哪些内容？

第四章

矿尘防治

学习目标

了解矿尘的产生、主要危害及煤尘爆炸的条件，掌握煤尘爆炸预防和综合防尘的措施；能测定矿尘浓度，能对长期接触粉尘环境的个体编写个体防护措施。

矿尘是悬浮在矿井空气中的固体矿物微粒，对矿井的安全生产有着严重的影响。世界各国在煤矿开采历史上所受到的煤尘危害是惨痛的。1906 年，法国古利耶尔无瓦斯煤矿发生特大煤尘爆炸，死亡 1 099 人；1942 年，辽宁本溪煤矿发生特大瓦斯煤尘爆炸，死亡 1 594 人；1960 年，山西大同老白洞煤矿发生特大煤尘爆炸，死亡 684 人。除此之外，矿尘对人体健康的危害也极大，长期吸入矿尘可引起人体器官的病变，甚至可导致尘肺病。

本章在介绍矿尘基本概念和理论的基础上，重点介绍矿煤尘爆炸防治技术、矿尘检测和煤矿尘肺病的防治。

第一节　矿尘分类与危害

一、矿尘的概念及分类

1. 矿尘的概念

在矿井生产和建设过程中所产生的各种煤、岩矿物细微颗粒，统称为矿尘。

2. 矿尘的分类

矿尘的分类方法很多，主要有以下几种：

(1) 按组成成分可分为煤尘、岩尘和水泥粉尘。

(2) 按有无爆炸性可分为有爆炸性矿尘、无爆炸性矿尘和惰性粉尘。

(3) 按存在状态可分为浮尘和落尘。

二、矿尘的产生及危害

1. 矿尘的产生

矿尘的产生与下列因素有关：

（1）与工作地点有关，以采掘工作面最易产生矿尘，其次是运输系统的各转载点和装卸点。

（2）与机械化程度高低、有无防尘消尘措施、开采强度大小有关。

（3）与煤、岩的物理性质有关，节理发育、脆性大、结构疏松、水分低的煤易产生粉尘。

（4）与采煤方法及截割参数有关。

（5）与作业环境的温度、湿度及通风状况有关。

（6）在干式打眼、装运岩、割煤（放炮）等工序中产生较多。

（7）在地质构造复杂、断层和裂隙发育处开采时产生量大。

2. 矿尘的危害

（1）危害人体健康

矿工长期吸入矿尘易得尘肺病。据中国煤矿尘肺病防治基金会2015年2月发布的数字，全国尘肺病报告人数已超过72万人，其中62%集中在煤炭行业，超过44万人。当前，每年死于尘肺病的煤矿工人数远高于同期生产事故死亡人数。另外，矿尘还能引起皮肤病、眼疾、上呼吸道发炎等。

（2）具有爆炸性

煤尘在一定的条件下，能够发生爆炸，造成人员伤亡、设备毁坏、停产、资源浪费等，尤其是能将沉积矿尘扬起，造成连续爆炸事故。连续爆炸是煤尘爆炸的一个重要特征，它使矿井遭受严重破坏。

（3）造成环境污染

矿尘污染劳动环境，降低了生产场所的能见度，影响劳动效率和操作安全，加速机械的磨损。

第二节　煤尘爆炸与预防

一、煤尘爆炸的特征

1. 形成高温、高压

据试验测定，煤尘爆炸火焰温度为1 600~1 900 ℃，爆源的温度可达到2 000 ℃以上，这种高温是煤尘爆炸得以自动传播的条件之一。

在矿井条件下，煤尘爆炸的平均理论压力为736 kPa，但爆炸压力随着离开爆源距离的延长而跳跃式试验增大。爆炸过程中如遇障碍物，压力将进一步增加，尤其是连续爆炸时，后一次爆炸的理论压力将是前一次的5~7倍。煤尘爆炸产生的火焰速度可达1 120 m/s，冲击波速度为2 340 m/s，对矿井的破坏极大。

2. 煤尘爆炸具有连续性

由于煤尘爆炸的冲击波传播速度很快，能将巷道中的落尘扬起，使巷道中的煤尘浓度迅速达到爆炸范围。因此，当落后于冲击波的火焰到达时，就能再次发生煤尘爆炸。有时可如此反复多次，形成连续爆炸。

3. 煤尘爆炸的感应期

煤尘爆炸也有感应期，即从煤尘受热分解到产生足够数量的可燃气体并形成爆炸所需的时间。根据试验，煤尘爆炸的感应期主要取决于煤的挥发分含量，一般为40~280 ms，挥发分越高，感应期越短。

4. 挥发分减少或形成“粘焦”

煤尘爆炸时，参与反应的挥发分约占煤尘挥发分含量的40%~70%，致使煤尘挥发分减少。根据这一特征，可以判断煤尘是否参与了井下的爆炸。气煤、肥煤、焦煤等黏结性煤尘，一旦发生爆炸，一部分煤尘会被焦化，黏结在一起，沉积于支架和巷道壁上，形成煤尘爆炸所特有的产物——焦炭皮渣或粘块，统称为“粘焦”（见图4—1）。“粘焦”也是判断井下发生爆炸事故时是否有煤尘参与的重要标志。同时，根据“粘焦”在支柱上的位置，也可判断出煤尘爆炸的程度。

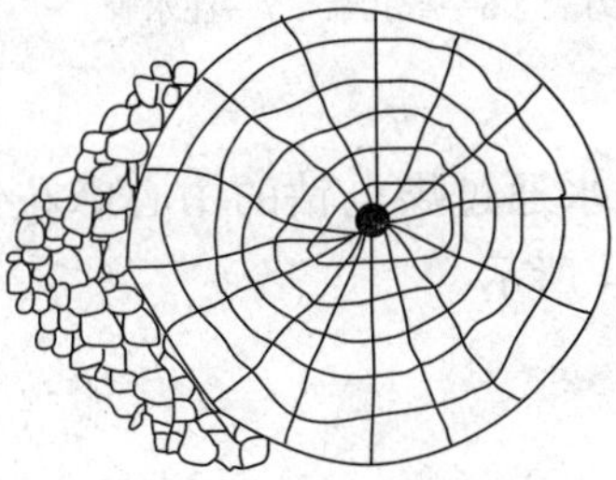

a)

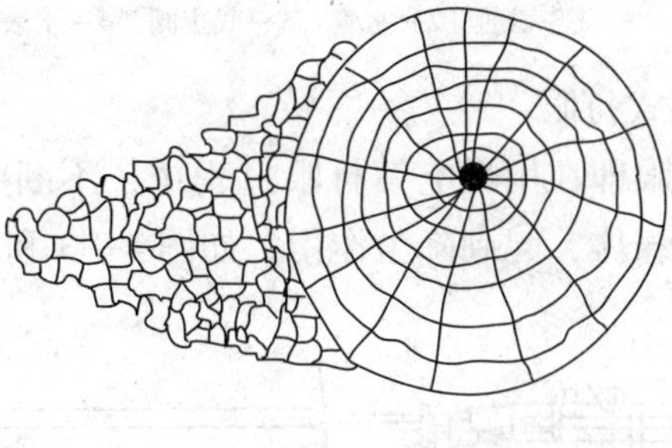

b)

图4—1 煤尘爆炸产物

a）焦炭皮渣 b）粘块

5. 产生大量的一氧化碳

煤尘爆炸时产生的一氧化碳气体，在灾区气体中的浓度可达2%~3%，有时高达8%左右，这是造成人员大量中毒伤亡的主要原因。

二、煤尘爆炸的条件

煤尘爆炸必须同时具备以下几个条件：

1. 煤尘本身具有爆炸性，浮游在空气中并达到一定的浓度。煤尘爆炸上限为1 000~2 000 g/m³，下限为30~50 g/m³，通常浓度在300~500 g/m³时爆炸强度最高。

2. 一定温度的引爆热源，煤尘爆炸的引燃温度为610~1 050 ℃，一般为700~800 ℃。

3. 存在足够的氧气（空气中氧气浓度低于17%时，煤尘爆炸就不能发生）。

三、预防煤尘爆炸的措施

预防煤尘爆炸的措施主要有降尘措施、防止煤尘引燃的措施和限制煤尘爆炸范围扩大的措施。

1. 降尘措施

减少生产中煤尘发生量和浮尘量，是防止煤尘爆炸的根本性措施。

（1）煤层注水

煤层注水即在采煤之前先向煤层打若干钻孔，通过钻孔将压力水注入煤层，使压力水沿煤层层理、节理和裂隙渗入，将煤体预先湿润，以减少开采时浮尘的生成量。静压注水系统如图 4—2 所示。

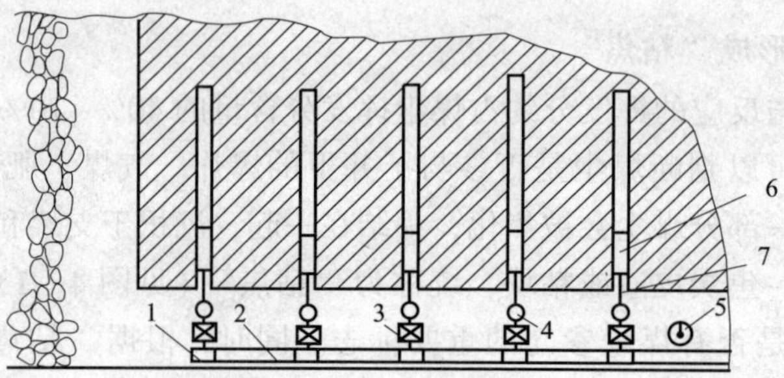

图 4—2　静压注水系统

1—三通　2—水管　3—截止阀　4—水表　5—压力表　6—封孔器　7—注水管

（2）湿式打眼

湿式打眼即在用煤电钻打眼过程中，不断将压力水通过煤电钻的中心麻花钎杆输入孔底，以湿润煤体，起到降尘作用，如图 4—3 和图 4—4 所示。

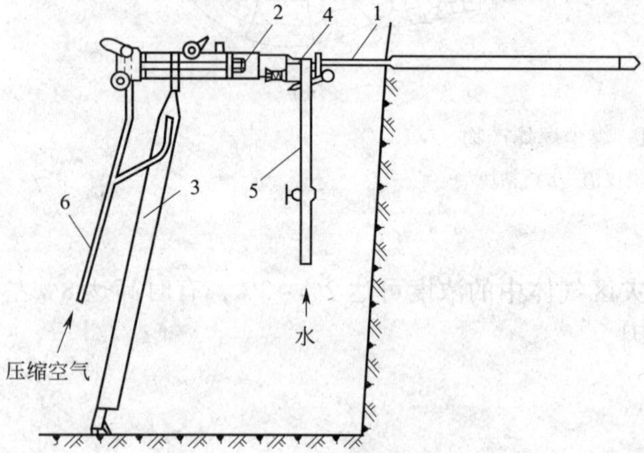

图 4—3　旁侧式湿式打眼

1—钎杆　2—风钻　3—钻架　4—水套

5—胶皮水管　6—胶皮风管

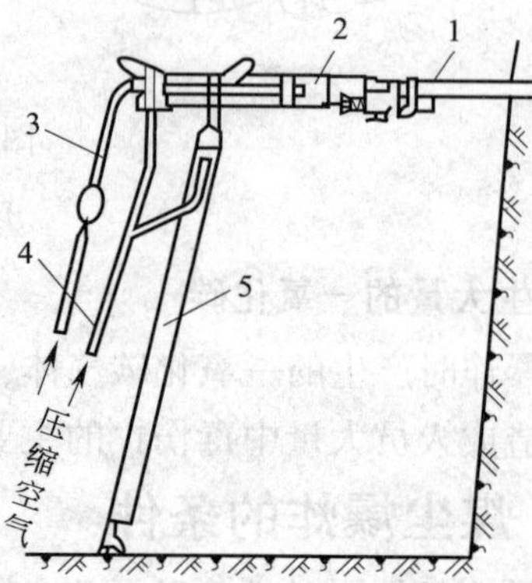

图 4—4　中心式湿式打眼

1—钎杆　2—风钻　3—胶皮水管

4—胶皮风管　5—钻架

（3）喷雾洒水

在井下集中产生粉尘的地点进行喷雾洒水，可有效地捕获浮尘和湿润落尘，如图 4—5 所示。

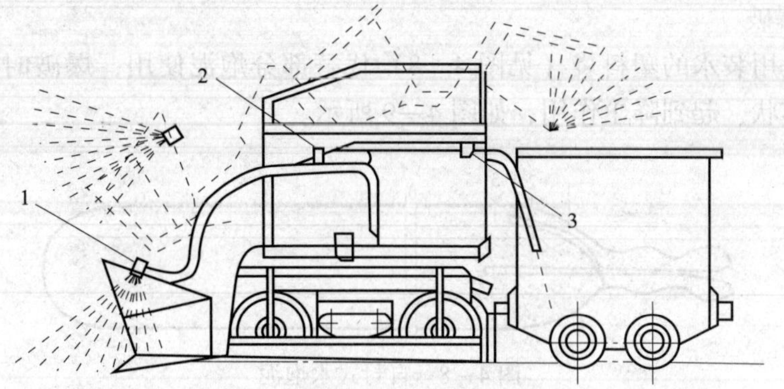

图 4—5 装岩机装岩时喷雾示意图

1—喷雾器 2—控制阀 3—调节阀

(4) 通风除尘

通风除尘是稀释和排出工作地点悬浮粉尘、防止过量落尘的有效措施，如图 4—6 所示。

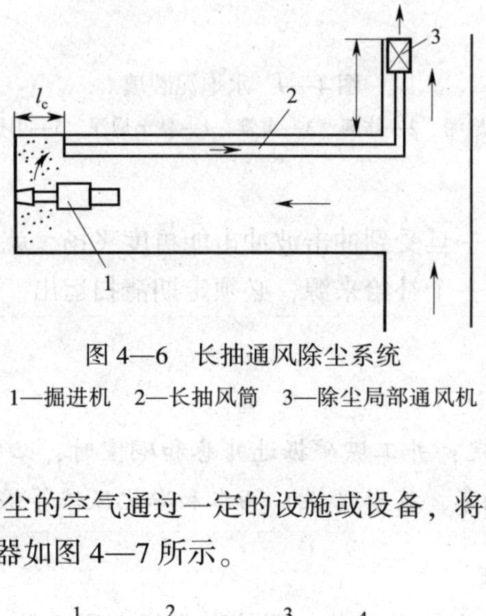

图 4—6 长抽通风除尘系统

1—掘进机 2—长抽风筒 3—除尘局部通风机

(5) 净化风流

净化风流是使井巷中含尘的空气通过一定的设施或设备，将矿尘捕获而达到风流净化的目的。MAD-Ⅱ型风流净化器如图 4—7 所示。

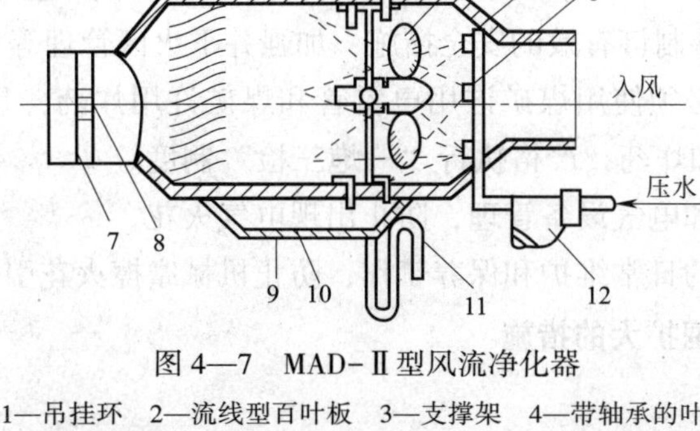

图 4—7 MAD-Ⅱ型风流净化器

1—吊挂环 2—流线型百叶板 3—支撑架 4—带轴承的叶轮

5—喷嘴 6—喷嘴给水环 7—风筒卡 8—卡紧板螺栓

9—回收尘泥孔板 10—集水箱 11—回水 N 形管 12—滤流器

(6) 水封爆破

水封爆破是用装水的塑料袋（见图 4—8）代替部分炮泥使用，爆破时可借助于爆破冲击力使水散成雾状，起到降尘作用，如图 4—9 所示。

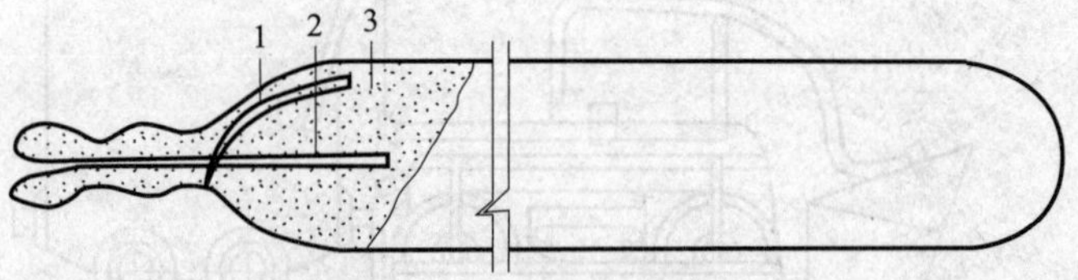

图 4—8　自封式水炮泥

1—逆止阀注水后的位置　2—逆止阀注水前的位置　3—水

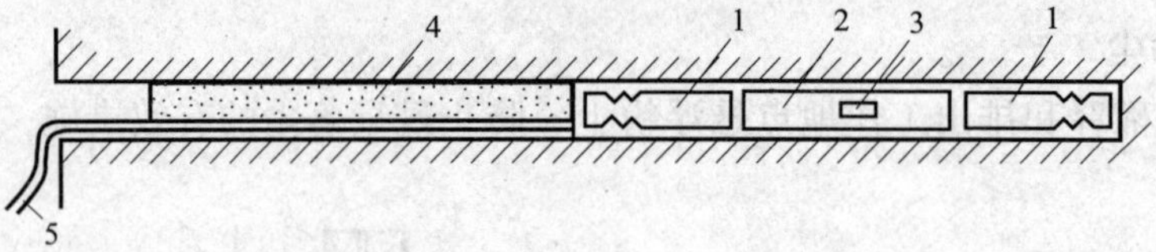

图 4—9　水炮泥装填

1—水炮泥　2—炸药　3—雷管　4—黏土炮泥　5—引爆导线

(7) 清扫积尘

沉落在巷道中的积尘，一旦受到冲击波冲击能再度飞扬，就为煤尘爆炸创造了条件，可以说落尘是井下爆炸煤尘的一个补给来源，必须定期清扫运出。

◎ 相关法规

《煤矿安全规程》规定：井工煤矿掘进井巷和硐室时，必须采取湿式钻眼、冲洗井壁巷帮、水炮泥、爆破喷雾、装岩（煤）洒水和净化风流等综合防尘措施。

2. 防止引燃煤尘的措施

(1) 严禁携带烟草及点火工具下井；严禁穿化纤衣服入井；井下禁止使用电炉；严禁拆卸、撞击矿灯；井口房、瓦斯抽放站、通风机房周围 20 m 内禁止使用明火；井下电、气焊工作应严格审批手续并制订有效的安全措施；加强井下火区管理等。

(2) 井下爆破工作必须使用煤矿许用电雷管和煤矿许用炸药，且质量合格，严禁使用不合格或变质的电雷管和炸药，严格执行“一炮三检”制度。

(3) 加强井下机电和电气设备管理，防止出现电气火花。

(4) 加强井下机械的日常维护和保养工作，防止机械摩擦火花引燃煤尘。

3. 控制煤尘爆炸范围扩大的措施

(1) 设水棚

水棚包括水槽棚和水袋棚两种，水槽棚为主要隔爆棚，水袋棚为辅助隔爆棚，如图 4—10 和图 4—11 所示。

水棚的作用是隔绝爆炸火焰的传播。冲击波将水棚掀翻，击碎后，水即正散开来充满巷道，抑制火焰传播。

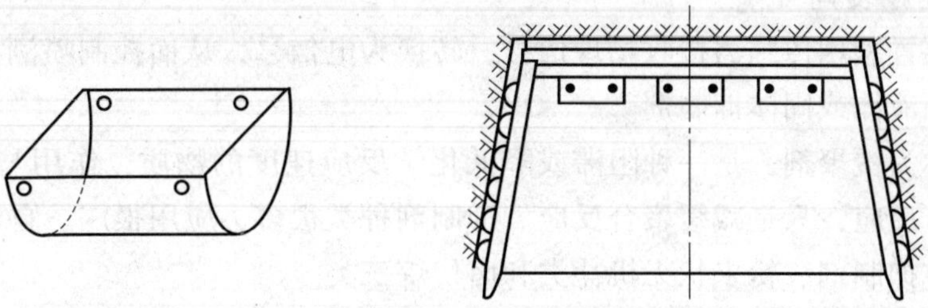

图 4—10 水袋及水袋棚

a）水袋 b）水袋棚

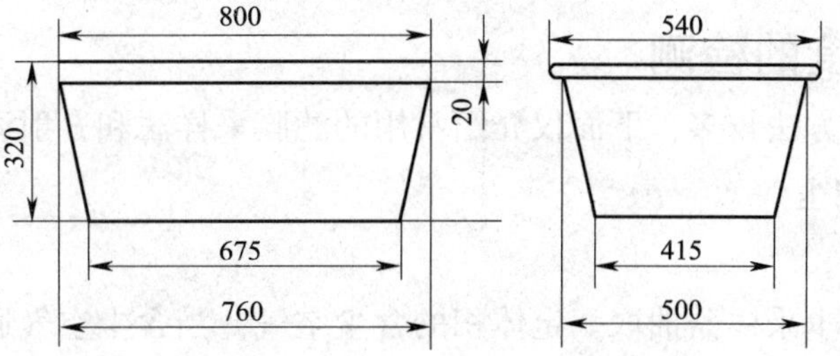

图 4—11 80L 水槽尺寸（mm）

（2）设岩粉棚

当冲击波传来时，岩粉棚（见图 4—12）即被推翻，岩粉撒落形成粉雾弥漫巷道空间，从而阻止火焰传播。

（3）设隔爆水幕

设隔爆水幕即在巷道内设置喷雾器，喷雾形成水幕，以隔绝爆炸火焰，如图 4—13 所示。

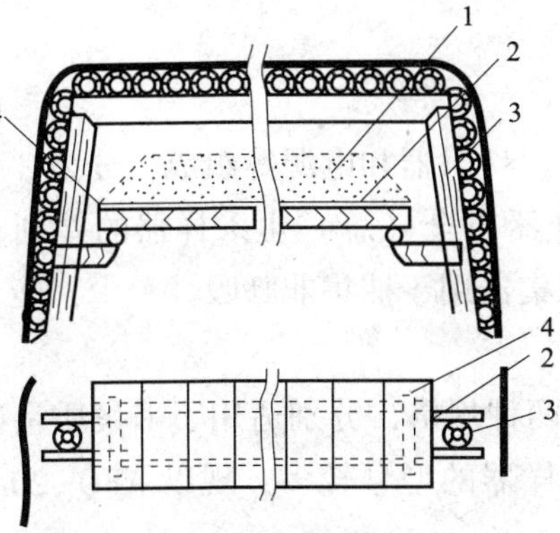

图 4—12 活拼式岩粉棚

1—岩粉 2—拼板 3—棚腿 4—框架

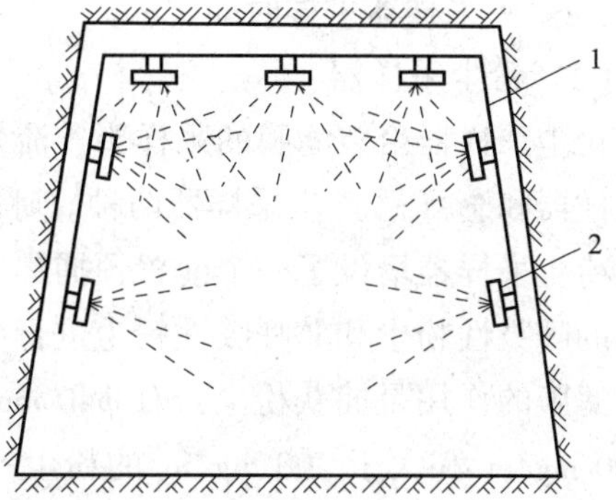

图 4—13 巷道水幕

1—水管 2—喷嘴

(4) 巷道喷雾洒水

巷道喷雾洒水可以降低煤尘浓度，净化空气，及时冲洗、清扫沉积煤尘。

(5) 自动隔爆装置

自动隔爆装置利用传感器接收物理信号，转换为电信号，从而控制喷洒机构动作，让抑制装置强制喷洒液体或固体抑制剂。

抑制剂又称为缓聚剂，是一种阻滞或降低化学反应速度的物质，作用与负催化剂相同。它不能停止聚合反应，只是减缓聚合反应。抑制剂种类很多，应用很广。自动隔爆装置使用的抑制剂有液体抑制剂、粉末状无机盐类和卤代烷三类。

第三节 矿尘检测与管理

一、矿尘浓度的检测

测定矿尘浓度的方法较多，下面仅介绍常用的滤膜采样法和β射线吸收法。

1. 滤膜采样法测尘

(1) 测尘原理

测定时，利用粉尘采样器抽取一定体积的含尘空气，当含尘空气通过滤膜时，将粉尘阻留在已知质量的滤膜上，根据采样后滤膜质量增加量和通过的空气量，即可按下式算出测定地点矿尘的浓度：

$$C=\frac{m_2-m_1}{Qt}\times 1\,000$$

式中 C——粉尘质量浓度，mg/m^3；

m_1——采样前的滤膜质量，mg；

m_2——采样后的滤膜质量，mg；

Q——采样器采样流量，L/min；

t——采样器采样时间，min。

(2) 粉尘采样器

粉尘采样器由装滤膜的采样头、流量计、抽气泵、计时器和电源等组成，分为呼吸性粉尘采样器和全（总）尘采样器两种。呼吸性粉尘采样器与全（总）尘采样器的差别在于呼吸性粉尘采样器增设了一个前置预捕集器。前置预捕集器用于捕集非呼吸性粉尘，能对危害人体的呼吸性粉尘和非呼吸性粉尘进行分离。

滤膜的作用是捕获粉尘，有ϕ40 mm 和ϕ75 mm 两种规格，分别适用于采集质量浓度小于200 mg/m^{3}和大于 200 mg/m^{3}的粉尘。国内粉尘采样器的型号较多，现以 AFQ-20A 型矿用粉尘采样器为例，介绍其工作原理及使用方法。

AFQ-20A 型矿用粉尘采样器的外形和工作原理分别如图 4—14 和图 4—15 所示。

(3) 使用方法

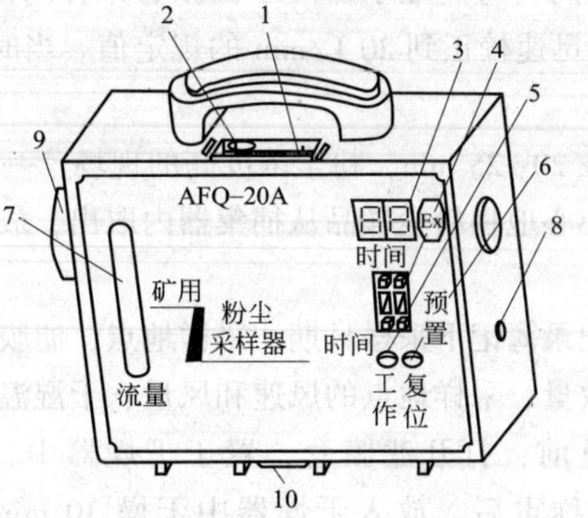

图 4—14 AFQ-20A 型矿用粉尘采样器

1—电源开关 2—流量调节电位器 3—时间显示
4—时间预置器 5—工作按钮 6—复位按钮 7—流量计
8—充电插座 9—捕集器连接器 10—三脚架固定螺母

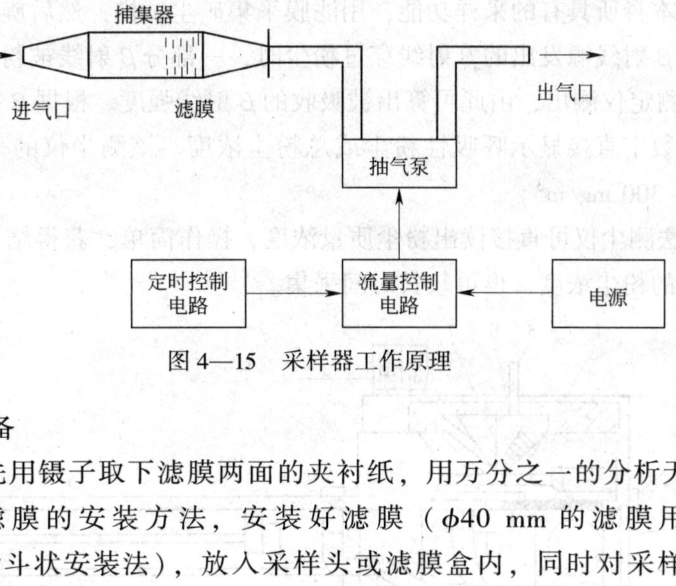

图 4—15 采样器工作原理

1）采样前的准备

①滤膜安装。先用镊子取下滤膜两面的夹衬纸，用万分之一的分析天平称取滤膜的初重 m_1，然后按滤膜的安装方法，安装好滤膜（ϕ40 mm 的滤膜用平铺安装法，ϕ75 mm 的滤膜用漏斗状安装法），放入采样头或滤膜盒内，同时对采样头或滤膜盒进行编号。

②选择采样头。用冲击式预捕集器时，须在玻璃片上涂上硅油；用旋风式预捕集器时，须在下部底盒中放上滤膜。

③对采样器充电。

2）采样

①在选好的采样地点，将粉尘采集器安装在三脚架上，并调到现场呼吸带高度，一般在 1.5 m 左右，然后将选定的捕集器安装在采样器的连接座上。测全尘选用全尘式捕集器，测呼吸性粉尘则选用冲击式或旋风式捕集器。捕集器的进口一定要迎向含尘气流。

②如图 4—14 所示，按下电源开关 1，拨动时间预置器 4 到预计采样时间，再按下工作

按钮5，抽气泵开始工作，同时时间显示器显示出预置采样时间，转动流量调节电位器2，观察流量计7，把采样流量迅速校正到20 L/min的规定值。当时间显示值减至00时，仪器立即停止工作，采样完毕。

③采样时间一般控制在20~25 min，粉尘浓度高的现场，一次采样时间为1~5 min。

④现场采样结束，应小心地将粉尘样品从捕集器内取出，放入原滤膜盒内，要注意样品的保存。

⑤每次采样结束，用记录簿记下采样日期、采样地点、滤膜盒的编号、采样流量、采样时间、工序、工具类型与数量、采样地点的风速和风量、干湿温度、防尘措施等。

3）采样后称重。称重前，打开滤膜盒，置于干燥器中，2 h后用镊子小心地将滤膜从滤膜盒中取出称重；称重后，放入干燥器中干燥30 min，再称重。当相邻两次的质量差不超过0.1mg时，取其最小值（注意：称量采样前后的滤膜，应使用同一套天平和砝码）。

2. β射线吸收法测尘

β射线吸收法测尘仪属于快速直读式测尘仪，近年来已在矿山广泛应用（见图4—16）。它是利用测尘仪本身所具有的采样功能，用滤膜采集矿尘试样，然后旋转滤膜以提供空白滤膜。原理是：当β射线源发出的β射线穿过粉尘时，一部分β射线被粉尘吸收，未被吸收的β射线由β射线测定仪测出，由此可算出被吸收的β射线强度。根据β射线强度的变化而得出粉尘质量，用数字直接显示呼吸性粉尘或总粉尘浓度。该测尘仪的采样流量为5 L/min，测量范围为0.1~300 mg/m^3。

β射线吸收法测尘仪可直接读出粉尘质量浓度，操作简单，获得结果迅速，适用于瞬间测定作业环境中的粉尘浓度，也可较长时间采集。

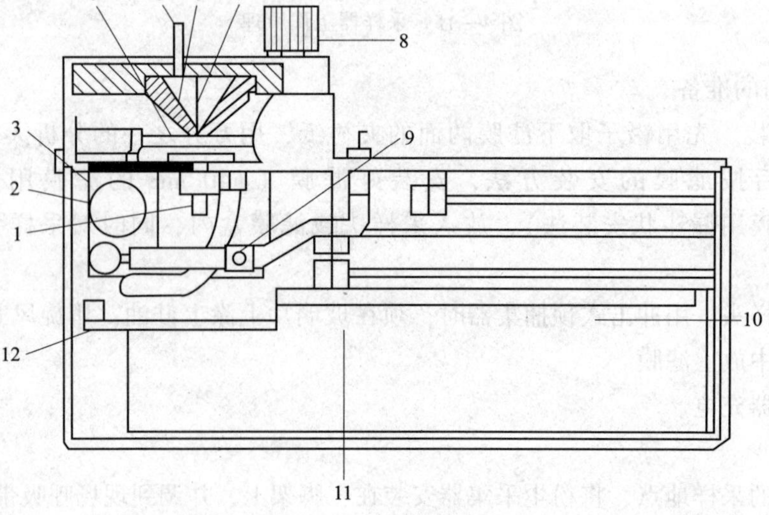

图4—16　β射线吸收法测尘仪

1—β探测仪　2—气泵　3—稳流室　4—分度盘　5—入口　6—冲击器嘴　7—放射源
8—分度盘步进旋钮　9—流量阀　10—电池部分　11—探测器高压电源　12—电压调节板

二、矿尘管理

煤矿防尘管理是取得矿井防尘效果、保障安全生产的重要措施。在防尘技术装备达到一定水平条件下，严格遵循粉尘管理相关法律、法规，对预防煤矿工人的尘肺病发生、减少煤尘爆炸危险、控制粉尘的其他危害起到关键作用。

1. 煤矿防尘管理的内容

煤矿防尘管理的内容主要包括防尘机构、人员设置及组织系统、防尘技术措施及装备系统、粉尘浓度测定制度、相关检查制度等。

2. 防尘管理所依据的法律法规

防尘管理以1992年制定的《中华人民共和国矿山安全法》为依据，具体根据《中华人民共和国尘肺病防治条例》和煤炭工业主管部门的规程规定进行。目前，与防尘管理有关的法律法规已经比较健全。煤矿具体进行防尘管理工作所依据的法规主要有《煤矿安全规程》《煤矿井下防尘防治规范》和《矿井综合防尘标准及检查评定办法》。

3. 防尘机构设置及组织系统

在机构设置上，防尘组织机构按照规定，井型在100万吨/年以上的矿井设置防尘工区，井型在100万吨/年以下的矿井设置防尘分区，或在通风防尘工区中设独立的防尘队，在采掘工区设有专职防尘员，有足够的防尘专业队伍。在组织上，明确分管矿长、总工程师直接抓防尘工作。

4. 煤矿井下粉尘测定时间的规定

（1）对井下每个测尘点的粉尘浓度每月测定两次。

（2）采掘工作面每3个月应进行一次全工作班连续粉尘测定，其他工作面和作业场所每6个月测定一次。

（3）粉尘粒度分布每半年测定一次。

（4）粉尘中游离二氧化硅含量每半年测定一次，采掘工作面有变动时，应及时进行游离二氧化硅测定。

（5）煤矿粉尘浓度测定结果按季度综合上报主管部门。

（6）采掘工作面回风应安设粉尘浓度传感器进行粉尘浓度连续监测。

第四节 煤矿尘肺病与职业卫生

一、煤矿尘肺病及其预防

1. 煤矿尘肺病的分类

由于矿尘成分不同，煤矿尘肺病可分为如下三类。

（1）矽肺病

长期从事岩巷掘进的工人，吸入含有较多游离二氧化硅的岩尘所引起的尘肺病，称为矽肺病。矽肺病是煤矿尘肺病中较严重的一种职业病。

（2）煤矽肺病

长期从事采煤和岩巷掘进的工人，吸入煤尘和含有游离二氧化硅的岩尘共同作用引起的尘肺病，称为煤矽肺病。煤矽肺病是我国煤矿尘肺病中最常见的一种。

（3）煤肺病

长期接触和吸入煤尘的采煤工人，所患的尘肺病多为煤肺病。煤肺病是较轻的职业病。

2. 煤矿尘肺病的分级

按病情发展的程度，煤矿尘肺病可分为1~8级。其中，5~8级表现为重体力劳动时感到呼吸困难、胸痛，轻度干咳，4级表现为中等体力劳动或平常工作时感觉呼吸困难、胸痛，带痰咳嗽，1~3级表现为做一般工作甚至休息时也感到呼吸困难、胸痛，连续带痰咳嗽，行动困难。

3. 煤矿尘肺病的预防

预防煤矿尘肺病的关键就是降低工作场所的矿尘浓度，使其符合《煤矿安全规程》规定的标准，为此要采取综合防尘措施。所谓综合防尘措施，就是湿式凿岩、通风除尘、爆破喷雾、装岩洒水、冲洗岩帮与个体防尘等多种措施的综合。

二、作业环境与职业健康

1. 国家有关工作环境的防护和治理的法律法规

为了保证劳动者的身体健康和应享有的合法权益，党和政府十分重视企业生产作业环境的防护和治理工作，50多年里，颁布了40余份相关的法律和法规，主要有《国务院关于加强防尘防毒工作的决定》《中华人民共和国尘肺病防治条例》《中华人民共和国矿山安全法》《中华人民共和国劳动法》《煤矿安全监察条例》和《中华人民共和国职业病防治法》等。

上述各种法律、法规表明了我国职业卫生的管理、防护、治理已经和国际接轨，并且达到了国际先进水平。

2. 作业场所空气环境的有关规定

《煤矿安全规程》对作业场所空气中粉尘（总粉尘、呼吸性粉尘）浓度作了明确的规定，见表4—1。

表4—1　　作业场所空气中粉尘浓度标准

粉尘中游离二氧化硅含量(%)	时间加权平均容允许浓度(mg/m^3)	
	总尘	呼吸性粉尘
<10	4	2.5
10~50	1	0.7
50~80	0.7	0.3
≥80	0.5	0.2

3. 生产作业场所进行粉尘监测的规定

《煤矿安全规程》规定：煤矿必须对生产性粉尘进行监测，并遵守下列规定：

（1）总粉尘浓度，井工煤矿每月测定 2 次；露天煤矿每月测定 1 次。粉尘分散度每 6 个月测定 1 次。

（2）呼吸性粉尘浓度每月测定 1 次。

（3）粉尘中游离 SiO_2 含量每 6 个月测定 1 次，在变更工作面时也必须测定 1 次。

（4）开采深度大于 200 m 的露天煤矿，在气压较低的季节应当适当增加测定次数。

4. 煤矿职业危害的防治

职业危害是指劳动者在不良的生产环境和劳动条件下工作时，由生产过程、劳动过程中产生的可能影响劳动者健康的诸因素。在煤矿生产中，职业危害主要是粉尘、毒物、噪声、振动、高温、高压、高湿、劳动强度过大、作业空间狭小、气流中含氧量低等。

为搞好煤矿职工的劳动保护，控制和消除煤矿粉尘、毒物、噪声、高温等职业危害，预防尘肺病的发生，保护煤矿职工安全与健康，煤矿企业应该加强职业危害的防治和监察工作。

（1）加强对职业危害防治工作的领导，建立健全煤矿职业危害防治和监察管理机构。

（2）健全和完善煤矿职业危害防治制度，严格贯彻执行国家有关法规。

（3）执行煤矿个体呼吸性粉尘监测系统实施办法，严格贯彻呼吸性粉尘送样和检测要求。

（4）加强尘肺病防治、康复检查和尘肺病普查，搞好尘肺病的防治工作。

（5）认真履行职责，强化对防尘、粉尘监测工作的监察。

（6）做好职业危害防治统计分析工作，及时上报职业危害防治和统计分析情况。

思考练习题

1. 什么叫矿尘？矿尘的危害有哪些？
2. 煤尘爆炸的特征和危害有哪些？
3. 煤尘爆炸的条件及预防措施有哪些？
4. 试述 AFQ-20A 型矿用粉尘采样器的工作原理和使用方法。
5. 煤矿井下粉尘测定时间的规定有哪些？
6. 煤矿尘肺病的种类有哪些？
7. 煤矿尘肺病的预防措施有哪些？
8. 什么是职业危害？煤矿职业危害的防治措施有哪些？

第五章 矿井水灾防治

学习目标

了解矿井涌水的水源、水灾成因及矿井水开发和利用，掌握矿井水灾防治要点和透水事故的应对措施；能准确、及时地发现矿井透水预兆并采取积极、正确的应对措施。

矿井建设和生产过程中，常有渗水或涌水现象。这种水量如果超过矿井正常的排水能力，矿井采场巷道可能会被淹，造成矿井水灾，导致生产中断，采矿设备、设施被淹，人员伤亡。因此，做好矿井水灾事故的防治工作极为重要。

第一节　矿 井 水 源

在矿井建设和生产过程中，地面水和地下水都可能通过各种通道涌入井下，把所有涌入矿井的水统称为矿井水。矿井在建设和生产过程中，地面水和地下水通过裂隙、断层、塌陷区等各种通道涌入矿井，当矿井涌水超过正常排水能力时，就会造成矿井水灾，通常也称为透水。为了保证矿井建设和生产的正常进行，必须采取各种措施防止水进入矿井，或将进入矿井的水排至地表。前者叫防水，后者叫排水。

一、矿井涌水的水源

1. 地面水源

（1）大气降水

大气降水的主要形式是降雨和降雪。地面的降雨和降雪将成为地下水的主要补给来源，同时它又能通过各种涌水通道直接进入矿井中。

1960年，某矿南小井，因暴雨袭来，河水猛涨，洪水从暖风硐灌入井下，吞没了整个小井，造成死亡10人的惨剧。

大气降水对矿井涌水量的影响，有着明显的地区差别和季节性特点：

1）大气降水量大的地区，矿井的涌水量也较大；大气降水量少的地区，矿井的涌水量也较少。

2）同一矿井不同季节涌水量不同，雨季时矿井涌水量增大，旱季时减少。

（2）地表水

地表水是指在地球表面的江河、湖泊、沼泽、水库、池塘、洼地等处聚积的水源。地表水可以通过井巷、塌陷裂缝、断层、裂隙、溶洞和钻孔等直接流入井下，造成水灾，如图 5—1 所示；也可以作为地下水的补给水源，经过地下水与井巷的通路流入井下，造成水灾，如图 5—2 所示。我国的阜新、抚顺、京西、涟邵等矿区都曾发生过由于地表水灌入矿井而导致的水灾事故。

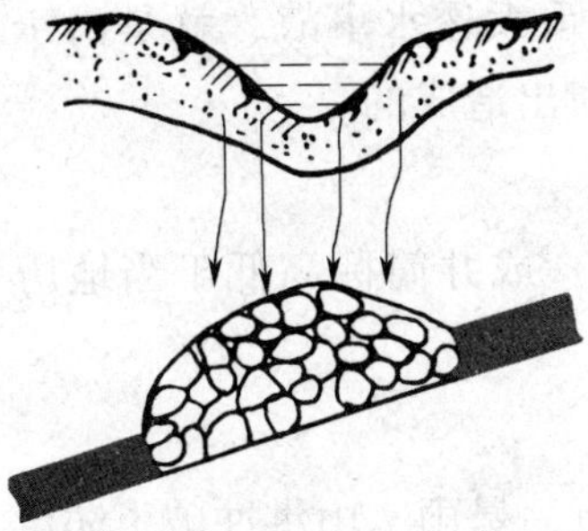

图 5—1　地表水直接流入矿井

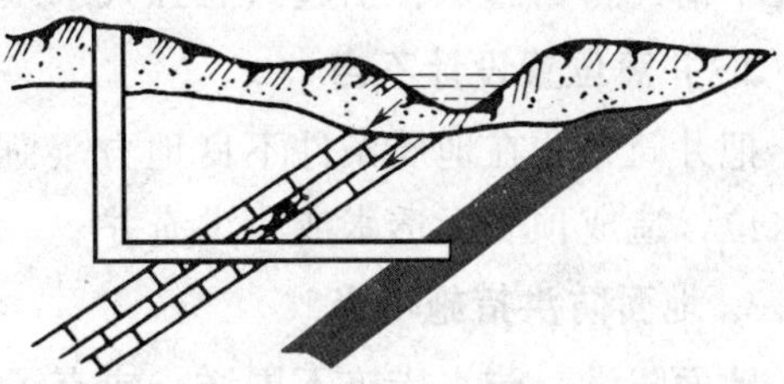

图 5—2　地表水作为地下水的补给水源流入矿井

2007 年 8 月 17 日，山东省新泰市华源矿业公司因柴汶河河岸决口，引发溃水淹井，导致 172 人遇难。

2. 地下水源

（1）含水层水

含水丰富的岩层称为含水层，如流沙层、砂岩层、砾岩层和具有喀斯特溶洞的石灰岩层等。当掘进巷道穿透含水层或回采工作面放顶后所形成的岩石裂缝与这些含水层相通时，含水层水就将涌入矿井。含水层水的特点是水压高、水量大、来势猛，特别是当它与地面水源连通时，对矿井生产的威胁更大。

（2）断层水

断层破碎带内的积水称为断层水。当掘进巷道或回采工作面与之沟通时，就可能造成涌水事故。特别是当断层与地面水源或含水层沟通时，造成水灾的危害将更大，如图 5—3 所示。

图 5—3　地表水或含水层水经断层进入矿井

3. 老空水

废弃的井巷、古井、小窑和采空区内的积水称为老空水。老空水的特点是压力大，积水量多，来势凶猛，且常伴有大量的有害气体（二氧化碳、硫化氢等）。如果开采时与之相通，就会造成透水事故，有害气体将使人中毒。所以，当井田范围内有老空积水时，应特别注意防治。

2005年4月24日，吉林吉安煤矿、腾达煤矿发生的特别重大透水事故，就是由于违法开采防水煤柱，引起采空区积水泄出导致的。

二、造成矿井水灾的原因

造成矿井水灾的原因，在于水文情况不清、防水设计不当、防水措施不力、管理不善和人的思想麻痹及“三违”行为，具体有以下几点：

1. 水文资料不清就盲目施工

施工者对井田内的水源分布情况、相互连通关系等水文地质资料不清楚，或者掌握不准确，就盲目进行施工，致使当生产接近老空、充水断层、强含水层、溶洞等水源时，没能引起足够注意，没有采取必要的探放水措施，造成突水淹井或人身事故。

2004年12月12日，贵州思南天池煤矿发生的特别重大透水事故，就是由于水文地质情况不清，盲目施工，引起具有强大水压的岩溶溶洞水溃出造成的。

2. 井筒位置设计不当

把井筒布置在地质条件不良地方（强含水层附近等）或井筒标高低于当地历年最高洪水水位，造成顶底板透水或泄洪淹井。

3. 地面防洪措施不当

地面防洪、防水措施不周详，或有了措施不认真执行，暴雨、山洪冲破了防洪工程，洪水由井筒或塌陷区裂缝大量灌入井下，造成水灾。

1993年8月5日，山东临沂罗庄镇龙山煤矿遭受特大暴风雨袭击，古井塌陷，发生特大透水事故，矿井被淹，59名矿工遇难，其中副矿长2名，总技术员1名，科长3名，队长2名。

4. 施工质量差

管理不善，施工质量低劣，平巷掘进腰线忽高忽低，致使井巷塌落、冒顶、跑沙，导通顶板含水层而发生透水事故。

1982年12月，某矿一井发生突水事故，就是因为施工质量差，采区绞车房碹顶未填实，后来逐渐冒落，冒通了流沙层，在流沙层的作用下继续向上冒落，直至冒通了地面水库，水库中约4 000 m^3水全部灌入井下，发生了重大水灾。

5. 乱采乱掘破坏防水煤柱（岩柱）或不留防水煤柱

矿井施工不留防水煤柱或乱采乱掘破坏防水煤柱（岩柱）而造成透水事故，特别是一些小煤窑盲目追求经济效益，不顾及防水安全和大矿的安危，不留防水煤柱冒险生产或乱采隔离煤柱，致使透水事故时有发生。

江苏徐州矿务局某矿一号井108水采工作面，设计防水煤柱标高0 m，回采达到19 m，超限开采破坏防水煤柱19 m，致使上方抽冒，形成地面“掉小井”，地表水夹带黄色亚黏土、黏土等物质溃入井下造成淹井，停产56天，死亡9人。

6. 技术差错造成事故

由于对断层附近、生产矿井与废弃矿井之间、采空区与新采区之间是否留设煤柱和确定煤柱尺寸时出现技术决策错误，该设煤柱的没有设，或所留设的煤柱尺寸太小，起不到应有的作用，导致矿井水灾发生。另外，测量误差或探水钻孔方向偏离，没有准确掌握水源位置、范围、水量和水压等技术参数；或者是巷道掘进方向偏离探水钻孔方向，超出了钻孔控制范围，与积水区掘透等技术差错也会导致涌水事故。

2007 年 3 月 10 日 20 时 44 分，辽宁抚顺老虎台煤矿发生特大透水事故，造成 22 人死亡、7 人下落不明。该矿对工作面上部采空区积水情况掌握不清楚，更没有采取有效防范措施，工作面放顶煤后与上部 68002#西工作面采空区沟通，上部采空区老塘积水突然涌出，导致事故发生。

7. 麻痹大意强行违章

许多事例说明，造成水灾的主要原因不是由于地质资料不清或技术措施不正确，而是由于忽视安全生产，思想上麻痹大意，丧失警惕，由违章作业。某矿对 1956~1966 年发生的几起水灾事故的分析表明：由于勘探资料不足，矿井地质构造和水文情况不清而造成的水灾事故仅占 20%；由于没有执行探放水制度，在构造破坏带违章作业，以及注浆质量不高等原因造成的水灾事故占 80%。这一统计数字进一步证明，矿井水灾事故绝大多数是由违章作业、管理不善等主观原因造成的。

2006 年 3 月 18 日 15 时 30 分，山西省吕梁市某矿井发生透水事故，当班井下作业人员 58 人，事故后 30 人自行安全出井，28 名矿工被困在井下水位以下，3 人死亡，25 人下落不明。该矿在 503 壁式工作面形成并通过验收后，又擅自从进风和回风巷向采空区侧掘进，非法采煤，由于水文地质资料不清，违章作业未采取探放水措施，掘进过程中导通该矿的老空水，造成特大透水事故。

除以上所述原因外，如果井下未构筑防水闸门，或虽有防水闸门，但在矿井发生突水事故时未能及时关闭，没起到应有的堵截水作用，也将导致水灾。井下水泵房的水仓不按时清理，容量减小；水泵的排水能力不足，在矿井发生突水时，涌水量超过排水能力，而且持续的时间很长，采取临时措施也无法补救时，矿井也会被淹没。

矿井发生突水事故的可能性总是存在，但是只要搞清水灾发生的可能原因，并有针对性地采取措施，加强管理，杜绝违章，矿井水灾是完全可以避免的。

第二节 矿井防治水

一、地面防治水

为了防止或减少大气降水和地表水涌入工业场地，以及通过渗漏区或井口进入井下，必须认真做好地面防治水工作。地面防治水是预防矿井水灾的第一道防线，对于以大气降水和地表水为主要涌水水源的矿井来说尤为重要。

要做好地面防治水工作，首先要掌握地表水的性质、特点和变化规律，其次要掌握矿区的地形、地貌和当地气候条件，要研究确定防治水措施及防排水工程。地面防治水措施可以概括为 6 个字，即“排、疏、堵、填、蓄、查”。

1. 排

排，即排泄山洪、排放积水。

（1）挖沟排洪

矿井井口和工业场地内建筑物的高程，必须高出当地历年最高洪水位，在山区还必须避开可能发生泥石流、滑坡的地段。井口及工业场地内建筑物的高程低于当地历年最高洪水位时，必须修筑堤坝、沟渠或采取其他防排水措施，以防暴雨山洪从井口灌入井下。

当矿井四周环山或依山而立时，山洪极易灌入井下，甚至淹没矿井。这时应根据水流的方向在矿井的上方挖排洪沟，使暴雨山洪泄入排洪沟，并引至井田以外，如图 5—4 所示。

江苏徐州某矿三面环山，每到雨季均遭洪水危害，后来在井口外围修了约 10 多千米的排水沟，消除了山洪威胁，保证了安全生产。

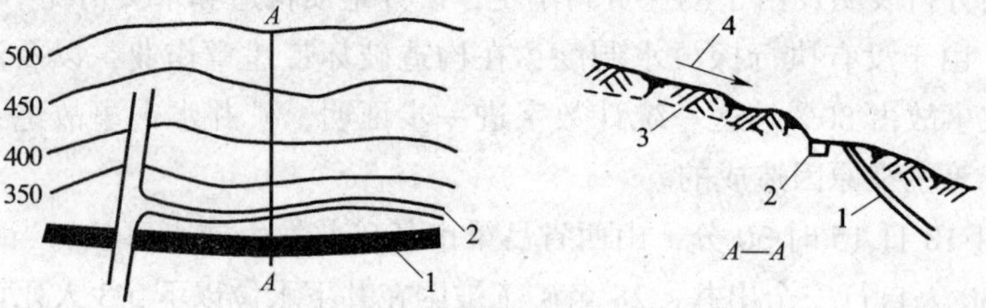

图 5—4　挖沟排洪

1—煤层露头　2—排洪沟　3—潜流　4—山洪流向

（2）排泄矿区内的积水

对矿区内面积较大的洼地、塌陷区及池沼等积水区内的积水，可开凿排水沟渠排泄积水，如图 5—5 所示，也可修筑围堤防止积水，必要时可安设排水设备排除积水，以减少对矿井的威胁。

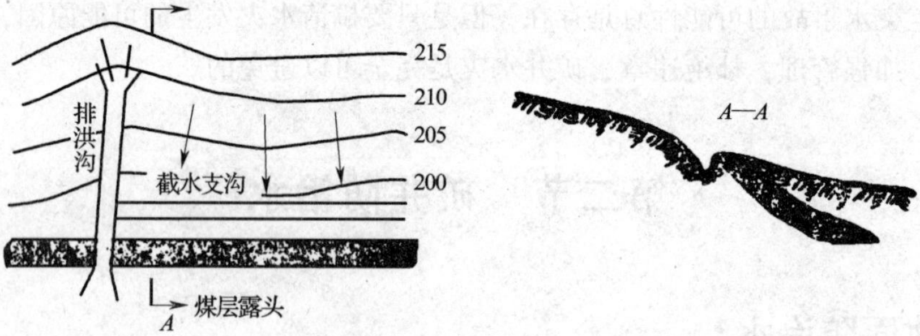

图 5—5　挖排水沟渠

（3）设置排洪站

对于洪水季节河水有倒流现象的矿区，应在泄洪总沟的出口处建立水闸，设置排洪站，以备河水倒灌时用水泵向外排水。

2. 疏

疏，即疏干或迁移地表水源。

当井田范围内存在有江河、湖泊、沟渠等地表水，且煤体上部无足够厚度的隔水地层时，应尽可能地将这些地表水源疏干或迁移。如徐州某矿为防止地表水进入矿井，将流经井田范围内的不老河改道疏干或迁移，如图 5—6 所示，可以彻底解除地表水对矿井的威胁。

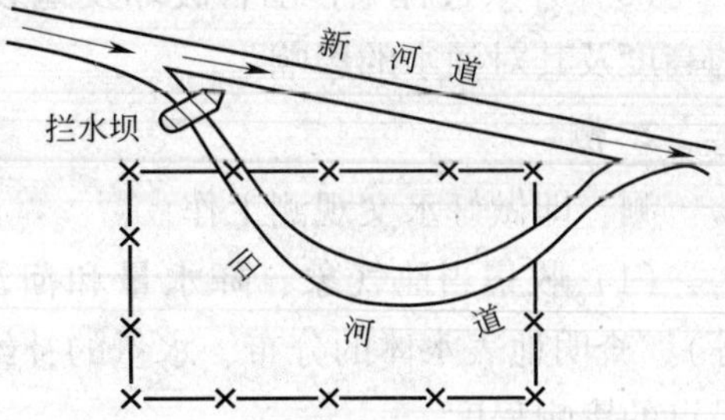

图 5—6　改迁河道

3. 堵

堵，指加固河床堵渗漏，灌注浆液堵通道。

当经过井田范围内的河流（或冲沟、渠道），其河床渗水性强，能导致大量河水渗入井下时，则应采取局部或全部铺底的办法加固河床，以制止或减少河水渗（漏）入井下。

北京某矿对 4.4 km 的主沟渠采取大规模铺底防漏措施，对防止地表水漏入井下起到了重要作用。

对于可能将地面与井下连通的基岩裂隙、溶洞、废钻孔及古井老窑等，都必须灌注水泥砂浆或用黏土填平夯实，以防漏水。

4. 填

填，是指充填、平整洼地。

对于矿区内容易积水但面积不大的洼地、塌陷区，可用黏土充填、并夯实，使之高出地面，排出或防止积水。

5. 蓄

蓄，是指在井口和工业场地上游的有利地形建筑水库，雨季前把水放到最低水位，以争取最大蓄洪量，减少降雨对矿井的威胁。

6. 查

查，是指加强地面防水工程的检查。在雨季到来之前，对地面防水工程应做全面检查，发现问题及时处理。此外，在雨季期间还应做好防洪宣传组织工作，充分发动群众，以便有领导、有组织、有计划地同洪水做斗争。

二、井下防治水

井下防治水措施亦可概括为 6 个字，即“查、测、探、放、截、堵”。

1. 查

查，即查明水源和通道。为了查明水源和可能涌水的通道，应掌握以下几种情况。

（1）冲积层的组成及厚度，各分层的含水性及透水性。

（2）裂隙和断层的位置、错动距离、延伸长度、破碎带范围、含水情况和导水性能。

（3）含水层与隔水层的位置、数量、厚度，各含水层的涌水量、透水性及其与开采煤层的距离。

（4）老窑、古井和现在正开采的小煤窑的位置分布、开采范围、开采深度和积水情况，废弃钻孔的处理情况等。

(5) 开采过程中，围岩破坏及地表塌陷情况，观测岩层垮落带、断裂带、沉降弯曲带的高度及其对涌水的影响。

2. 测

测，即做好水文观测工作。

(1) 收集当地气象、降水量和河流水文资料（流速、流量、水位、枯水期和洪水期等），查明地表水体的分布、水量的补给、排泄条件，查明洪水泛滥对矿区、工业广场及居民点的影响程度。

(2) 通过探水钻孔和水文观测孔，观测各种地下水源的水位、水压和水量变化，分析水质，查明矿井水的来源及其补给关系。

(3) 观测矿井涌水量及其季节性变化规律等。

3. 探

探，即井下探水。

(1) 坚持"预测预报、有疑必探、先探后掘、先治后采"的防治水原则

◎ 相关法规

《煤矿安全规程》规定：煤矿防治水工作应当坚持"预测预报、有疑必探、先探后掘、先治后采"基本原则，采取"防、堵、疏、排、截"综合防治措施。

在掘进施工过程中，必须分析推断前方是否有疑问区，有则采取超前钻探措施，探明水源位置、水压、水量及其与开采煤层的距离，以便采取相应的防治水措施，确保安全生产。

(2) 必须探水前进的情况

1) 接近水淹或可能积水的井巷、老空区或者相邻煤矿时。

2) 接近含水层、导水断层、溶洞和导水陷落柱时。

3) 打开隔离煤柱放水时。

4) 接近可能与河流、湖泊、水库、蓄水池、水井等相通的导水通道时。

5) 接近有出水可能的钻孔时。

6) 接近水文地质条件不清的区域时。

7) 接近有积水的灌浆区时。

8) 接近其他可能突（透）水的区域时。

◎ 相关法规

《煤矿安全规程》规定：采掘工作面遇到上述情况之一时，应当立即停止施工，确定探水线，实施超前探放水，经确认无水害威胁后，方可施工。

(3) 探水作业参数

1) 探水起点。探水起点有下列 4 种不同情况。

①当老空、老巷、废弃硐室等积水区的位置准确且水压不超过 981 kPa 时，探水起点至

积水区的最小距离：煤层中不得小于 30 m，岩层中不得小于 20 m。

②对矿井的积水区，虽有图纸，但不能确定积水区边界位置时，探水起点至推断的积水区边界的最小距离不得小于 60 m。

③掘进巷道附近有断层或陷落柱时，探水起点至最大摆动范围预计煤柱线的最小距离不得小于 20 m。

④石门揭开含水层前，探水起点至含水层的最小距离不得小于 20 m。

2）钻孔深度与超前距离。采用边探边掘时，探水钻孔的孔底位置，必须始终保持超前掘进工作面一定距离，如图 5—7 所示。这样就留有相当厚度的岩柱，以确保掘进工作的安全。

超前距离一般不小于 20 m。在薄煤层中可适当缩短，但最小不得小于 5 m。岩层中的探水钻孔，保护岩柱应留 5 ~ 10 m。钻孔深度一般为 40 m 左右，这样每打一次钻，可以连续掘进 20 ~ 30 m。

3）钻孔直径与数目。一般是利用探水钻孔放出积水，因此钻孔直径的大小，要求既能使积水顺利排出，又能防止冲垮煤壁，故探水钻孔直径以不大于 75 mm 为宜。

探水钻孔的数目不少于 3 个，1 个中心孔，2 个帮孔，其方向应保证在工作面前方的中心和上、下、左、右都能起到探水作用。

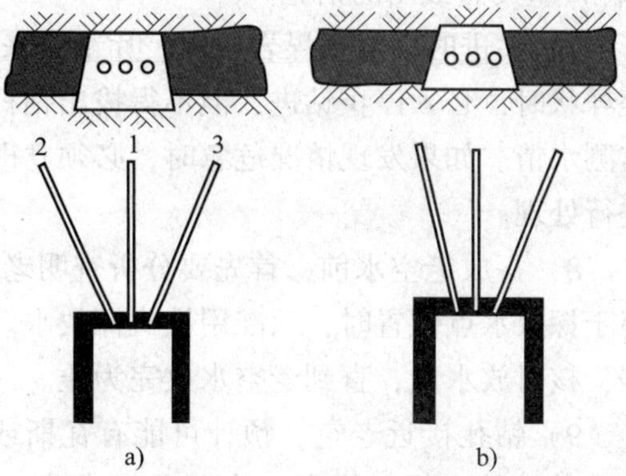

图 5—7 探水钻孔布置

a）扇形探水钻孔布置 b）半扇形探水钻孔布置

1—中心孔 2、3—帮孔

4）钻孔布置。探水效果的好坏与钻孔的布置方法有很大关系，因此应根据具体条件采用不同的布置方法。

在缓倾斜薄煤层中，如掘进上山巷道，探水钻孔应布置成扇形，如图 5—7a 所示；如为平巷掘进，探水钻孔应在上帮方向布置成半扇形，如图 5—7b 所示。钻孔之间的夹角一般为 10° ~ 15°，开始探水时可打 5 ~ 7 个钻孔，以后根据情况可适当减少，但不能少于 3 个。

在急倾斜薄煤层中掘进巷道探水时，钻孔应沿煤层布置成扇形。

（4）探水作业的安全措施

为了保证探水人员和矿井生产的安全，探水时应遵守下列安全措施。

1）加强钻场附近的巷道支护，并在工作面迎头打好坚固的立柱和拦板。

2）清理巷道，挖好排水沟，如图 5—8 所示。探水钻孔位于巷道低洼处时，必须配备与探放水量相适应的排水设备。

图 5—8 大巷排水沟

3）在打钻地点或其附近安设专用电话。

4）测量和防探水人员必须亲临现场，依据设计，确定主要探水孔的位置、方位、角度、深度，以及钻孔数目。

5）预计水压较大的地区，探水钻进之前，必须先安好孔口管和控制闸阀，进行耐压试验，达到设计承受的水压后，方准继续钻进。特别危险的地区，应有躲避场所，并规定避灾路线。

6）钻孔内水压过大时，应采用反压和防喷装置的方法钻进，并有防止孔口管和煤（岩）壁突然鼓出的措施。

7）钻进时，发现煤岩松软、片帮、来压或钻孔中的水压、水量突然增大，以及有顶钻等异状时，必须停止钻进，但不得拔出钻杆，现场负责人员应立即向矿调度室报告，并派人监测水情。如果发现情况危急时，必须立即撤出所有受水威胁地区的人员，然后采取措施，进行处理。

8）探放老空水前，首先要分析查明老空水体的空间位置、积水量和水压。老空积水区高于探放水点位置时，只准用钻机探放水。探放水孔必须打中老空水体，并要监视放水全过程，核对放水量，直到老空水放完为止。

9）钻孔接近老空，预计可能有瓦斯或其他有害气体涌出时，必须有瓦斯检查工或矿山救护队员在现场值班，检查空气成分。如果瓦斯或其他有害气体浓度超过《煤矿安全规程》有关规定时，必须立即停止钻进，切断电源，撤出人员，并报告矿调度室，及时处理。

4. 放

放，即疏放水。疏放水就是在探明矿井水源之后，根据水源的类型采取不同的疏放水方法，有计划、有准备地将威胁矿井安全生产的水源疏放干，它是防止矿井水灾最积极、最有效的措施。下面按不同类型的水源说明其疏放水方法。

（1）疏放水方法

1）老空水疏放方法

①直接放水。当水量不大，不致超过矿井排水能力时，可利用探水钻孔直接放水。

②先堵后放。当老空水与溶洞水或其他水源有联系，动水储量很大，不堵住水源则短时间排不完或不可能排完，这时应先堵住出水点，然后排放积水。

③先放后堵。如老空水或被淹井巷虽有补给水源，但补给量不大，或在一定季节没有补给。在这种情况下，应选择时机先行排放，然后进行堵漏、防漏施工。

④先隔后放。当采区位于不易泄水的山涧或沙滩洼地之下，雨季渗水量过大时，应暂时隔离，把积水区留到开采末期处理。另外，若积水水质很坏，腐蚀排水设备，也应先暂时隔离，做好排水准备工作后再排放。

2）含水层水疏放方法

①地面疏放。在地面打钻孔或打大口径水井，利用潜水泵抽排。例如，辽源某煤矿流沙层距地面浅，通过打钻抽排流沙层中水。又如峰峰矿区，在深部有寒武系和奥陶系灰岩，含水量大，压力高（大于 147 kPa），大断层构造带附近隔水层被破坏，深部的地下

水源穿层直上，致使上部几个石炭系薄煤层灰岩含水，给井下生产带来严重威胁。查明地下水的主要通道后，就从地面打大口径水井用潜水泵排水，从而起到了疏放降压的作用。

②利用疏干巷道疏放。如果煤层顶板有含水层，可把采区巷道提前掘出，使含水层的水通过其空隙和裂隙疏放出来。若将疏水道直接布置在被疏干的含水层中，会提高疏放效果。

③利用钻孔疏放。若含水层距煤层较远或含水层较厚，可在疏水巷道中每隔一定距离向含水层打放水钻孔进行疏干。若在煤层下部，煤层的储水能力大于上部含水层的泄水量时，可利用泄水或吸水钻孔导水下泄，以疏干煤层和上部含水层，这是一种理想、经济的疏干方法。

④巷道与钻孔结合疏放。在水文地质条件复杂的矿区，如喀斯特发育的矿区，因喀斯特发育程度不同，采用疏放措施也不同，要根据具体条件布置疏干巷道和疏干钻孔。

例如，徐州某矿区在喀斯特发育的区域用石门集中疏干（包括利用突水点），在喀斯特不发育的区域则用钻孔分散疏干降低水位。

（2）疏放水注意事项

1）探到水源后，水量不大时，一般可用探水孔放水；水量很大时，需另打放水钻孔。放水钻孔直径一般为50~75 mm，孔深不大于70 m。放水钻孔的孔口必须安装套管加固。如果煤质松软，水压较大时，还应对巷道全断面进行加固。

2）钻孔放水前，必须估计积水量，根据矿井排水能力和水仓容量，控制放水流量。

3）放水时，必须设专人监测钻孔出水情况，测定水量、水压，做好记录。若水量突然变化时，必须及时处理，并立即报告矿调度室。

4）排除井筒和下山的积水以及恢复被淹井巷前，必须有矿山救护队检查水面上的空气成分，发现有害气体，必须及时处理。

排水过程中，如有被水封住的有害气体突然涌出的可能，必须制定安全措施。

5）在放水设计中，应规定好人员撤退路线，并保证路线畅通，沿途照明良好。

5. 截

截，即截水。在探到水源后，由于条件所限无法放水，或者虽能放水但不合理时，便利用防水墙、防水闸门、防水煤柱或岩柱等设施，永久地或临时性地截住水源，将采掘区与水隔开，使局部地点涌水不至于威胁其他区域。

（1）防水墙

防水墙是井下防水、截水的一种设施。用于隔绝积水区（水源）或有透水危险的区域。

1）防水墙的种类和结构。根据服务时间的长短和作用的不同，防水墙可分临时性防水墙和永久性防水墙两种。临时性防水墙作为应急之用，为砌筑永久性防水墙服务。根据所用材料的不同，防水墙可分为木制防水墙、砖或石料防水墙、钢筋混凝土防水墙。根据形状不同，防水墙可分为平面形防水墙、圆柱形防水墙、球面形防水墙和多段形防水墙。平面形防水墙虽抗压能力较低，但构造简单，施工容易。煤矿常采用平面形砖砌防水墙，并用水泥抹面。圆柱形或球面形防水墙虽抗压能力较高，但修建施工困难；当水压特别大时，可采用多段形防水墙。

防水墙的厚度，可按最大水压、围岩和构筑材料的允许强度进行计算。平面形防水墙厚度一般不小于巷道宽度的一半。

2）建筑防水墙时的注意事项

①在建筑防水墙的地点，其岩石应坚固没有裂缝，如果有风化松软的岩石，应全部除掉。

②防水墙的四周要用手镐或风镐掏槽，直到槽掏至完整的煤体或岩体中。施工中禁止爆破，以防震动造成裂缝。

③防水墙应尽量选择在断面小的巷道中构筑，以减少费用并缩短工期。

④建防水墙时，要在四周留出灌浆孔，墙建起后四周灌注水泥砂浆，使四周围岩与防水墙紧密结合在一起，以防漏水。

⑤防水墙应有足够的厚度，以确保支撑水的压力。为了防止防水墙受硫酸钙、碳酸钙、氧化钙的腐蚀破坏，可用铝钙水泥构筑防水墙的前一部分（即与水接触部分）。这一部分的厚度为 2 m 左右。

（2）防水闸门

防水闸门类似风门，如图 5—9 所示，设置在发生突水时需要堵截而平时需要行人和通车的巷道中。它是防止水灾的重要工程，不少矿井就是靠防水闸门避免了淹井事故的发生。

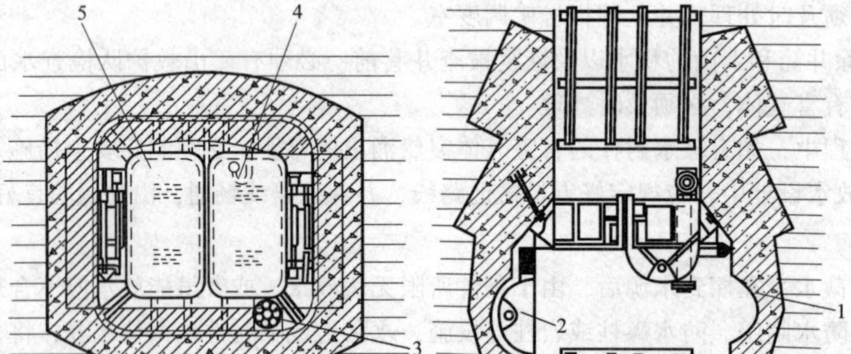

图 5—9　防水闸门

1—混凝土墙垛　2—门扇　3—放水管　4—放气管　5—压力表

1）防水闸门的结构。如图 5—9 所示，防水闸门是由混凝土墙垛 1、门扇 2、放水管 3、放气管 4 和压力表 5 等组成。门框的尺寸大小应满足运输方面的要求，一般宽为 0.9～1.0 m，高为 1.8～2.0 m。门扇视具体情况采用单扇或双扇。门扇亦有单层与双层之别，根据需要选用。门扇一般是平面形的，当水压较高，为 2 452～2 942 kPa 时，可采用球面形门扇，以增加其抗压能力。

2）防水闸门的设置地点及目的。在井底车场设置防水闸门的目的是：保护井筒、井底车场和排水设施不被水淹，便于恢复生产。在有突水危险地区设置防水闸门的目的是：进行分区隔离，在采区或巷道发生突水时，阻止灾情扩大。

◎ 相关法规

《煤矿安全规程》规定：水文地质条件复杂、极复杂或者有突水淹井危险的矿井，应当在井底车场周围设置防水闸门或者在正常排水系统基础上另外安设由地面直接供电控制，且排水能力不小于最大涌水量的潜水泵。在其他有突水危险的采掘区域，应当在其附近设置防水闸门；不具备设置防水闸门条件的，应当制定防突（透）水措施，报企业主要负责人审批。

3）防水闸门的建筑要求。《煤矿安全规程》规定，防水闸门应符合下列要求。

①防水闸门必须采用定型设计。

②防水闸门的施工及其质量，必须符合设计。闸门和闸门硐室不得漏水。

③防水闸门硐室前、后两端，应当分别砌筑不小于 5 m 的混凝土护碹，碹后用混凝土填实，不得空帮、空顶。防水闸门硐室和护碹必须采用高标号水泥进行注浆加固，注浆压力应当符合设计。

④防水闸门来水一侧 15～25 m 处，应加设 1 道挡物箅子门。防水闸门和箅子门之间，不得停放车辆或者堆放杂物。来水时先关箅子门，后关防水闸门。如果采用双向防水闸门，应在两侧各设 1 道箅子门。

⑤通过防水闸门的轨道、电机车架空线、带式输送机等必须灵活易拆；通过防水闸门墙体的各种管路和安设在闸门外侧的闸阀的耐压能力，都必须与防水闸门设计压力相一致；电缆、管道通过防水闸门墙体时，必须用堵头和阀门封堵严密，不得漏水。

⑥防水闸门必须安设观测水压的装置，并有放水管和放水闸阀。

⑦防水闸门竣工后，必须按设计要求进行验收；对新掘进巷道内建筑的防水闸门，必须进行注水耐压试验，防水闸门内巷道的长度不得大于 15 m，试验的压力不得低于设计水压，其稳压时间应当在 24 h 以上，试压时应当有专门安全措施。

⑧防水闸门必须灵活可靠，并每年进行 2 次关闭试验，其中 1 次应当在雨季前进行。关闭闸门所用的工具和零配件必须专人保管，专门地点存放，不得挪用丢失。

◎ 相关法规

《煤矿安全规程》规定：井下防水闸墙的设置应当根据矿井水文地质条件确定，防水闸墙的设计经煤矿企业技术负责人批准后方可施工，投入使用前应当由煤矿企业技术负责人组织竣工验收。

(3) 防水煤（岩）柱

对于矿井上下的各种水源，一般情况下都应尽量疏干或堵塞其入井通道，彻底解除水的威胁，但这样做有时是不合理或不可能的，因此采取留设一定宽度防水煤（岩）柱的方法来截住水源。

一般有下列情况时需留防水煤（岩）柱。

1）相邻矿井的分界处，必须留有防水煤柱。矿井以断层分界时，必须在断层两侧留有防水煤柱。

2）井田内有与河流、湖泊、溶洞、含水层等有水力联系的导水断层、裂隙（带）、陷落柱时，必须找出其确切位置，并按规定留设防水煤（岩）柱。

防水煤柱的尺寸应根据相邻矿井的地质构造、水文地质条件、煤层赋存条件、围岩性质、开采方法和岩层移动规律等因素，在矿井设计中规定。总的原则是：既能抵抗水的压力，确保安全生产，又要尽量减少煤炭损失。目前在煤矿生产中主要采用经验比拟法和分析计算法来确定煤柱尺寸。

已留设的防水煤柱需要变动时，必须重新编制设计，报省级煤炭管理部门审批。

严禁在各种防隔水煤柱中采掘。

6. 堵

堵，即注浆堵水：将专门制备的浆液——堵水材料通过钻孔压入地层的裂隙、溶洞或断层破碎带，使浆液扩张、凝固、硬化，达到充填堵塞涌水通道、隔离水源的目的。注浆堵水方法简便，效果较好，是防止矿井涌水行之有效的措施，故得到了广泛的应用。

一般在下列场合采用注浆堵水：

(1) 当涌水水源本身水量不大，但与其他强大水源有密切联系，单纯采用排水的方法排除矿井涌水成为不可能或不经济时。例如山东淄博某矿和河南焦作某矿等，就是在先堵住补给水源后，排干积水确保正常生产的。

(2) 当井筒或巷道必须穿过若干个含水丰富的含水层或充水断层，如果不堵住水源将给矿井建设带来很大危害，甚至不可能进行掘进时。例如峰峰矿区某立井、鸡西矿区某立井等，都是采用注浆堵水后才顺利掘进的。

(3) 当井筒或工作面严重淋水，为了加固井壁、改善劳动条件、减少排水费用时。如山东新汶某矿主、副井对井壁进行注浆后，取得了良好的效果。

(4) 某些涌水量特大的矿井，为了减少矿井的涌水量，降低常年排水费用时。

要搞好注浆堵水，首先要制订好方案，严格选择好制作浆液的材料，其次要掌握好注浆工艺，确保注浆质量，只有这样才能保证堵水的效果。

注浆材料有很多，可分为硅酸盐类浆液和化学类浆液两大类。硅酸盐类浆液有单纯水泥浆液和水泥加水玻璃（硅酸钠）浆液两种。由于水泥来源广、价格便宜、强度高，成为应用最多的注浆材料。但它的初凝时间太长，结石率低，易被水冲走。水泥加水玻璃混合浆液初凝时间可控制在 1 min 以内，结石率可达 100%。

化学类浆液黏度小，渗透能力强，凝胶时间可控制在几秒到几十分钟以内。目前国内外用得较多的是丙凝 MG-646、铬木素、MS-10 树脂和 AF-3 甲醛丙酮等。

第三节　矿井透水事故处理

一、透水预兆

实践证明，采掘工作面发生透水之前一般都有预兆。煤矿企业职工，特别是井下工作人员，熟悉和掌握这些预兆，对于即将或可能发生透水事故时及时采取对策，保证人员安全撤离险区有着重要意义。我国广大煤矿工人在与水灾进行的长期实践斗争中，总结并归纳出了许多透水预兆。

1. 一般预兆

（1）煤、岩壁“挂汗”

具有一定压力的积水透过煤岩体的细微裂隙而在采掘面煤岩壁上凝聚成水珠的现象，称为“挂汗”。透水预兆中的“挂汗”与其他原因造成的“挂汗”有所不同。

透水预兆中顶板“挂汗”，多呈尖形水珠，有“承压欲滴”之势；自燃预兆中的“挂汗”为蒸汽凝结于煤岩壁所致，多呈平形水珠；另外，井下空气中的水分遇到低温的煤岩体时，也可能聚结成水珠。区别“挂汗”现象是否为透水预兆的方法是剥离一层煤、岩壁面，仔细观察所暴露的煤、岩壁面上是否潮湿，若潮湿则是透水预兆。

（2）煤壁“挂红”

当积水中含有铁的氧化物时，上述煤岩壁上所挂的“汗”呈暗红色（铁锈使水色变得暗红），故称为“挂红”。

（3）空气变冷，煤壁发凉

水的热导率比煤岩体大，所以采掘面接近积水区域时，空气温度会骤然下降、变冷，人进入后有凉爽、阴冷之感。煤岩体的含水量增大时，其热导率增大，所以用手摸煤岩壁有发凉的感觉。

但应注意，受地热影响较大的矿井，地下水的温度较高，当采掘面接近积水温度较高的积水区时，气温反而升高。

（4）出现雾气

当采掘面气温较高时，从煤壁渗出的积水就会被蒸发而形成雾气。

（5）发出水叫声

含水层或积水区内的高压水在向煤壁裂隙挤压时，与煤壁摩擦会发出“嘶嘶”的叫声，有时能听到空洞泄水声，这是透水的危险征兆，若是煤巷掘进，透水即将发生。

（6）底板鼓起并出现渗水

淋水加大，顶板来压，底板鼓起或产生裂隙，并出现渗水。

（7）出现压力水流（或称水线）

这表明离水源已较近，应密切注意水流情况。若出水浑浊，说明水源很近；若出水清净，则水源尚远。

(8) 工作面有害气体增加

这是因为积水区常常有瓦斯、二氧化碳、硫化氢等有害气体逸散出来的缘故。

(9) 煤层发潮、发暗

原本干燥、光亮的煤层由于水的渗入，就变得潮湿、暗淡。如果挖去表面一层，里面仍然如此，就说明附近有积水。

2. 不同水源透水预兆的特点

由于水源的类型不同，出现的透水预兆也不尽相同。根据不同预兆，可以判断各类不同水源，有利于采取相应防治措施。

(1) 老空水

老空水积水时间长久，水中溶解的杂质多，水量补给较差，一般称为“死水”。其特点是出现“挂红”，水的酸度大，水味发涩，有臭鸡蛋味。这是因为铁锈使水变成暗红色，所含硫化氢有臭鸡蛋味，酸性水发涩。

(2) 断层水

断层附近岩层较为破碎，所以一般出现工作面来压、淋水增大现象。断层水一般补给比较充足，多属“活水”，很少见“挂红”，水味不涩而发甜。在岩巷中遇到断层水，有时能在岩缝中见到“淤泥”，底部出现射流，水呈黄色等。

(3) 冲积层水

在浅部掘凿井筒时，常会遇到冲积层水。如果隔离煤柱留得过小，回采工作面顶板冒落后，裂隙沟通冲积层，可导致涌水事故。其特点是一般开始时涌水量小，随后涌水量逐渐增大，水色发黄，夹有砂子。

上述预兆，并不是每次透水都全部出现，而只是出现其中几种。由于透水因素错综复杂，有时还会出现特殊情况。如某矿过断层时未出现透水预兆，只是压力增大，支柱折断，水突然涌出。又如某矿巷道上部有一盲巷通过老空，并有较厚的淤泥隔水，预兆不明显，但在巷道送过去之后引起岩石松动，突然透水。

3. 采掘工作面出现透水预兆时应采取的措施

采掘工作面出现透水预兆时，应按《煤矿安全规程》的规定，立即采取措施。

◎ 相关法规

《煤矿安全规程》规定：采掘工作面或者其他地点发现有煤层变湿、挂红、挂汗、空气变冷、出现雾气、水叫、顶板来压、片帮、淋水加大、底板鼓起或者裂隙渗水、钻孔喷水、煤壁溃水、水色发浑、有臭味等透水征兆时，应当立即停止作业，撤出所有受水患威胁地点的人员，报告矿调度室，并发出警报。在原因未查清、隐患未排除之前，不得进行任何采掘活动。

二、透水时的措施

1. 透水现场人员的行动原则

当矿井中某地点发生透水时，现场人员一定要发扬临危不惧的精神，沉着镇静、果断有序地采取有效措施妥善处理，具体要求如下。

（1）立即报告矿调度室调度人员或矿井领导。

（2）设法堵住出水点

在班、组长或老工人的指挥下，尽量就地取材加固工作面（如打木垛和堆集支柱等），设法堵住出水点，防止事故继续扩大。

（3）迅速撤离险区

如果水势太猛，无法堵住出水点，也来不及加固工作面时，则应有组织地沿着预定的避灾路线迅速撤至上一水平或地面，切莫惊慌失措误入独头下山巷道。撤离过程中，当发现有硫化氢等有害气体逸出时，要注意防止中毒。

（4）避灾待救

井下人员万一来不及撤至安全地点时，可找一独头上山，暂时避灾待救。被困待救人员应保持镇静，避免体力过度消耗。如果是多人遇险，应发扬团结互助精神，共同克服一切困难，要坚信组织上一定会设法营救，坚信一定能够安全脱险。

河北省下花园煤矿在一次透水事故中，由于各级领导和同仁的高度重视，遇险人员团结互助，经过 86 h 的排水抢救，终于掘通垮落巷道，排出了积水，使全体被困人员安全脱险。

1956 年 10 月 24 日，山西省阳泉市双河沟煤矿发生一次古窑透水事故，27 天后在低于水位 4.9 m 的独头上山巷道中的 2 人（靠吃骡肉和喝透出的水维持生命）得救。这是因为涌水使独头巷内空气被压缩，水上不去，因而能保持一段空气柱（生存空间）。

这种情况下禁止采用打钻和送道方法抢救遇险者。否则，空气泄出，使水灌入，会造成避灾人员死亡。

2. 抢救措施

矿调度室和矿井领导接到透水报告后，应迅速采取下列抢救措施。

（1）立即报告上级有关部门。

（2）通知矿山救护队做好抢险救灾准备，到达指定位置，随时调用营救遇险人员。

（3）准确核查井下工作人员，如发现有人被困在井下，首先应制定营救措施，及时组织力量，抢救遇险人员。为此，要判断人员可能的躲避地点，根据涌水量和排水能力，估计排水所需时间。当判断有人被困在高于积水面的独头上山巷道内时，必要时可通过地面钻孔向井下输送食物等。

（4）关闭有关的防水闸门，开动全部排水设备，调动一切人力、物力，争取在最短的时间内排出积水。

在关闭防水闸门时，必须清查人员是否全部撤出。对尚未关闭，但涌水量增大、水面升高时需要关闭的防水闸门，要派专人看守，检查防水闸门是否灵活、严密，清理淤渣，拆除短节轨道，做好准备，随时关闭。

（5）立即通知泵房人员，将水仓的水位降到最低程度，以争取较长的缓冲时间，井下中央主泵房如图 5—10 所示。

（6）加强通风，排出透水带来的有害气体，并经常检查其浓度变化情况。

（7）地质人员应分析、判断突水来源和最大突水量，测量涌水量及其变化，查看水井及地表水体的水位变化，判断突水量的发展趋势，采取必要的措施，防止淹没整个矿井。

（8）检查维护所有排水设施和输电线路，了解水仓现有容量。如果水中携带大量泥沙和浮煤时，应在水仓进口处的大巷内分段建筑临时挡墙，使其沉淀，减少水仓淤塞。在水泵龙头被堵塞时，应组织人员下水清除龙头上的杂物。

（9）根据涌水的发展趋势，及时通知受涌水威胁区域的人员、乃至井下所有人员迅速向安全地点转移，直至安全出井。

图 5—10 井下中央主泵房

三、恢复被淹井巷

1. 排出被淹井巷积水的方法

恢复被淹井巷的工作大致包括查清水源、堵水、排水、初整巷道、逐段恢复通风，以及进一步整修巷道和恢复生产等内容。其主要工作首先是排出积水。为了有效地排出被淹井巷中的积水，必须对水源、水量及涌水通道进行周密的调查研究，然后再采取相应的措施。

排出被淹井巷中积水的方法有两种。

（1）直接排干法

在水量不大、补给水源有限的情况下，可采取增加排水设备、加大排水能力的方法，直接将被淹井巷中的积水排干。

（2）先堵后排法

当涌水的动储量特别大，补给水源丰富，单纯采用加大排水能力的方法仍不可能排干时，则必须采取先堵住涌水通路，截断补给水源，然后再进行排水的措施。

2. 恢复被淹井巷的注意事项

（1）保持良好通风，经常检查有害气体含量。随着水位的下降，积存在被淹井巷中的有害气体如二氧化碳、硫化氢、瓦斯等可能大量泄出。因此，应事先准备好通风设备，随着排水工作的进行，保持良好通风，逐段排出有害气体。

当井筒中的瓦斯浓度达到 0.75%时，井筒应停止供电排水，加强通风，排出瓦斯。对井巷气体应定期取样分析，通常每班取样 1 次；当水位接近井底，可能泄出气体时，要求每隔2 h 取样 1 次，这时排水看泵人员应由矿山救护队员担任。

（2）严禁在井筒内和井口附近使用明火，以防井下瓦斯突然大量涌出而引起爆炸。

（3）在井筒内安装排水管或进行其他工作的人员都必须佩戴安全带和自救器。

（4）在修复井巷时，应特别注意防止发生冒顶与坠井事故。

第四节 矿井水开发利用

我国水资源的分布极不均衡，淮河以北的广大地区水资源仅占全国的 19%，而煤炭资源却占全国总量的75%，形成了北方地区的富煤贫水格局。一方面，煤矿用水极为紧张，有些矿区每日供水不足4 h，严重制约了矿山生产，影响煤炭职工的日常生活；另一方面，全国煤矿每年外排矿井涌水约$22×10^8$ m^3，利用率却不到20%，2005年矿井涌水外排总量达到$23.5×10^8$ m^3，综合利用率为23%。矿井涌水污染程度轻，处理成本低，是一笔宝贵的水资源，再利用的同时还能节省排污费和抽用地下水的水资源费，经济和社会效益显著。

一、矿井水开发的经济价值

通过对矿井水资源的研究，可利用矿井水开发饮用矿泉水。江苏徐州新河煤矿开发矿井水，该矿每天生产4 200 m^3矿泉水，可供30~35万人饮用。该项目的研究、实施取得了显著的综合效益。既为水资源短缺的徐州市提供了优质、可靠的水源基地，缓解了城市供水的紧张状况，又为该矿降压开采太原组薄煤层创造了条件。

山东新汶矿业集团潘西矿投资1 600万元，积极利用矿井水开发地热资源，夏季可以制冷，冬季可以供暖。冬季时该矿北立井的锅炉停用，工业区2 300 m^2的办公室、车间全部利用矿井水地热供暖，室内温度在18 ℃左右。经测算，一个供暖期就可节省费用75万元。

该矿-740水平的矿井水，通过直排，以平均600~800 m^3/h的流量向副立井水厂供水，通过水处理后，出水温度一年四季均为（30±2）℃范围之内，属于恒温水温。按照国际惯例，10 ℃以上的水源具有非常丰富的利用价值，如将现有的30 ℃的热水资源合理开发，提取10 ℃温差，提取的能量将达1亿kW·h，把这些能量按电能计算费用，约为5 000万元，每年可以为企业增加上亿元的附加值。

为了开发矿井水蕴藏的具有巨大经济效益的地热资源，该矿从2006年1月起，开展了地热资源利用项目的调研，4月1日开始实施工程，7月份地面工程完工。该矿井水地热资源利用工程，设计安装地热交换机组8台，总制冷量1 600 kW，总制热量3 000 kW。地热利用工程主要包括北立井地热利用工程和-740泵房降温工程两部分。其工艺流程是：矿井水进入地热交换系统（制冷系统和制热系统），机组提取水中的能量后，对北立井工业区实现冬季供暖和夏季供冷，矿井水释放完能量后，再供企业作为工业用水。

半年多的运行证明，该矿的地热资源利用系统效果明显，夏季供冷时，北立井工业区办公室的温度保持在25 ℃左右，井口入风温度在22 ℃左右，给井下降温创造了条件。冬季时北立井工业区2 300 m^2的办公室、车间的供暖，全部利用矿井水地热供暖，室内温度在18 ℃左右。不仅如此，该矿应用地热资源利用工程，将北立井井口每小时33万立方米的风量温度处理到16 ℃左右，保证井口不结冰；同时应用地热资源利用工程，在-740泵房应用后，温度由40 ℃降到了27 ℃，改善了作业环境，延长了设备寿命。

二、矿井水在矿井深部开采的降温作用

徐州夹河煤矿设计生产能力为45万吨/年，2006年核定能力为140万吨/年。矿井现有五个水平，目前矿井在-850~-1 010 m生产。在-850 m以下，围岩温度达37 ℃以上，矿井深部平均地温梯度为2.21 ℃。9435、2442工作面回采期间，冬季温度平均达31~32 ℃，夏季则高达35~37 ℃，其他季节回风流平均温度达33~34 ℃。高温对井下作业人员的工作效率、安全和健康产生了极大的影响，成为制约矿井安全生产的重要因素之一。

该矿的地温类型为基底凹陷型。其地质特点是位于稳定台块的大、中型沉降区，结晶基底较深，其上形成古生界、中生界、新生界沉积盆地。矿井实测温度数据表明，矿井开采深度小于500~600 m时，一般无明显热害现象，但随着开采深度的加大，热害问题将日趋明显。

降温换热系统（HEMS系统）是针对深井开采高温热害控制所研发的一套工艺系统。其工作原理是利用矿井各水平现有涌水，通过热量提取系统从中提取冷量，然后利用提取的冷量与工作面高温空气进行换热作用，降低工作面的环境温度，其系统流程如图5—11所示。

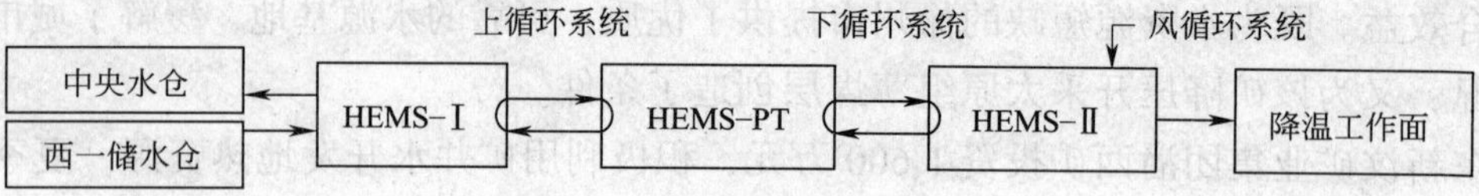

图5—11 HEMS系统流程

整个系统由上循环系统、下循环系统和风循环系统组成。其中上、下循环系统是闭路循环系统，循环介质是水体，而风循环系统是开路系统。HEMS-Ⅰ制冷工作站设计参数主要考虑降温工作面所需的冷负荷和系统运行过程中能量的损失。HEMS-Ⅱ工作站设计是根据HEMS-Ⅰ提供的冷量，通过冷量载体与风流的热交换，将采掘头面的热量置换后达到降温的效果。HEMS-PT工作站在系统中主要起到压力转换即降低设备承压的作用。

根据系统流程和各工作站运行参数的选择，其参数配置为：西一储水仓25 ℃的水进入制冷机组，水温提高到38 ℃，排入中央水仓；制冷机组从水中提取的冷能，将HEMS-Ⅰ水温降为-1 ℃，-1 ℃的水通过保温管路进入HEMS-PT变为0 ℃，0 ℃的水经HEMS-PT交换变为5 ℃，5 ℃的水返回HEMS-Ⅰ变为6 ℃。HEMS-PT内5 ℃的水通过保温管路进入HEMS-Ⅱ变为6 ℃，6 ℃的水经HEMS-Ⅱ交换变为11 ℃，11 ℃的水返回HEMS-PT变为12 ℃。HEMS-Ⅱ内6 ℃的水与30 ℃的风混合后，风温降为18 ℃，18 ℃的风经工作面系统后将工作面温度降低到26 ℃。

1. HEMS工艺系统所利用的冷源是矿井涌水，充分利用地层能，保证了资源的可持续利用，整个系统实现闭路循环，无污染，最大程度地减少废水的排放，有效保护了生态环境，具有显著的社会效益。

2. 系统设计理念新颖，技术先进。

3. 系统设置了专用降温通道，有效解决了降温过程中的混风问题。

4. 系统运用HEMS-PT压力转换装置，有效解决了管路系统和设备耐高压问题。

5. 该装置运行性能稳定，可靠性高。

6. 制冷功率大，制冷、除湿效果明显。根据实测数据，风筒出口风量达到1 490 m^3/min。HEMS-Ⅱ进风温度为31~32 ℃，出风温度为22~24 ℃，工作面温度控制在28~30 ℃，与系统运行前工作面（34 ℃）相比，系统运行后工作面温度下降4~6 ℃，工作面相对湿度最大降幅达10%。

7. 能效比高达3.81，节能效果明显。

8. 易损部件少，故障率低，使用寿命长。

9. 系统具有高压保护、低压保护、油温保护、水温过冷报警等多种保护，运行安全可靠，自动化程度高，操作方便。

该降温系统运行后，降温效果明显，工作面温度控制在28~30 ℃，降低了4~6 ℃，相对湿度降低了8%~10%，大大改善了工作面高温高湿的作业环境。提高了工人的劳动效率，平均工效提高近25%，年产生直接经济效益890多万元。同时稳定了职工队伍，经济和社会效益十分显著。

思考练习题

1. 矿井水的来源有哪些？
2. 矿井水有哪些危害？如何防治？
3. 矿井透水的预兆有哪些？如何判断透水危险性？
4. 矿井水有哪些经济价值可开发？

第六章

矿井火灾防治

学习目标

了解矿井火灾的形成原因和危害，掌握矿井火灾的扑灭方法和火灾事故的应对措施；能对火灾预兆进行早期辨识，能通过仪器准确检测矿井火灾的有关要素。

矿井火灾是煤矿主要灾害之一。矿井火灾一旦发生，轻则影响安全生产，重则烧毁煤炭资源和物资设备，造成人员伤亡，甚至引发瓦斯煤尘爆炸，扩大灾害范围。防治矿井火灾，是煤矿安全生产的重要保证。

第一节　矿井火灾成因与危害

一、矿井火灾的特点及分类

1. 矿井火灾的概念

凡是发生在矿井井下或地面，威胁到井下安全生产，造成损失的非控制燃烧，均称为矿井火灾。如地面井口房、通风机房或井下胶带着火、煤炭自燃等都是非控制燃烧，均属于矿井火灾。

2. 矿井火灾构成要素

矿井火灾发生的原因虽然多种多样，但构成火灾的基本要素归纳起来有热源、可燃物、空气 3 个方面，俗称火灾三要素。

（1）热源

具有一定温度和足够热量的热源才能引起火灾，在矿井里，煤的自燃、瓦斯煤尘爆炸、爆破作业、机械摩擦、电流短路、吸烟、烧焊及其他明火都可能成为引火的热源。

（2）可燃物

在煤矿井下，煤本身就是一个大量而且普遍存在的可燃物。另外，坑木、各类机电设备、各种油料、炸药等都具有可燃性。可燃物的存在是火灾发生的基础。

(3) 空气

燃烧就是剧烈的氧化现象。任何可燃物尽管有热源点燃，但是如果没有足够的氧气，燃烧就不能持续，所以空气的供给是维持燃烧不可缺少的条件。

火灾的三要素必须同时存在，而且达到一定的数量，才能引起火灾，这是矿井火灾发生的根本条件，缺少任何一个要素，矿井火灾就不可能发生。

3. 矿井火灾的分类

(1) 根据引火原因的不同，矿井火灾可分为外因火灾和内因火灾两大类。

(2) 根据可燃物的不同，矿井火灾可分为机电设备火灾、炸药燃烧火灾、油料火灾、坑木火灾、瓦斯燃烧火灾和煤炭自燃火灾等。

(3) 根据发火地点的不同，矿井火灾可分为井筒火灾、巷道火灾、采面火灾、煤柱火灾、采空区火灾和硐室火灾等。

4. 矿井火灾的特点

(1) 外因火灾的特点

外因火灾是由外来热源引起的。外因火灾发生突然，来势凶猛，如果不能及时发现，往往会酿成重大恶性事故。在矿井火灾总数中，外因火灾所占比例虽然较小（4%~10%），但不容忽视。据统计，煤矿重大恶性火灾事故有90%属于外因火灾，外因火灾的燃烧往往在表面进行，如果及时发现还是容易扑灭的。

(2) 内因火灾的特点

内因火灾（即煤的自燃火灾）的发生，往往伴有一个孕育的过程，根据预兆能够早期发现，但火源隐蔽，经常发生在人们难以进入的采空区和煤柱内，要想准确地找到火源确非易事，而且难以扑灭，以致火灾可以持续数月、数年，甚至数十年之久，有时燃烧的范围逐渐蔓延扩大，造成煤炭资源的巨大损失。据统计，内因火灾发生的次数占矿井火灾总次数的90%以上，因此，必须重视内因火灾的防治工作。

二、矿井火灾成因及危害

1. 外因火灾发生原因

据调查分析，形成外因火灾的原因有以下几种：

(1) 明火

井下吸烟、焊接及用电炉、大灯泡取暖等都能引燃可燃物而导致外因火灾。

(2) 电火花

由于电气设备性能不良，管理不善，如电钻、电动机、变压器、开关、插销、接线三通、电铃、打点器、电缆等出现损坏、过负荷、短路等，引起电火花，继而引燃可燃物。

(3) 违章爆破

由于不按爆破规定和放炮说明书爆破，如放明炮、糊炮、空心炮，以及用动力电源爆破，不装炮泥，倒掉药卷中的消烟粉，炮眼深度不够或最小抵抗线不合规定等，都会导致引燃可燃物而发火。

(4) 瓦斯、煤尘爆炸

因瓦斯、煤尘爆炸出现的明火可以引燃可燃物，进而引发火灾。

(5) 机械摩擦

由于机械摩擦及物体碰撞产生的火花可以引燃可燃物，进而引发火灾。

2. 内因火灾发生的原因

关于煤炭自燃的原因，人们普遍认可的是煤氧复合作用学说。其主要观点是：煤在常温下吸收空气中的氧气，产生低温氧化，释放热量和初级氧化产物，由于散热不良，热量聚积，温度上升，加速了低温氧化作用进程，最终导致自然发火。

煤炭自燃必须同时具备以下 3 个条件：

(1) 煤炭具有自燃的倾向性，并呈破碎状态堆积存在。

(2) 连续通风供氧维持煤的氧化过程不断发展。

(3) 煤氧化生成的热量能大量蓄积，难以及时散失。

3. 矿井火灾的危害

矿井火灾对煤矿生产及职工安全的危害主要有以下几个方面：

(1) 产生大量有害气体

矿井火灾对人身的危害主要是由于火灾发展过程中产生大量的有毒有害气体。煤炭燃烧会产生一氧化碳、二氧化碳、二氧化硫、烟尘等。另外，坑木、橡胶、聚氯乙烯制品的燃烧也会产生大量的一氧化碳、醇类、醛类和其他有机化合物，这些有毒有害气体随风扩散，有时可能波及相当大的区域，甚至整个矿井，从而伤及井下工作人员。据国内外统计，在矿井火灾事故中的遇难者，95%以上是死于烟雾中毒。

(2) 在火源及邻近处产生高温

发生矿井火灾时，火源及近邻处的温度常达 1 000 ℃以上，高温往往引燃邻近处的可燃物，使火灾范围迅速扩大。

(3) 能够引起瓦斯煤尘爆炸

矿井火灾不仅提供了瓦斯、煤尘爆炸的引火热源，而且由于高温的干馏作用使可燃物（如煤、木材）放出氢气、甲烷和其他多种碳氢化合物等爆炸性气体，同时火灾还可以使沉降的煤尘重新悬浮。因此，火灾往往会造成瓦斯、煤尘爆炸事故。

第二节　矿井火灾预测与控制

一、矿井火灾预测与检测

1. 人体感觉识别煤炭自燃火灾

(1) 视力感觉

煤炭自燃的初期，由于氧化生热，生成部分水蒸气，往往使巷道内湿度增加，出现雾气或在巷道壁面产生平形水珠，俗称“煤壁出汗”。但是，当井下两股温度不同的风流汇合时，汇合处也可能出现雾气，同时透水事故的前兆也会有水珠（是尖形的）出现。因此，在井下发现雾气或水珠时，要结合具体条件加以分析，才能得出正确的结论。

（2）气味感觉

煤炭从自热到自燃，氧化产物内有多种碳氢化合物，并产生煤油、汽油、焦油等物质，散发出气味，经验证明，当人们嗅到焦油味时，煤炭自燃已经发展到一定程度了。

（3）温度感觉

煤炭在自燃过程中要放出热量，因此，从该处流出的水和空气的温度较正常时高。

（4）疲劳感觉

煤炭在整个自燃过程中，都在不断地产生并放出多种有毒有害气体（主要有一氧化碳、二氧化碳），这些气体使人头痛、闷热、精神不振、不舒服，有疲劳感觉。当然，人生病时也有类似感觉。因此，当井下出现这种现象时，要结合具体情况认真分析，如果是多数人的感觉，那更要提高警惕，查明原因，以防煤层自然发火。

2. 传感器发现火灾

我国生产的火灾报警传感器分为三大类，即感温传感器、燃烧生成物传感器和电磁辐射能传感器（红外线辐射测温仪和光敏火灾探测器）。

（1）感温传感器

感温传感器感受火灾生成的热气流并做出响应，即感受某一点或沿某一条线范围的温度（定温传感器）和温升速率（差温传感器）。

热电偶、双金属片、易熔合金、半导体热敏电阻可以作为点式感温火灾传感器。目前，光纤感温火灾探测技术已开始在我国进入实用阶段。

感温传感器工作可靠，结构简单，坚固耐用，成本较低。但是，由于烟流温度随距火源距离迅速下降，所以感温传感器必须置于易发火部位附近（如带式输送机主滚筒附近），才能及时报警。

（2）燃烧生成物传感器

1）烟雾传感器。烟雾传感器包括以下几种：

①离子式烟雾传感器。放射性元素辐射的 α 射线或 β 射线，使两个电极间的空气离子化，并在两电极间形成离子电流。烟雾进入俘获离子化分子，使两电极间的离子电流减少，离子式烟雾传感器通过测量离子电流变化来了解烟雾浓度，如图 6—1 所示。

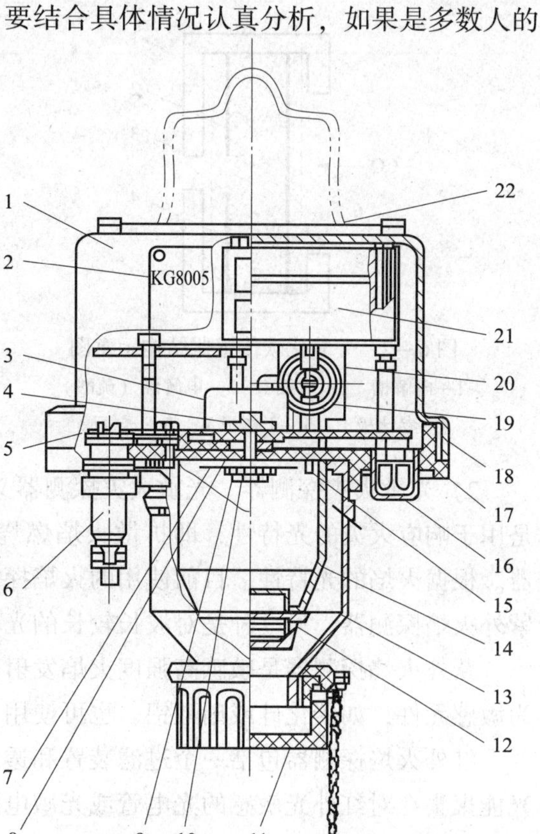

图 6—1　KG8005 型亚微粒子烟雾传感器结构简图

1—上外罩　2—铭牌　3—补偿电离室　4—补偿源　5—印制电路板　6—电缆插头　7—补充接受电极　8—中间电极　9—检测源　10—绝缘环　11—集尘螺母　12—冲击淘析器　13—下外罩　14—检测电离室　15—吸气管　16—报警灯　17—中隔盘　18—压环　19—偏心轴　20—气泵　21—无刷电动机　22—手把

②光电式烟雾传感器。光电式烟雾传感器利用烟尘减光或散光特性对光强度的影响测定烟雾浓度变化。这种传感器的工作状况受粉尘和湿度影响大，需考虑加防尘罩。井下湿度较大时，这种传感器难以正常工作。

2）一氧化碳传感器。一氧化碳传感器通过自行扩散或机械泵吸入方式感受烟流中的一氧化碳并测定其浓度。一氧化碳传感器是我国常用的一种火灾监测传感器，如图 6—2 所示。

（3）电磁辐射能传感器

1）红外线辐射测温仪。红外线辐射测温仪的测温原理是将物体发射的红外线具有的辐射能转变成电信号，红外线辐射能的大小与物体本身的温度相对应，根据转变成电信号的强弱，可以确定物体的温度。红外线辐射测温仪的外形如图 6—3 所示。

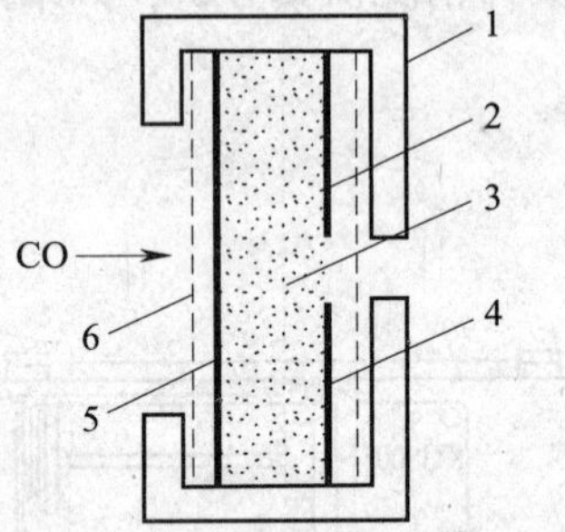

图 6—2　一氧化碳传感器结构示意图

1—电解槽　2—对极 C　3—电解液（硫酸）

4—参比极 R　5—工作极 W　6—透气膜

图 6—3　红外线辐射测温仪

2）光敏火灾探测器。光敏火灾探测器又叫感光式火灾探测器或感光式火焰探测器，它是用于响应火灾的光特性，即扩散火焰燃烧的光照强度和火焰的闪烁频率的一种火灾探测器。根据火焰的光特性，目前使用的火焰探测器有两种：一种是对波长较短的光辐射敏感的紫外火焰探测器，另一种是对波长较长的光辐射敏感的红外火焰探测器。

紫外火焰探测器是敏感高强度火焰发射紫外光谱的一种探测器，它使用一种固态物质作为敏感元件，如碳化硅或硝酸铝，也可使用一种充气管作为敏感元件。

红外火焰探测器包括一个过滤装置和透镜系统，用来筛除不需要的波长，而将收进来的光能聚集在对红外光敏感的光电管或光敏电阻上。

光敏火灾探测器宜安装在可能瞬间产生爆炸的场所，如石油、炸药等化工产品的生产、存放场所等。

3. 自然发火的早期预测预报

煤炭自然发火早期预测预报就是根据煤炭自然发火过程中出现的征兆和观测结果，判断自燃，预测和推断自燃发展趋势，给出必要的提示和警报，以便及时采取有效的防范措施。

自然发火的早期预测预报方法主要有气体分析法、测温法、光电法、电离法、烟雾法和气味检测法等。我国最常用的是气体分析法和测温法。

(1) 气体分析法

煤在氧化过程中，能使附近地区空气中的氧气浓度降低，二氧化碳含量增加，并先后出现一氧化碳和其他碳氢化合物，分析某地区的进、回风流中空气成分及其变化情况，可以判断该地区是否发生自燃现象。这是当前我国最普遍采用的预报方法。

1) 格拉汉姆火灾系数法。英国的格拉汉姆提出用流经火源或自热源风流中的一氧化碳（CO）浓度增加量与氧气（O_2）浓度减少量之比作为自燃发火的早期预报指标。其计算公式如下：

$$K_1 = 100\times\frac{C_{CO}}{\Delta C_{O_2}} = 100\times\frac{C_{CO}}{0.265C_{N_2}-C_{O_2}}$$

式中 C_{CO}、C_{O_2}、C_{N_2}——分别为回风侧采样点气样中的一氧化碳、氧气和氮气的体积分数，%。如果进风侧气样中氧氮之比不是 0.265，则应计算出进风侧氧氮浓度之比代替 0.265。

根据格拉汉姆指数预报矿井火灾时，不同的矿井有不同的临界指标。抚顺某矿（气煤）总结多年的经验，从 7 万多个气样中筛选出 431 个有发火隐患的气样，得出煤在自燃的发生、发展过程中不同阶段的格拉汉姆系数值为：预警值 $K_1 = 0 \sim 0.45$，临界值 $K_1 = 0.46 \sim 4$，报警值 $K_1 = 4.1 \sim 9$。

2) 一氧化碳绝对量法。风流中二氧化碳、一氧化碳和氧气浓度是随风量变化而变化的，因此会影响格拉汉姆火灾系数法预报的准确程度。所以，采用一氧化碳绝对量作为预报的指标，可以避免风量变化对预报的影响，一氧化碳绝对量通常称作发火系数，用 H 表示：

$$H=\frac{C_{CO}}{100}\times Q$$

式中 H——发火系数，m^3/min；

C_{CO}——自燃（或自热）区回风侧气样中一氧化碳体积分数，%；

Q——采气样处的风量，m^3/min。

上式适用于入风侧气样中不含有一氧化碳的条件下。否则，H 值应为入、排风侧气样中一氧化碳绝对量之差。

根据井下各观测区域在自燃过程的不同时期所测得的 H 值，即可分析得出预报的临界值（或称标准值），并以此进行预报工作。

3) 其他标志气体法。实验发现，煤温升高到 80～120 ℃后，会解析出乙烯、丙烯等烯烃类气体产物，而在正常的矿井大气中是不含乙烯的。因此，只要井下空气中检测出乙烯，则表明煤炭已发生自燃现象。同时，根据乙烯和丙烯出现的时间，还可推测出煤的自热温度。

目前，有的矿井还采用烯烷比（C_2H_4/C_2H_6）和链烷比（C_2H_6/CH_4）来预测煤的自热与自燃。

由于煤中热解的产物与煤的种类有密切的关系，因此，选择指标气体时一定要在实验的基础上进行，而且采用多种指标气体配合预报较为合适。

4）束管监测法。束管监测法是利用一组管缆将井下气样输送到地面，经气体选取器依次将不同测点的气样送往色谱仪进行分析，预报井下火灾的监测系统。该系统采用计算机监控连续监测，通过计算机采集气样分析数据并进行处理。

这种系统的优点是采样及时，连续监测，分析数据可靠，现已成为自然发火早期预报的主要手段之一。

（2）测温法

测温法是通过测量发热体及其周围的温度变化来反应煤的自然发火进程，从而作出预测预报。这种方法是通过在钻孔内安设温度探测器，或在某些区域内布置的温度传感器及其无线发射装置，根据测定的温度和接收到的信号变化，判断煤层是否发生自燃。

测温法也是煤自然发火监测的常用方法之一。但该方法由于受煤矿井下作业环境流动性、分散性和空间限制等因素的影响，温度监测所需监测点多，且工作量较大，采用热电偶等温度传感器时，成本高，管理困难，因此至今未能得到广泛应用。

二、矿井火灾预防及控制

1. 矿井外因火灾防治

预防外因火灾的措施关键是严格遵守《煤矿安全规程》的有关规定，及时发现外因火灾的初起征兆，并采取措施制止其发展。

（1）安全设施

1）生产和在建矿井都必须制定井上、井下防火措施。矿井所有地面建筑物、煤堆、矸石山、木料场等处的防火措施和制度，必须符合国家有关防火的各项规定，并符合当地消防部门的要求。

2）木料场、矸石山、炉灰场距进风井的距离不得小于 80 m。木料场与矸石山的距离不得小于 50 m。

3）矿井必须设地面消防水池和井下消防管路系统。井下消防管路系统应每隔 100 m 设置支管和阀门，但在带式输送机巷道中应每隔 50 m 设置支管和阀门，地面消防水池必须经常保持不少于 200 m^3的水量。

4）新建矿井的永久井架和井口房，以井口为中心的联合建筑，都必须用不燃性材料建筑。对现有生产矿井中用可燃性材料建筑的井架和井口房，必须制定防火措施。

5）进风井应装设防火铁门，防火铁门必须严密并易于关闭，打开时不妨碍提升、运输和人员通行，并应定期维修，如果不设防火铁门，必须有防止烟火进入矿井的安全措施。

（2）明火管理

1）井口房和通风机房附近 20 m 内，不得有烟火或用火炉取暖。

2）井筒、平硐与各水平的连接处及井底车场，主要绞车道与主要运输巷、回风巷的连接处、井下机电设备硐室、主要巷道内带式输送机驱动装置前后两端各 20 m 范围内都必须用不燃性材料支护。在井下和井口房，严禁采用可燃性材料搭建临时操作间、休息室。

3）井下严禁使用灯泡取暖和使用电炉。

4）井下和井口房不得从事电焊、气焊和喷灯焊接等工作。如果必须在井下主要硐室、主要进风巷和井口房内进行电焊、气焊和喷灯焊接等工作，每次都必须制定安全措施，经矿长批准，由矿长指定专人在场检查和监督，并遵守下列规定：

①电焊、气焊和喷灯焊接等工作地点的前后端各10 m的井巷范围内，应是不燃性支护，并应有供水管路，有专人负责喷水。上述工作地点应至少备有两台灭火器。

②在井口房、井筒和倾斜巷道内进行电焊、气焊和喷灯焊接时，必须在工作地点的下方用不燃性材料设施接收火星。

③电焊、气焊和喷灯焊接等工作地点的风流中，瓦斯浓度不得超过0.5%，只有在检查证明作业地点附近20 m范围内巷道顶部和支护背板后无瓦斯积存时，方可进行作业。

④电焊、气焊和喷灯焊接等工作完毕后，再次用水喷洒工作地点，并应有专人在工作地点检查1 h，发现异状，立即处理。

⑤在有煤（岩）与瓦斯突出矿井中进行电焊、气焊和喷灯焊接时，必须停止突出危险区的一切工作。

（3）可燃物管理

井下使用的汽油、煤油和变压器油必须装入盖严的铁桶内，由专人押送至使用地点，剩余的汽油、煤油和变压器油必须返回地面，严禁在井下存放。井下使用的润滑油、棉纱、布头和纸等，也必须放在有盖的铁桶内，并由专人定期送到地面处理，不得乱放乱扔。严禁将剩油、废油泼洒在井巷或硐室内。

（4）消防器材管理

1）矿井必须在井上、下设置消防材料库，并遵守下列规定：

①井上消防材料库应设在井口附近，并与轨道直达井口，但不得设在井口房内。

②井下消防材料库应设在每一生产水平的井底车场或主要运输大巷中，并应装备消防列车。

③消防材料库储存的材料、工具的品种和数量应符合有关规定，并定期检查和更换，材料和工具不得挪作他用。

2）井下爆破材料库、机电设备硐室、检修硐室、材料库、井底车场、使用带式输送机或液力偶合器的巷道，以及采掘工作面附近的巷道中，都应备有灭火器材，其数量、规格和存放地点，应在“矿井灾害预防和处理计划”中确定。

所有井下工作人员都必须熟悉灭火器材的使用方法，并熟悉本职工作区域内灭火器材的存放地点。

2. 矿井内因火灾防治

由于内因火灾隐蔽、难于扑灭，因此防治内因火灾应以预防为主。主要预防措施如下：

（1）正确选择开拓方式、巷道布置与采煤方法

开采自然发火严重的厚煤层或近距离煤层群时，尽量将运输大巷、回风大巷、采区上下山、集中运输平巷和集中回风平巷等服务时间较长的巷道布置在煤层底板的岩石中。避免高落式、房柱式等不合理的采煤方法。

（2）实行均压防灭火

矿井通风网络合理，风流稳定，漏风量小，尽量增加漏风风阻，降低漏风风路两端的风压差，如图 6—4 所示。

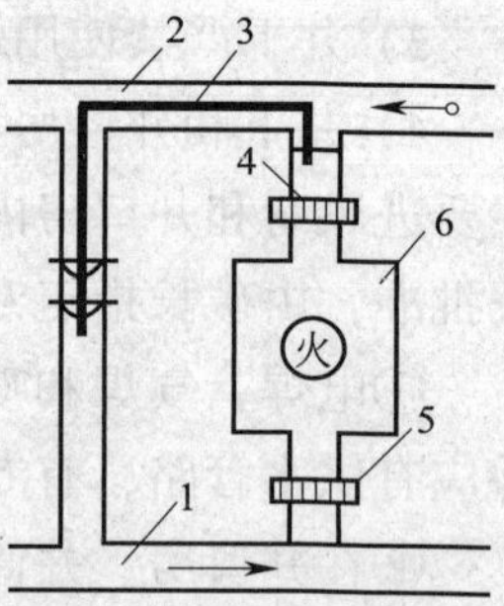

图 6—4 连通管均压

1—进风巷道 2—回风巷道 3—连通管 4—调压管 5—进风侧密闭 6—火区

（3）预防性灌浆

将水、浆材按适当的比例混合，制成一定浓度的浆液，借助输浆管路送往可能发生自燃的地区，如图 6—5 所示，其作用是隔绝碎煤与空气的接触，增加采空区密闭效果，并对已发生自燃、温度升高的煤炭有冷却作用。

（4）阻化剂防火

阻化剂是一种吸水性很强的无机盐类或某些工厂的废液、副产品。将它们喷洒在煤壁或采空区，或注入煤体内，使煤炭与氧气接触面减少，降低煤的氧化能力，同时可以起降温作用，预防煤炭自燃，如图 6—6 所示。

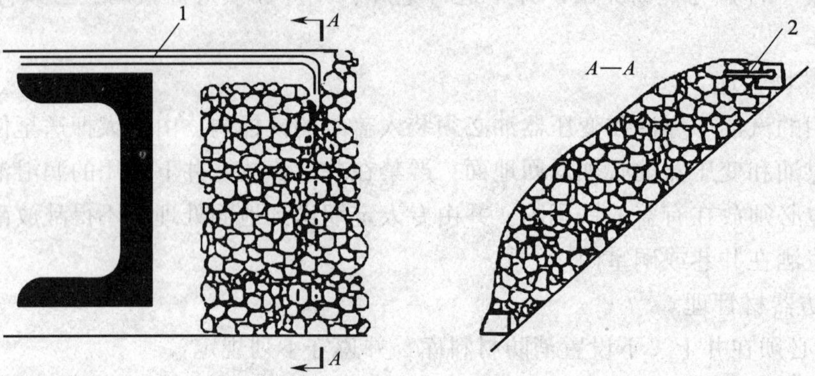

图 6—5 插管灌浆

1—灌浆管路 2—插管

图 6—6 局部发热地点注入阻化剂的工艺系统

1—阻化液矿车 2—压力泵 3—铁管 4—调节阀 5—钻孔插管 6—发热区 7—供水 8—阻化剂

(5) 惰性气体防灭火

向采空区内注入惰性气体，由于惰性气体较稳定，不助燃，可减少采空区内氧气含量，使煤炭隔绝氧气、降低氧化速度，预防自燃。

(6) 打钻孔防火

用钻机向远离现有巷道的高温点以及有发火危险的地点打钻，然后向其内注水，如空隙较大，则可先注河砂将空隙堵满，然后再注入泥浆或其他阻化剂。

(7) 挖出热源防火

直接将火源或高温炽热物挖出来，以根除火灾隐患。

3. 矿井火灾灭火方法

矿井火灾灭火方法主要有以下几种：

(1) 用水灭火

用水灭火时要有充足的水源。灭火时应先从火源外围逐渐向火源中心喷射水流，以免生成爆炸性气体产生爆炸，或生成大量的水蒸气伤害灭火人员。同时，灭火人员应站在进风侧，以防高温烟流伤人或使人中毒。用水扑灭电气火灾时应先切断电源。油类火灾不宜用水直接灭火。

(2) 用砂子或岩粉灭火

该法是用砂子或岩粉直接撒盖在燃烧物体上将空气隔绝，较多地应用于电气火灾的初期和油类火灾。

(3) 干粉灭火

该法是使用干粉灭火器（见图 6—7）、灭火手雷（见图 6—8）或灭火炮产生的化学药剂的物理化学作用扑灭火灾。

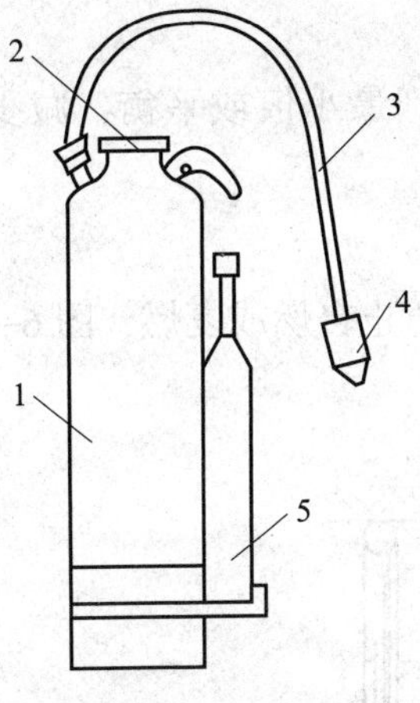

图 6—7 干粉灭火器

1—机筒 2—机盖
3—喷射胶管 4—喷嘴
5—二氧化碳钢瓶

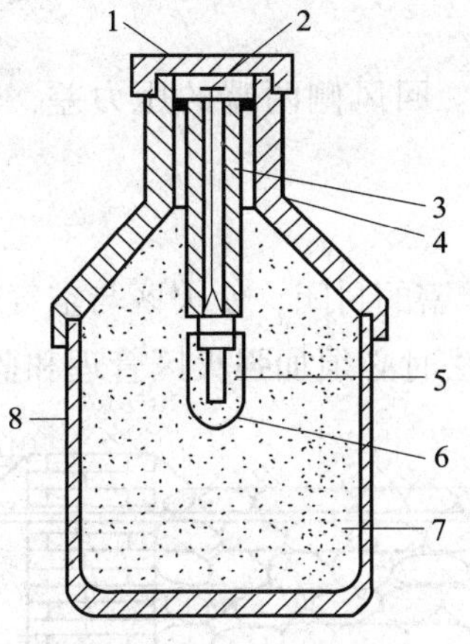

图 6—8 灭火手雷

1—护盖 2—拉火环
3—雷管固定管 4—外壳盖 5—雷管
6—炸药 7—药粉 8—胶木外壳

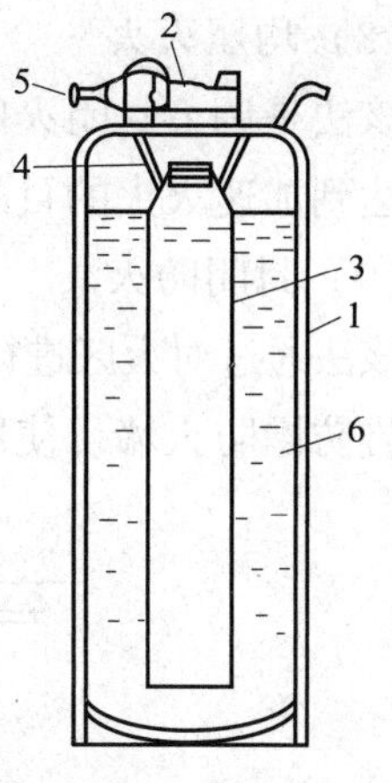

图 6—9 泡沫灭火器

1—机壳 2—机盖
3—玻璃瓶 4—铁架
5—喷嘴 6—碱性药液

(4) 泡沫灭火

泡沫灭火器（见图 6—9）是利用化学反应产生的二氧化碳覆盖在燃烧物上隔绝空气，达到灭火的目的。高倍数泡沫灭火是利用机械产生的泡沫吸收热量、隔绝空气，扑灭火灾。高倍数空气机械泡沫灭火装置如图 6—10 所示。

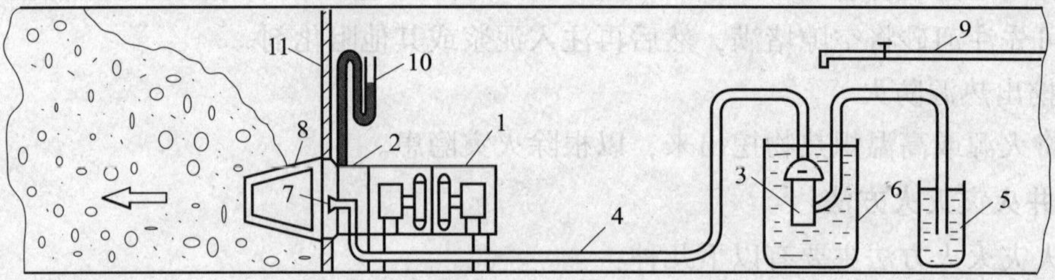

图 6—10　高倍数空气机械泡沫灭火装置

1—风机　2—泡沫发射器　3—潜水泵　4—管路　5—盛剂瓶
6—水桶　7—喷嘴　8—棉线网　9—水管　10—水柱计　11—密闭

(5) 挖除火源灭火

该法是将已经燃烧的火源挖掉，运出，达到灭火的目的。

(6) 注浆灭火

该法是向火区注入大量的浆液，充满燃烧煤体的裂隙或覆盖燃烧物表面，冷却并隔绝氧气，扑灭火灾。

(7) 惰性气体灭火

该法是向封闭的火区注入稳定的惰性气体，减少火区内氧气含量，同时增加压力，减少新鲜空气进入，阻止可燃物燃烧，达到灭火的目的。

(8) 均压灭火

该法是调节封闭火区进风侧、回风侧两端的压力差，使其达到最小值或平衡，减少漏风，达到加速灭火的目的。

(9) 封闭防火

该法通过对火区进行及时而严密的封闭，使火区与空气隔绝、防止自燃或复燃，图 6—11 为砂袋防爆防火墙。使用这种方法时必须加强火区管理和监测。

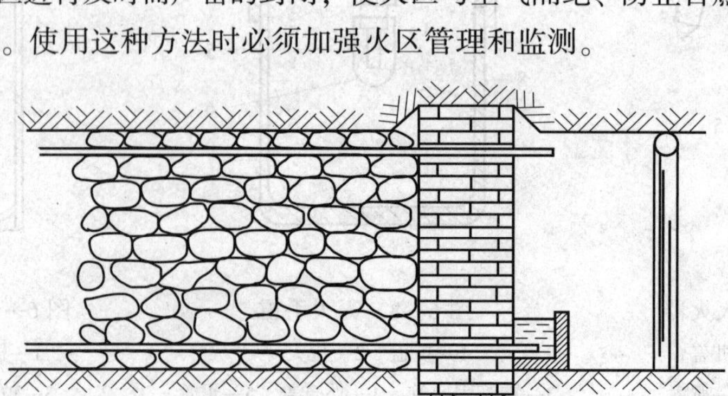

图 6—11　砂袋防爆防火墙

思考练习题

1. 什么是矿井火灾？分为哪几类？各有什么特点？
2. 煤炭自燃的条件是什么？
3. 矿井火灾的危害有哪些？
4. 人体感觉识别煤炭自燃火灾有哪些方面？
5. 自然发火早期预测预报的方法有哪些？
6. 试述一氧化碳绝对量法预测预报的方法。
7. 矿井外因火灾的预防措施有哪些？
8. 矿井内因火灾的防治措施有哪些？
9. 常用的灭火方法有哪些？

第七章

矿井其他灾害事故预防

学习目标

了解矿井地热、顶板、爆破、冲击地压等灾害的成因及特点，掌握矿井其他灾害事故预防要点；能及时、准确地对灾害早期预兆进行辨识，能积极、正确地应对相关灾害事故。

我国煤炭生产大都采用地下作业，时时会有水、火、瓦斯、矿尘等自然威胁，而且由于作业条件复杂多变和管理失控等原因，还会发生地热、顶板、爆破、冲击地压等其他灾害事故。本章通过典型案例和综合分析，系统地总结了矿井地热、顶板、爆破和冲击地压事故的发生原因和规律，对如何遏制这类事故的发生提出了有效的防治对策。

第一节　矿井地热防治

一、矿井地热危害的现状

随着矿井开采深度的不断增加，井型的不断扩大，机械化程度的不断提高，矿井地热灾害（简称热害）日趋严重。目前世界上许多国家（如南非、比利时、英国等）的矿井都进入了深部开采，有的矿井原始岩石温度已达 40~60 ℃，都遇到不同程度的热害，相继开展了大规模的矿井降温工作。一般情况下，可采用加强通风，控制与减少热源、湿源的扩散等措施，当原始岩石温度达到 32 ℃以上时，则采用机械制冷降温。近年来已经发展到全矿井地面集中制冷降温阶段。我国受热害矿井也很多，平顶山、徐州、鸡西等地的矿井都采用了井下局部制冷降温技术。我国也开展了矿井降温的研究，取得了一定的经验，并建立起多个井下集中降温系统。

由于高温热害，2006 年徐州夹河煤矿因矿井高温导致两名工人突发疾病，出现两起死亡事故。为尽快解决高温热害难题，徐州矿务局与企业联合研制了我国第一台具有自主知识产权的 ZJL1-500 型矿用隔爆兼本质安全型变频空气调节装置，该装置是目前矿井机械制冷降温较先进的设备，并在夹河煤矿 2442 工作面进行工业性试验，收到了良好的效果。

设备运行前后温度比较见表 7—1。

表 7—1　　设备运行前后温度比较　　℃

试验地点 / 运行效果	工作面进风巷	工作面上部	回风巷
运行前	30	33~34	34~35
运行后	27~28	30	30~31

二、矿井地热的形成及变化规律

地壳最表层的温度受地面温度周期性变化的影响，这种影响是随着深度的增加而逐渐减弱的；到一定深度时，这种影响基本消失，地温保持恒定。地温常保持恒定的地带称为恒温带。在恒温带以上，地温受太阳辐射热的影响而具有周期性的变化，故称为变温带。在恒温带以下，地温的变化受控于地球的内热，随着深度的增加而不断增温，故称为增温带，见表 7—2。恒温带则是变温带与增温带的分界面。

表 7—2　　徐州夹河煤矿−600 m 深度以下平均温度统计

深度(m)	点数(个)	平均温度(℃)
600	21	28.8
700	20	30.7
800	19	32.7
900	18	34.9
1 000	13	36.8
1 100	11	39.2
1 200	8	41.1

恒温带的深度大都为十余米或数十米，而矿井生产的深度大都为数百米，甚至上千米，远远深于恒温带的深度。随着温度的增加，地温增高，当地温超过某一温度时，就产生了矿井的热害问题。可以说，热害是矿井生产向深部发展过程中不可避免的。

三、高温、高湿对矿井的危害

煤矿井下高温高湿环境的危害是多方面的，是非常严重的。

1. 热害严重危及安全

井下温度高，湿度大，容易造成作业人员烦躁不安，注意力不集中，判断能力和反应能力变差，导致事故率上升。高湿热害环境是一个威胁安全生产的重要隐患。

2. 热害严重摧残作业人员的健康

在井下持续几个月 33~35 ℃（甚至更高）高温热害的情况下，容易造成施工人员热衰竭、热虚脱、热痉挛、热疲劳等现象。因为人在高温条件下从事繁重体力劳动时，如果周围环境的冷却能力不足以吸收人体散发的热量，就会造成热量在体内蓄积，过高的热环境甚至使人体的温度调节系统失调。在失水、心功能不健全、过度出汗后汗腺功能衰竭的情况下，可能进一步促使热量在体内蓄积，并导致大汗不止、体温升高、头昏、呕吐等中暑症状，甚至造成死亡。

3. 热害严重制约工作效率

由于井下存在热害，作业人员无法适应长时间的繁重劳动，一线工人必须缩短作业时间，即使这样，在工作期间，作业人员操作动作依然迟缓，且工作一段时间必须进行休息和饮水，以调整体力和补充水分。调查资料表明，以 26 ℃为基准，井下气温每升高 1 ℃，劳动生产率下降 6%～8%。

四、矿井地热的防治

◎ 相关法规

为保障矿工的身心健康和生产的安全进行，《煤矿安全规程》规定：当采掘工作面空气温度超过 26 ℃、机电设备硐室超过 30 ℃时，必须缩短超温地点工作人员的工作时间，并给予高温保健待遇。当采掘工作面的空气温度超过 30 ℃，机电设备硐室超过 34 ℃时，必须停止作业。

改善矿内气候条件的措施很多，归纳起来有两个方面。一是非人工制冷措施，即矿井通风。一般来说，在地温 31 ℃以上、37 ℃以下时，可能产生热害，但一般通风方法（即非人工风流的措施）就可以解决。二是人工制冷来冷却风流的措施，也称为矿井空气调节。在地温达到 37 ℃以上的地区，一般来说，单靠加强通风、降低温度难以达到目的，应考虑采用人工制冷降温系统。

矿井地热防治的具体措施有：加大通风强度，可以降低风温、改善气候条件；改变通风方式，将上行风改为下行风，可使工作面的风温降低 1～2 ℃；选择合理的通风系统，如缩短进风路线的长度，在巷道环境条件和风量不变的情况下，风路越短，风流升温越小。

对工作面巷道、硐室出现的地下水，不让它漫流，采用胶管集中导入水沟中，用盖板封闭水沟或用管道直接将地下水排入水仓，对水仓采用密闭墙封堵等措施，减少热水在风流中的热交换，增加风流中的含水量。

◎ 注意

矿工应该注意多饮水，以补充汗液的流失，防止脱水；注意营养，多食用碳水化合物含量丰富的食物，以补充能量的代谢；注意饮食，补充汗液中失掉的盐分。

在高温环境里作业时，可采取缩短井下工人劳动时间、减少劳动量等措施，使工人尽快恢复体力和精力，以利于持续生产。在高温矿井中，当采用加大风量等非人工冷却系统措施都无法使矿内气温达到《煤矿安全规程》规定的标准时，就必须采取人工制冷冷却风流的措施，也就是采用制冷设备对矿内空气进行冷却。

徐州夹河煤矿从2007年1月开始进行高温热害治理一期工程设计、施工。该工程以7446工作面为降温工作面，利用矿井的涌水作为一期工程的冷源，按-600水平的80 m^3/h的流量设计，将-280水平涌水作为后备冷源，水的温度为25 ℃，设计通过循环设备HEMS Ⅰ、HEMS-PT、HEMS Ⅱ实现对7446工作面进风进行降温，初步设计节点的温度控制在16~26 ℃，使7446工作面环境温度控制在26 ℃。

1. 冷却水、软化水补水方案优化与实施，给HEMS系统降温工程机组补充了80 m^3/h的冷却水源，使降温机组冷却水量总需求达到了200 m^3/h，满足了降温设备的正常运行，使HEMS系统降温工程达到了预期目标。

2. 系统停机后，冷却水、软化补水优化方案实施造成管路系统中所存的冷量可以延续3~4 h，可充分利用系统产生的冷量，使得系统工作效益最大化。

3. 该冷却水、软化补水优化方案在HEMS降温系统的实施，使降温系统在7446工作面回采期间降温效果更显著，工作面最高温度控制在28~29 ℃，降低了4~6 ℃，相对湿度降低了5%~15%，大大改善了工作面长期以来高温高湿的工作环境，为井下一线作业人员创造了比较舒适的工作环境。

4. 优化并实施后的方案解决了降温机组的冷却水量问题，保证了降温机组的按期运行，同时加大了资源的循环利用率，符合国家“可持续发展”和“节能减排”的要求，也缩短了工期。

第二节 顶板灾害预防

一、顶板事故分类及成因

按事故发生地点不同，顶板事故可以分为采煤工作面冒顶、掘进工作面冒顶、其他地点冒顶3种，绝大多数顶板事故都发生在采煤工作面。

1. 采煤工作面冒顶事故

按冒顶事故范围的大小不同，采煤工作面冒顶事故分为局部冒顶和大范围冒顶。局部冒顶常发生在采煤工作面煤帮附近、上下出口、放顶线附近，以及地质破坏带附近。采场大冒顶按顶板垮落类型分为压垮型、推垮型、漏垮型3种。

压垮型冒顶是由于坚硬直接顶或老顶（基本顶）运动时，垂直于顶板方向的作用力压断、压弯支柱或使支柱插入底板，造成大面积切顶、工作面垮塌事故。压垮型冒顶是在老顶来压时发生的。

推垮型冒顶是由于直接顶和老顶大面积运动造成的。冒顶后支柱没有折损，只是向采空区或沿煤帮倾倒，但多数是沿煤帮倾倒。

漏垮型冒顶往往发生在直接顶十分破碎、煤层倾角较大的工作面。由于采场支护系统中某个地点失效，发生局部漏顶，破碎顶板就有可能从这个地点开始，沿工作面往上逐渐漏空，造成支架失稳，发生漏垮型冒顶事故。

2. 掘进工作面冒顶事故

掘进工作面冒顶事故一般发生在掘进工作面、巷道交叉及巷道贯通处，主要是由于空顶作业、未及时支护或遇地质变化、支护形式或结构不合理，以及违章爆破作业等原因造成。

3. 其他地点冒顶事故

其他地点冒顶事故的发生原因，主要有井巷工程质量差、未及时检查发现隐患、维修巷道时措施不当等。

二、顶板冒落的预兆及识别

1. 顶板冒落的预兆

顶板岩层冒落前，事先都有一些预兆，根据顶板性质的不同，主要有以下一些预兆：

(1) 岩层下沉断裂，发出响声

顶板压力急剧加大时，木支架会出现断裂声，紧接着出现断梁折柱现象；金属支柱活柱急速下缩，也会发出很大声响。采煤工作面发生冒顶前，有时能听到采空区顶板发出断裂的闷雷声。

(2) 掉渣

顶板严重破裂时，折梁断柱增加，顶板出现掉渣，掉渣越多，表明顶板压力越大。

(3) 片帮增多

因煤壁所受压力增加，变得松软，片帮煤比平时增多。

(4) 顶板裂缝

顶板裂缝增多，裂缝逐渐增大。

(5) 顶板出现离层

顶板出现离层，是顶板即将冒落的征兆。

(6) 漏顶

大冒顶前，破碎的伪顶或直接顶有时会因背顶不严或支架不牢出现漏顶现象，使棚顶托空，支架松动，造成冒顶。

(7) 瓦斯涌出量异常

含瓦斯煤层在冒顶前有时会出现瓦斯涌出量突然增大的现象。

(8) 有淋水的顶板淋水量增大

在含水或有淋水的顶板冒顶之前，往往会出现顶板淋水量增大的现象。

2. 顶板冒落的识别

在技术装备较差的煤矿，一般采用以下方法来识别是否存在冒顶危险：

(1) 木楔法

在顶板岩层的裂缝中打入小木楔，过一段时间，如果发现木楔松动或坠落，表明顶板裂缝在增大，可能有冒顶危险。

(2) 敲帮问顶法

用钢钎或手镐敲击顶板，若发出的声音清脆、响亮，表明顶板完整，岩层未离层；若发出沙哑的声音或“嗡嗡”声，表明顶板岩层已离层，应把离层的岩块挑下来。

（3）震动法

用钢钎或镐敲击顶板时，用手指尖托住顶板，若手感到顶板震动，即使听不到破裂声，也说明岩石已从整体顶板分离，变成了危岩。

◎ 相关法规

《煤矿安全规程》规定：严格执行敲帮问顶及围岩观测制度。开工前，班组长必须对工作面安全情况进行全面检查，确认无危险后，方准人员进入工作面。

三、顶板事故的预防

1. 采掘工作面在采掘施工前均要认真编制作业规程，正确确定工作面支护方式，有效控制顶板，如果情况发生变化时，必须及时修改作业规程或补充安全措施。

2. 井下所有人员必须时刻注意工作面顶板变化情况，特别是安检员要重点检查工作面的顶板状况，发现安全隐患时，要立即汇报矿调度室和安全调度台并采取措施或下令停工撤人。

3. 加强金属支护、支架和单体液压支柱的检修、试压，及时检查、更换失效的梁柱，保证每根都有良好的工作性能。

4. 加强工程质量管理，搞好质量标准化，提高优良品率。

5. 坚持矿压观测与顶板监控、分析，掌握顶板活动规律，及时采取相应措施。

6. 回采工作面的初次开采，过老窑、空巷、局部破碎带、断层、冲刷带、陷落柱，过煤柱、冒顶区或托伪顶开采时，都必须制定专门措施。

7. 回采工作面必须及时拉架、回柱。控顶距超过作业规程规定不冒落时，要停止生产，制定专门安全技术措施进行处理。

8. 掘进工作面的顶板管理要严格执行“敲帮问顶”制度，不准空顶作业，工作面必须使用临时支护。

9. 掘进工作面遇地质构造、顶板破碎、压力较大、巷道开口、贯通、开帮挑顶、架设抬棚等小工程时，要制定顶板管理安全技术措施。

10. 修复旧巷时，必须首先进行通风，检查瓦斯，只有在回风流中瓦斯浓度不超过1%，二氧化碳浓度不超过1.5%，井下空气成分符合《煤矿安全规程》的要求时，方准进行修复工作。

四、发生冒顶时的处理措施

1. 当采掘工作面发生冒顶事故后，首先将人员撤离危险区域，并向调度室汇报，通知有关领导。

2. 发生冒顶事故后，班组长应立即点清人数，发现有人被埋、压、堵截时，要尽快探明冒顶区的范围和被埋、压、堵截的人数及位置，积极组织抢救。

3. 发生冒顶事故后，要对冒顶区电缆、设备及有可能发生瓦斯超限的区域进行停电。

4. 积极恢复冒顶区的正常通风，如不能立即恢复时，可利用水管、压风管等对被压、埋、堵截的人员输送新鲜空气，并派专人检查该处的氧气浓度和有害气体浓度。

5. 在处理冒顶事故时，应先由外向里加固冒顶周围的支护，消除进出口的堵塞物，尽快接近堵人部位进行抢救，必要时可以开掘通向遇险人员的专用巷道。

6. 遇有大块岩石威胁遇险人员时，可使用千斤顶等工具移动岩块，但尽量避免破坏冒顶岩石的堆积状态，清理矸石时要小心使用工具，以免伤害受伤遇险人员。

7. 处理大面积冒顶事故时，必须及时制定专门的安全技术措施。

第三节　爆破事故预防

一、矿井常见爆破事故

在我国煤矿生产和建设中，无论是采煤和巷道掘进，钻眼爆破技术仍然普遍使用，在爆破过程中发生事故，会引起人员伤亡和财产损失，这类事故称为爆破事故。矿井爆破事故也是常见的灾害之一，对矿井的危害也较大。矿井常见的爆破事故有爆破崩人事故、爆破熏人事故、爆破崩倒支架事故、爆破崩坏设备或设施事故、爆破引起冒顶事故、爆破诱发冲击地压或突出事故、爆破引发瓦斯和煤尘爆炸事故。

二、井下爆破事故防治

引起矿井爆破事故的因素有很多，爆破器材的质量、储存、管理、运送、使用或与爆破技术有关的任何一个环节出现问题，都可能引发爆破事故。

1. 爆破前的防治措施

（1）按适用条件使用质量合格的炸药、雷管，在有瓦斯、煤尘爆炸危险的工作面，严禁使用非煤矿许用炸药和非煤矿许用电雷管。

（2）加强对爆破器材的管理。严禁穿化纤衣服人员接触爆破材料。井下人力运送爆破材料时，电雷管必须由爆破工亲自运送，炸药应由爆破工或在爆破工监护下由其他人员运送。爆破材料必须装在耐压、抗冲撞、防震、防静电的非金属容器内。爆破材料应直接送到工作地点，严禁中途逗留。

（3）对爆破地点进行认真检查。

◎ 注意

有下列情况之一，不准装药放炮：空顶距过大或支架有损坏；爆破地点附近 20 m 内风流中瓦斯浓度达到 1%；爆破地点附近 20 m 以内，矿车、未清除的煤、矸或其他物体堵塞巷道 1/3 以上；炮眼内发现异状，温度骤高骤低，有显著瓦斯涌出、煤（岩）松散、透老空区等情况；采掘工作面风量不足。

（4）在有煤尘爆炸危险的地点进行爆破时，20 m 内应进行洒水降尘。

（5）加固爆破点附近支架，机器、工具和电缆必须加以保护或移出工作面。

2. 爆破过程中的防治措施

（1）爆破时，严格执行“一炮三检制”和“三人连锁放炮制”。

“一炮三检制”就是在采掘工作面装药前、爆破前、爆破后，爆破工、班组长和瓦斯检查员都必须在现场，由瓦斯检查员检查瓦斯，当爆破地点附近 20 m 以内风流中的瓦斯浓度达到 1.0%时必须立即处理，并不准用煤电钻打眼。“三人连锁放炮制”就是指爆破工、班组长和瓦斯检查员三人必须同时自始至终参加放炮工作的全过程，并严格执行换牌制度。

（2）加强警戒

警戒人员责任心要强，警戒时，不准兼做其他工作，不准睡觉、打闹、脱岗。警戒人员必须在有掩护的、在警戒距离之外的地点警戒，严禁其他人员进入爆破地点。

（3）按规定装药、连线

装药时，先清除炮眼内的煤岩粉，将药卷轻轻推入，不得冲撞，炮眼内的各药卷必须彼此密接。电雷管插入药卷后，必须用脚线将药卷缠住，并将电雷管脚线扭结成短路。装药后，必须把电雷管脚线悬空，严禁电雷管脚线、爆破母线与运输设备、电气设备和采掘机械等导电体接触。炮眼封泥应用水炮泥，水炮泥外剩余炮眼部分应用黏土炮泥或用不燃的可塑性松散材料制成的炮泥封实。严禁用煤粉、块状材料或其他可燃性材料作炮眼封泥。无封泥、封泥不足或不实的炮眼严禁爆破。严禁裸露爆破。

（4）爆破工不得随意将把手或钥匙转交他人，不到爆破时，不得将把手或钥匙插入放炮器或电力放炮接线盒。

（5）爆破时，爆破工必须发出信号，至少再等 5 s 才可起爆。

3. 爆破后的防治措施

（1）加强通风

相关人员必须待炮烟散尽后，才能进入工作面，避免炮烟熏人。2008 年 7 月 1 日上午 11 时 16 分，神木汇森凉水井煤矿 42102 综采工作面进行强制爆破作业时，导致烟尘（主要是一氧化碳气体）扩散，28 名井下作业人员被困，经全力抢救，仍有 18 人遇难，其余 10 人受伤。

（2）认真检查

爆破工、瓦斯检查员、班（组）长必须巡视爆破地点，检查通风、瓦斯、煤尘、顶板、支架、拒爆、残爆等情况。

（3）正确处理拒爆、残爆

拒爆是指起爆后爆炸材料未被起爆的现象，俗称“瞎炮”“哑炮”或“盲炮”。残爆是指炮眼里的炸药引爆后，发生爆轰中断而残留一部分不爆药卷的现象。

出现拒爆时，爆破工必须先取下把手或钥匙，并将爆破母线从电源上摘下，扭结成短路，使用瞬发电雷管时至少等 5 min，使用延期电雷管时至少等 15 min，才能沿线路检查。由于连线不良造成的拒爆，可重新连线起爆；非连线不良引起的拒爆、残爆，处理时可距拒爆炮眼 0.3 m 以外另打与拒爆炮眼平行的新炮眼，重新装药起爆；严禁用镐刨或从炮眼中取出原放置的起爆药卷或从起爆药卷中拉出电雷管。严禁用打眼方法往外掏药；严禁用压风吹拒爆（残爆）炮眼。拒爆、残爆应在当班处理完毕。

4. 特殊爆破事故的防治措施

矿井除一般情况下的爆破外，还会遇到爆破条件比较复杂，施工比较困难的地段。这些地段的爆破工作除一般要求外，还应根据具体情况，采取特殊措施，才能保证爆破工作的安全性和可靠性。

（1）巷道贯通时爆破事故防治

巷道贯通前，要检查和排放贯通地点的瓦斯。当工作面和贯通地点的瓦斯浓度超过 1% 时，禁止贯通爆破；独头掘进贯通放炮时，距贯通地点 20 m，必须在穿透位置里外两侧设好警戒，禁止在警戒区内作业或逗留，透位不清，禁止爆破；两头对掘贯通放炮时，当距 20 m 时（综掘巷道相距 50 m 时），必须停止一头作业，仍然保持通风，由一头贯通，并派专人负责警戒；巷道贯通前，要加固支架，以防崩倒棚子和崩坏棚腿，造成倒棚冒顶；超过贯通距离而不通时，要立即停止爆破，查明原因，重新采取贯通措施。

（2）穿透老空区时爆破事故防治

老空区也称老塘，是井下采空区和报废巷道的总称。由于老空区里面没有排水和通风设施，往往积存着大量的水、瓦斯和其他有害气体，爆破时如误穿老空区，往往易发生突然涌水、人员中毒和瓦斯爆炸等恶性事故。

打眼时，如发现炮眼内出水、温度骤高骤低、有大量瓦斯涌出、煤岩松散等情况，要停止爆破，查明原因。

距穿透老空区 15 m 前，先探明老空区来源，以及老空区中的水、火、瓦斯等情况，如有水、火、瓦斯，必须采取防水措施、瓦斯排放措施和火区封闭措施，否则禁止爆破；距穿透老空区 15 m 前，由测量工在老空区内标明穿透位置，以便在检查时按穿透位置的实际情况，采取不同措施，避免在放炮时误穿火区、水区；穿透老空区时，要把人员撤到安全地点，并在安全地点实施爆破。爆破后，只有查明老空区情况，确认无危险后，才能恢复工作。

（3）接近积水区时爆破事故防治

要根据实际情况，编制切实可行的探放水设计方案和安全措施，否则禁止爆破；发现有透水预兆，要立即停止爆破，及时汇报，查明原因，情况危急时，人员立即撤离；打眼时发现炮眼渗水，不要拔出钎杆。

（4）处理溜煤眼堵塞时爆破事故防治

必须采用取得煤矿矿用产品安全标志的用于溜煤（矸）眼的煤矿许用刚性被筒炸药或不低于该安全等级的煤矿许用炸药。

◎ 注意

每次爆破只准使用 1 个煤矿许用电雷管，最大装药量不得超过 450 g。爆破前必须检查溜煤（矸）眼内堵塞部位的上部和下部空间的瓦斯。爆破前必须洒水。在有安全威胁的地点必须撤人、停电。

（5）石门揭穿突出煤层进行震动爆破时的爆破事故防治

必须编制专门设计方案。爆破参数、爆破器材、起爆要求、爆破地点、反向风门位置、避灾路线，以及停电、撤人和警戒范围等，必须在设计方案中明确规定。

震动爆破工作面，必须具有独立、可靠、畅通的回风系统，爆破时回风系统内必须切断电源，严禁人员作业和通过。在进风侧巷道中，必须设置两道坚固的反向风门；爆破 30 min 后人员方可进入工作面检查；震动爆破应一次全断面揭穿或揭开煤层，若未能一次揭穿煤层，在掘进剩余部分时，必须按震动爆破要求进行爆破作业。

第四节　冲击地压防治

冲击地压又称岩爆，是指井巷或工作面周围岩体，由于弹性变形能的瞬时释放而产生突然剧烈破坏的动力现象，常伴有煤岩体抛出、巨响及气浪等。冲击地压具有很大的破坏性，是煤矿重大灾害之一。世界上几乎所有国家都不同程度地受到冲击地压的威胁。

◎ 知识拓展

1783 年英国在世界上首先报道了煤矿中所发生的冲击地压现象。在我国，冲击地压最早于 1933 年发生在抚顺胜利煤矿。目前，随着开采深度的不断增加，冲击地压的危害也将更加突出。

一、冲击地压的分类

冲击地压可根据应力状态、显现强度、震级强度和抛出的煤量，以及发生的不同地点和位置进行分类。

1. 根据原岩（煤）体的应力状态分类

（1）重力应力型冲击地压

重力应力型冲击地压是指主要受重力作用，没有或只受极小构造应力影响的条件下引起的冲击地压。

（2）构造应力型冲击地压

构造应力型冲击地压是指主要受构造应力（构造应力远远超过岩层自重应力）作用引起的冲击地压。

（3）中间型或重力—构造型冲击地压

中间型或重力—构造型冲击地压是指主要受重力和构造应力的共同作用引起的冲击地压。

2. 根据冲击的显现强度分类

（1）弹射

弹射是一些单个碎块从处于高应力状态下的煤或岩体上射落，并伴有强烈声响，属于微冲击现象。

（2）矿震

矿震是煤、岩内部的冲击地压，即深部的煤或岩体发生破坏，煤、岩并不向已采空间抛出，只有片帮或塌落现象，但煤或岩体产生明显震动，伴有巨大声响，有时产生煤尘。较弱的矿震称为微震，也称为煤炮。

（3）弱冲击

弱冲击是指煤或岩石向已采空间抛出，但破坏性不很大，对支架、机器和设备基本没有损坏。弱冲击时围岩产生震动，一般震级（地震震级是根据地震仪记录的地震波振幅来测定的，一般采用里氏震级标准）在2.2级以下，伴有很大声响，并产生煤尘，在瓦斯煤层中可能有大量瓦斯涌出。

（4）强冲击

强冲击时，部分煤或岩石急剧破碎，大量向已采空间抛出，出现支架折损、设备移动和围岩震动，震级在2.3级以上，伴有巨大声响，形成大量煤尘和冲击波。

3. 根据震级强度和抛出的煤量分类

（1）轻微冲击

抛出煤量为10 t以下，震级为1级以下的冲击地压，称为轻微冲击。

（2）中等冲击

抛出煤量为10~50 t，震级为1~ 2级的冲击地压，称为中等冲击。

（3）强烈冲击

抛出煤量为50 t以上，震级为2级以上的冲击地压，称为强烈冲击。

一般面波震级为1级或1级以下时，矿区附近部分居民有震感；1~2级时，对矿井上下有不同程度的破坏；2级以上时，地面建筑物将出现明显裂缝。

4. 根据发生的地点和位置分类

（1）煤体冲击

煤体冲击发生在煤体内，根据冲击深度和强度不同，又分为表面冲击、浅部冲击和深部冲击。

（2）围岩冲击

围岩冲击发生在顶底板岩层内，根据位置不同，又分为顶板冲击和底板冲击。

二、冲击地压成因和机理

对冲击地压成因和机理的解释主要有强度理论、能量理论、冲击倾向理论和失稳理论。

1. 强度理论

该理论认为，冲击地压发生的条件是矿山压力大于煤体—围岩力学系统的综合强度。其机理为：较坚硬的顶底板可将煤体夹紧，阻碍了深部煤体自身或煤体—围岩交界处的变形（见图7—1）。一旦高应力突然加大或系统阻力突然减小时，煤体可产生突然破坏和运动，抛向已采空间，形成冲击地压。

2. 能量理论

该理论认为：当矿体与围岩系统的力学平衡状态破坏后所释放的能量大于其破坏所消耗

的能量时，就会发生冲击地压。

3. 冲击倾向理论

该理论认为：发生冲击地压的条件是煤体的冲击倾向度大于试验所确定的极限值。可利用一些试验或实测指标对发生冲击地压的可能程度进行估计或预测，这种指标的量度称为冲击倾向度。其条件是：介质实际的冲击倾向度大于规定的极限值。

这些指标主要有弹性变形指数、有效冲击能指数、极限刚度比、破坏速度指数等。

上述三种理论提出了发生冲击地压的三个准则，即强度准则、能量准则和冲击倾向度准则。其中强度准则是煤体破坏准则，能量准则和冲击倾向度准则是突然破坏准则。只有三个准则同时成立，才是产生冲击地压的充分必要条件。

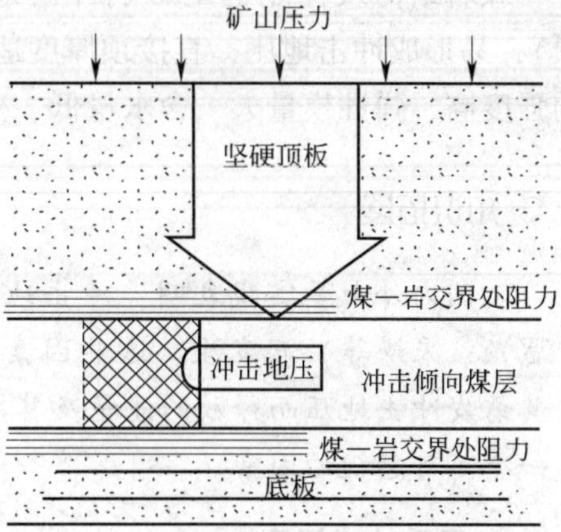

图 7—1 强度理论

4. 失稳理论

在非稳定的平衡状态中，一旦遇有外界微小扰动，则有可能失稳，从而在瞬间释放大量能量，发生急剧、猛烈的破坏，即冲击地压。由此，介质的强度和稳定性是发生冲击的重要条件之一。虽然有时外载未达到峰值强度，但由于煤岩的蠕变性质，在长期作用下其变形会随时间而增大，进入软化阶段。这种静疲劳现象，可以使介质处于不稳定状态。在失稳过程中系统所释放的能量可使煤岩从静态变为动态过程，即发生急剧、猛烈的破坏。

三、冲击地压的影响因素

1. 地质因素

地质因素主要包括开采深度、地质构造、煤岩结构和力学特性等。

开采深度的加大使地应力值增加。一般在达到一定开采深度后才开始发生冲击地压，此深度称为冲击地压临界深度。临界深度值随条件不同而异，一般大于 200 m，总的趋势是随着开采深度增加，冲击危险性增加。这主要是由于随开采深度增加，原岩应力增大的缘故。

地质构造如褶曲、断裂、煤层倾角及厚度突然变化等也影响冲击地压的发生。宽缓向斜轴部易于形成冲击地压；断裂如是一个开采边界，若回采方向朝向断层面，则冲击地压危险增加；煤层倾角和厚度局部突然变化地带，实际是局部地质构造应力积聚地带，因此极易发生冲击地压。

2008 年 6 月 5 日 15 时 57 分，河南省渑池县果园乡附近发生 3.5 级地震，3 min 后，义煤集团千秋煤矿突发冲击地压，造成 750~850 m 处巷道瞬间被毁，正在该段修理巷道的 20 名矿工被困在井下。冲击地压发生后，相关部门迅速成立了抢险救灾领导小组，紧急启动应急救援预案，实施抢险救援，最终 20 名被困矿工中，9 人死亡，11 人获救。

2004 年 4 月 2 日上午 9 时 50 分许，四川德阳绵竹天池煤矿一号井突然发生冲击地压事故，垮塌的泥土、煤炭堆积了 40 m 长，5 名正在井内作业的矿工被埋，经过 14 h 的大营救，他们全部脱险。

煤岩结构及性能也是影响冲击地压的主要因素。坚硬、厚层、整体性强的顶板（老顶），易形成冲击地压；直接顶厚度适中，与老顶组合性好，不易冒落，冲击危险较大；煤的强度高、弹性模量大、含水量低、变质程度高、暗煤比例大，一般冲击倾向较强。

◎ 知识拓展

国内外大量实践表明，冲击地压往往伴随着井下生产过程的某些工序（如爆破、冒顶、采煤等）而发生，这些因素称为诱导因素。诱导因素本身的能量可能很小，但其诱发冲击地压而释放的能量及其破坏性却很大。因此，诱导因素也是发生冲击地压的一个不可忽视的因素。

2. 开采技术因素

开采多煤层时，任何造成应力集中的因素，如开采程序不合理、本层回采不干净、相邻两层开采错距不合适等，均对防治冲击地压不利。从防治冲击地压的角度，壁式开采优于柱式开采，旱采优于水采，直线工作面优于曲线工作面，冒落法优于充填法。煤柱和开采边界是最主要的应力集中因素，应尽量避免和减少这些因素的有害影响。

四、冲击地压的防治

根据冲击地压的成因和机理，防治冲击地压的措施的基本原理有两方面：一是降低应力的集中程度；二是改变煤（岩）体的物理力学性能，以减弱积聚弹性能的能力和释放速率。

1. 降低应力集中

◎ 知识拓展

应力是指由于岩石形变而引起的介质内部单位面积上的作用力。应力集中是应力在固体局部区域内显著增高的现象，多出现于尖角、孔洞、缺口、沟槽，以及有刚性约束处及其邻域。应力集中会引起脆性材料断裂，使物体产生疲劳裂纹。在应力集中区域，应力的最大值（峰值应力）与物体的几何形状和加载方式等因素有关。局部增高的应力值随与峰值应力点的间距增加而迅速衰减。由于峰值应力往往超过屈服极限，从而造成应力的重新分配。

减弱煤层区域内的矿山压力值的方法有：

（1）超前开采保护层。

（2）无煤柱开采，在采区内不留煤柱和煤体突出部分，禁止在邻近层煤柱的影响范围内开采。

（3）合理安排开采顺序，避免形成三面采空状态的回采区段或条带和在采煤工作面前方掘进巷道，必要时应在岩石或安全层内掘进巷道，禁止工作面对采和追采。

2. 采用合理的开拓布置和开采方式

实践表明，合理的开拓布置和开采方式对于避免应力集中和叠加、防止冲击地压关系极大。大量实例证明，多数冲击地压是由于开采技术不合理而造成的。不正确的开拓开采方式一经形成就难以改变，临到煤层开采时，只能采取局部措施，而且耗费很大，效果有限。所以，合理的开拓布置和开采方式是防治冲击地压的根本性措施。其主要原则是：

（1）开采煤层群时，开拓布置应有利于保护层开采。

（2）划分井田或采区时，应保证合理的开采顺序，最大限度地避免形成煤柱等应力集中区。因为煤柱承受的压力很高，特别是岛形或半岛形煤柱，要承受几个方面的叠加应力，最易产生冲击地压。上层遗留的煤柱还会向下传递集中压力，导致下部煤层开采时也易发生冲击地压。

（3）采区或盘区的采煤工作面应朝一个方向推进，避免相向开采，以免应力叠加。因为相向采煤时上山煤柱逐渐减小，支承压力逐渐增大，很容易引起冲击地压。

（4）在地质构造等特殊部位，应采取能避免或减缓应力集中和叠加的开采程序。

（5）有冲击危险的煤层的开拓或准备巷道、永久硐室、主要上（下）山、主要溜煤巷和回风巷，应布置在底板岩层或无冲击危险的煤层中，以利于维护和减小冲击危险。

（6）开采有冲击危险的煤层，应采用不留煤柱垮落法管理顶板的长壁开采方法。回采线尽量是直线，且有规律地按正确的开采速度推进。

（7）顶板管理尽量采用全部垮落法，工作面支架应采用具有整体性和防护能力的可缩性支架。

五、冲击地压的解危措施

在煤层开采中，生产地质条件极为复杂。由于人们对冲击地压发生条件往往不能完全掌握，造成开拓布置和开采方式不合理，没有预先采取防范措施或防范措施不完善，不可避免地形成局部煤层地段的高应力集中和冲击地压危险。因此，在煤层开采过程中必须对这些地段进行及时处理，以保证安全生产。这种对已形成冲击危险或具有潜在冲击危险地段的处理措施称为解危措施。解危措施属于暂时的局部性措施，包括爆破卸压、诱发爆破和改变煤层的物理力学性能等。

1. 爆破卸压

爆破卸压是指对形成冲击危险的煤体，用爆破方法减缓其应力集中程度的一种解危措施。实施爆破卸压应采取深孔爆破的方法，孔深应达到支承压力峰值区。装药位置越靠近峰值区，炸药威力越大，爆破解除煤层应力的效果越好。该法适用于顶板比较完整的条件下或作为煤层注水时的辅助措施。

实施爆破卸压前必须先进行钻屑法（钻屑法是通过在煤体中打小直径钻孔，根据排出的煤粉量及其变化规律，以及钻孔过程中的动力现象鉴别冲击危险的一种方法，目前在我国应用较普遍）检测，确认有冲击危险时才进行爆破卸压，爆破以后还要用钻屑法检查卸压效果。如果在实施范围内仍有高应力存在，则应进行第二次爆破，直至解除冲击危险为止。

2. 诱发爆破

诱发爆破是在监测到有冲击危险的情况下，利用较多药量进行爆破，人为地诱发冲击地压，使冲击地压发生在一定的时间和地点，从而避免更大损害的一种解危措施。

实行诱发爆破必须慎重行事。作为辅助手段，诱发爆破只有在存在严重冲击危险的情况下，其他方法无效或无法实施时才应用。诱发爆破多用于煤柱回收时，与钻屑法检测孔配合互用，孔距2~5 m，孔深按冲击危险区范围确定，可平行走向或倾斜布置，也可混合布置。一般采用深孔爆破法，钻大量较长的钻孔直达高应力带。采用大药量、集中装药和同时引爆的方法，以便使煤（岩）体强烈震动，诱发冲击地压，或造成煤体强烈卸压、释放能量，把高应力带移向煤体深部。集中爆破的药量越多，诱发冲击地压的可能性越大。因为这样在煤体中造成的动应力就大，动应力叠加在原来存于煤体中的静应力上的总和越大，超过临界应力值机会就越多，就越容易诱发冲击地压。

3. 改变煤层的物理力学性能

改变煤层的物理力学性能主要有高压注水、放松动炮和钻孔槽卸压等方法。

（1）高压注水是通过注水，人为地在煤岩内部造成一系列的弱面，并使其软化，以降低煤的强度和增加塑性变形量。

（2）放松动炮是通过放炮人为地释放煤体内部应力集中区积聚的能量。在采煤工作面中使用时，一般是在工作面沿走向打4~6 m深的炮眼，进行松动爆破。

（3）钻孔槽卸压是用大直径钻孔或切割沟槽使煤体松动，以达到卸压效果。卸载钻孔的深度一般应穿过应力增高带，在掘进石门揭开有冲击危险的煤层时，应在距煤层5~8 m处停止掘进，使钻孔穿透煤层，进行卸压。

六、开采有冲击地压煤层时应注意的问题

1. 开采有冲击地压煤层的矿务局（公司）、煤矿都应有专人负责防治冲击地压的工作，应装备微震、地音监测等装备，进行冲击地压预测预报工作。

2. 开采有冲击地压的煤层，必须编制设计方案，报矿务局（公司）、矿总工程师批准。有冲击地压的煤层中，掘进工作面临近大型地质构造、采空区和通过其他应力集中区，以及回收煤柱时，必须制订措施，报矿总工程师批准。

3. 开采有冲击地压危险煤层的工作人员，都必须接受有关防治冲击地压基本知识的教育，熟悉冲击地压发生的原因、条件和征兆，以及应急措施。防治冲击地压的措施中，必须规定发生冲击地压时的撤人路线。每次发生冲击地压后，必须组织人员到现场进行调查，记录好发生前的征兆、发生经过、有关数据及破坏情况，并制订恢复工作的防治措施，报矿务局（公司）、矿总工程师批准。

4. 在开拓有严重冲击地压煤层时，应在岩层或无冲击地压的煤层中掘进集中巷道。开采时，在采空区不得留有煤柱。如果在采空区留有煤柱，必须将煤柱的位置、尺寸和影响范围标在采掘工程图上。永久硐室不得布置在有冲击地压的煤层中。

5. 开采煤层群时，首先开采无冲击地压或弱冲击地压煤层作为保护层，开采保护层后，在被保护层中确实受到保护的地区，可按无冲击地压煤层进行采掘工作。在未受保护的地区，必须采取放顶卸压、煤层注水、打卸压钻孔、超前爆破松动煤体或其他防治措施。

6. 保护层有效范围的划定方法和保护层回采的超前距离，应根据对矿井实际考察的结果确定。

7. 开采有冲击地压煤层时，冲击危险程度和采取措施后的实际效果，都可采用钻屑法、地音法、微震法或其他方法确定。对有冲击地压危险的煤层，可根据预测预报等实际考察资料和积累的数据划分煤层的冲击地压危险程度等级，以便按其等级制定冲击地压的综合防治措施。

8. 对有冲击地压的煤层，应根据顶板岩性掘进宽巷或沿采空区边缘掘进巷道，巷道支护应采用可缩性支架，严禁采用混凝土、金属等材质的刚性支架。

9. 有严重冲击地压的厚煤层中，所有巷道都应布置在应力集中圈外。煤巷双巷掘进时，两条平行巷道之间的煤柱不得小于 8 m，联络巷道应与两条平行巷道成直角。

10. 开采有冲击地压的煤层，应用垮落法控制顶板，并提高切顶支架的工作阻力，采空区中所有支柱必须回净。

11. 有冲击地压的煤层中，在一个或相邻的两个采区中，同一煤层的同一分阶段，在应力集中的影响范围内，不得布置两个工作面同时相向或相背回采。如果两个工作面相向掘进，在相距 30 m 时，必须停止其中一个掘进工作面，以免引起严重冲击危险；停产 3 d 以上的采煤工作面，恢复生产的前一班，应鉴定冲击地压危险程度，以便采取安全措施。

12. 冲击地压严重的煤层中，采掘工作面的爆破撤人距离和爆破后进入工作面的时间，必须在作业规程中明确规定。

13. 三面或四面被采空区所包围的地区和构造应力区，在进行回采和回收煤柱时，必须制订防治冲击地压的安全措施，报矿总工程师批准。

思考练习题

1. 煤矿地热危害的基本特征有哪些？
2. 巷道冒顶后现场人员应采取哪些措施？
3. 爆破过程中应注意哪些事项？
4. 煤矿冲击地压的影响因素有哪些？

第八章 矿山救护

学习目标

了解煤矿安全避险系统的含义，掌握不同灾害事故的抢救和避灾要领，以及创伤急救的相关要求；能熟练、迅速地佩戴隔离式自救器，能掌握创伤急救的基本要领。

众所周知，由于煤矿生产作业环境和作业条件的特殊性，存在着瓦斯、煤尘、地热、水、火、顶板和冲击地压等自然灾害，这些灾害不仅影响煤矿生产，而且在很大程度上威胁矿工的身体健康和生命安全。矿工通过学习自救互救、现场急救等救护知识，可最大限度地降低灾害和事故的危害程度，减少损失。

第一节 煤矿安全避险系统

煤矿安全避险系统是预防事故，以及事故发生时开展自救互救、紧急避险而达到减少伤亡目的的六大重要技术保障系统。“六大系统”是指矿井监测监控系统、煤矿井下人员定位系统、井下紧急避险系统、矿井压风自救系统、矿井供水施救系统和矿井通信联络系统。煤矿应建立应急演练制度，科学确定避灾路线，编制应急预案，每年开展一次“六大系统”联合应急演练，加强入井人员培训，使其熟悉各种灾害情况的避灾路线，并能正确使用安全避险设施。

一、矿井监测监控系统

矿井监测监控系统是指可以实现对煤矿井下瓦斯、一氧化碳浓度、温度、风速等进行动态监控的自动化系统。矿井监测监控系统中心站实行 24 h 值班制度，当系统发出报警、断电、馈电异常信息时，能够迅速采取断电、撤人、停工等应急处置措施，充分发挥其安全避险的预警作用。

二、煤矿井下人员定位系统

煤矿井下人员定位系统是指通过入井人员携带识别卡，确保能够实时掌握井下各个作业区域所有人员的动态分布及变化情况的系统。当紧急情况发生时，通过该系统可以准确掌握井下作业人员的位置，为事故应急救援提供依据。

三、井下紧急避险系统

井下紧急避险系统是指为在灾害事故发生时不能撤到安全区域的人员建立的避险场所和设施。井下紧急避险系统包括临时避难硐室、永久避难硐室和救生舱。煤与瓦斯突出矿井应建设采区避难硐室；突出煤层的掘进巷道长度及采煤工作面走向长度超过 500 m 时，必须在距离工作面 500 m 范围内建设避难硐室或设置救生舱。煤与瓦斯突出矿井以外的其他矿井，从采掘工作面步行，凡在自救器所能提供的额定防护时间内不能安全撤到地面的，必须在距离采掘工作面 1 000 m 范围内建设避难硐室或救生舱。紧急避险设施应具备安全防护、氧气供给保障、有害气体去除、环境监测、通信、照明、动力供应、人员生存保障等基本功能，在无任何外界支持的条件下，其额定防护时间不低于 96 h。

四、矿井压风自救系统

矿井压风自救系统是指为了实现所有采掘作业地点在灾变期间能够提供压风供气，为事故现场人员提供宝贵氧气的系统。空气压缩机一般设置在地面，而在深部多水平开采的矿井，空气压缩机安装在地面难以保证对井下作业点有效供风时，可在其供风水平以上两个水平的进风井井底车场安全可靠的位置安装空气压缩机。突出矿井的采掘工作面要设置压风自救装置，其他矿井掘进工作面要安设压风管路，并设置供气阀门。

五、矿井供水施救系统

矿井供水施救系统是指为了保证发生火灾、爆炸等事故时现场人员用水的需要而事先配装的实时供水系统。《煤矿安全规程》要求建设和完善防尘供水系统，除设置“三通”及阀门外，还要在所有采掘工作面和其他人员较集中的地点设置供水阀门，以保证各采掘作业地点在灾变期间能够提供应急供水。

六、矿井通信联络系统

矿井通信联络系统是指事故发生实施救援时，能保证畅通、有效地传递重要信息的系统。煤矿应按照在灾变期间能够及时通知人员撤离和实现与避险人员通话的要求建设和完善通信联络系统。主副井绞车房、井底车场、运输调度室、采区变电所、水泵房等主要机电设备硐室和采掘工作面，以及采区、水平最高点处应安设电话。井下避难硐室、井下主要水泵房、井下中央变电所和突出煤层采掘工作面、爆破时撤离人员集中地点等，应设有直通矿调度室的电话。要积极推广使用井下无线通信系统和井下广播系统，以确保发生险情时，可及时通知井下人员撤离。

第二节　矿工自救与互救

所谓自救，就是矿井发生意外灾变事故时，在灾区或受灾变影响区域的每个工作人员进行避灾和保护自己的方法。而互救则是在有效自救的前提下妥善地救护他人。自救和互救的成效如何，决定于自救方法的正确性。其具体内容包括：熟悉所在矿井的灾害预防和处理计划，熟悉矿井的避灾路线和安全出口，掌握避灾方法，会使用自救器，掌握抢救伤员的基本方法及现场急救的操作技术。

为此，应加强对职工自救和互救知识的教育，让所有下井人员学会如何识别各种事故的预兆，判断事故的性质、地点及应采取自救和互救的措施，熟练地佩戴自救器，正确地选择避灾路线，在遇险人员暂时不能撤出灾区的情况下，进入避难硐室待救等。

在对职工进行自救知识教育时，首先要使职工能够熟练、正确地佩戴自救器，如图8—1所示。

图 8—1　佩戴自救器撤离

1980 年，某矿 7110 集中运输胶带发生火灾，31 人遇险，其中有 30 人携带了自救器。事故发生后有 25 人佩戴自救器安全脱险；3 人虽然携带了自救器，但因不会使用而中毒死亡；1 人使用不正确，也中毒死亡；1 人使用自救器原地待救 3.5 h，经抢救后脱险；未携带自救器的 1 人中毒死亡。

上述案例充分说明自救器在关键时刻发挥了不可估量的作用。

1986 年，某矿二水平运输胶带发生火灾事故时，因火风压的作用使风流逆转，火烟沿着集中下山逆转到一水平。这时，在副下山等候人行车的人员和现场工作人员 9 人及赴事故现场抢救的 1 支救护小队，突然受到逆转浓烟的袭击。在此种情况下，9 名受灾人员却没有 1 人佩戴自救器进行自救，而是惊慌失措地在浓烟区内乱找退路，结果 9 人全部中毒，5 人经救护队现场抢救而脱险，其余 4 人死亡。

上述事故的 9 名受灾人员中，既有矿领导，又有工程技术人员。他们不仅都携带有自救器，而且在通风区长的尸体上发现带有 2 台自救器，其中有 1 台已经打开，但没有戴上。由此可见，加强对矿工及各级领导的自救知识教育，具有十分重要的意义。

一、矿工自救

矿井发生重大灾害事故时的初期，波及的范围和危害一般较小，既是抢救和控制事故的有利时机，也是决定矿井和人员安全的关键时刻。灾区人员如何开展救灾和避灾，对保证灾区人员的自身安全和控制灾情的扩大具有重要作用。即使在事故处理的中、后期，也往往需要井下职工正确避灾自救，才能提高抢险救灾的工作成效。

大量事实证明，当矿井发生灾害事故后，矿工在万分危急的情况下，依靠自己的智慧和力量，积极、正确地采取救灾、自救、互救措施，是最大限度地减少事故损失的重要环节。

1. 发生事故时在场人员的行动原则

(1) 及时报告灾情

发生灾变事故后，事故地点附近的人员应尽量了解、判断事故性质、特点和灾害程度，并迅速地利用最近处的电话或其他方式向矿调度室汇报，并迅速向事故可能波及的区域发出警报，使其他工作人员尽快知道灾情，如图 8—2 所示。在汇报灾情时，要将看到的异常现象（火烟、飞尘等）、听到的异常声响、感觉到的异常冲击如实汇报，不能凭主观想象判定事故性质，以免给领导造成错觉，影响救灾。

（2）积极抢救

灾情事故发生后，处于灾区内和受威胁区域的人员，应沉着冷静，根据灾情和现场条件，在保证自身安全的前提下，采取积极有效的方法和措施，及时投入现场抢救，将事故消灭在初起阶段或控制在最小范围，最大限度地减少事故造成的损失，如图 8—3 所示。

图 8—2 及时报告灾情

图 8—3 积极消灭事故

◎ 注意

在抢救时，必须保持统一的指挥和严密的组织，严禁冒险蛮干和惊慌失措，严禁各行其是和单独行动；要采取防止灾区条件恶化和保障救灾人员安全的措施，特别要提高警惕，避免中毒、窒息、爆炸、触电、二次突出、顶帮二次垮落等再生事故的发生。

（3）安全撤离

当受灾现场不具备事故抢救的条件，或可能危及人员的安全时，应由在场负责人或有经验的老工人带领，根据矿井灾害预防和处理计划中规定的撤退路线和当时当地的实际情况，尽量选择安全条件最好、距离最短的路线，迅速撤离危险区域，如图 8—4 所示。在撤退时，要服从领导，听从指挥，根据灾情使用防护用品和器具；要发扬团结互助的精神和先人后己的风格，主动承担工作任务，照料好伤员和年老体弱者；遇有溜煤眼、积水区、垮落区等危险地段，应探明情况，谨慎通过。

灾区人员撤出路线选择的正确与否决定自救的成败。

（4）妥善避灾

如无法撤退（通路冒顶阻塞、在自救器有效工作时间内不能到达安全地点等）时，应迅速进入预先筑好的或就近快速建筑的临时避难硐室，如图 8—5 所示，妥善避灾，等待矿山救护队的援救，切忌盲动。

图 8—4　无力消灭事故时必须撤离

图 8—5　不能安全撤离就马上进入避难硐室

事故现场实例表明：遇险人员在采取合适的自救措施后，是能够坚持较长时间而获救的。

1983 年 1 月 23 日，某煤矿掘进巷发生火灾后，除 3 名工人及时冲出火源脱离危险外，还有 23 名工人被堵在灾区里面。他们迅速撤退到平巷迎头，并用竹笆、风筒很快建造了一道临时密闭，又在这个密闭内 8 m 处，用中部槽、工作服、竹笆、风筒等物建造了更严密的第二道临时密闭。然后，派一个人在密闭附近监视，其他人员躺下休息。5 h 后，23 名工人由救护队救出。如果自救措施不当，则可能造成死亡。

1961 年，某矿井下配电室发生火灾，53 名遇险人员中有 45 人所处的地点、环境相近似，但是在事故发生 18 h 后，只有 18 人还活着，现场勘查和被救人员介绍表明：凡避难位置较高的均死亡，位置较低的绝大部分人保存了生命；俯卧在底板上并用沾水毛巾堵住嘴的人保住了生命，与此相反，特别是迎着烟雾方向的人均死亡；事故发生后，恐慌乱跑、大哭大叫的人大部分死亡。

1981 年，某矿 2614 下材料道外端发生火灾（见图 8—6），灾区内有 4 人没能及时撤退，被高温火烟堵到 2614 上材料道内（原是老探煤巷，巷道长 500 多米，整修后做上材料道

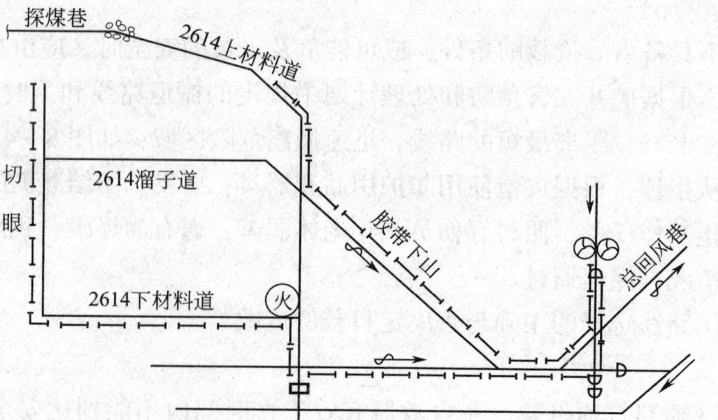

图 8—6　某矿火灾区巷道布置

用)。该区域没有形成通风系统，采用两台局部通风机分别向切眼和2614上材料道供风。由于火势发展迅猛，灭火人员用了较长时间才将火灾扑灭。待抢救人员进入探煤巷后，发现4人死于冒落区以里200 m处。在此段巷道内，发现风筒被扎两处，棚梁上挂有工具包及铁铲，遇险人员没有采取任何自救措施。假如他们能借助2614上材料道的位置建筑临时避难硐室避灾，在外部抢救人员灭火措施得力的情况下，就有可能获救。

2. 自救器和避难硐室

◎ 相关法规

《煤矿安全规程》规定：入井人员必须随身携带额定防护时间不低于30 min的隔绝式自救器。突出矿井，以及发生险情或者事故时井下人员依靠自救器或者1次自救器接力不能安全撤至地面的矿井，应当建设井下紧急避险设施。紧急避险设施的布局、类型、技术性能等具体设计，应当经矿总工程师审批。紧急避险设施应当设置在避灾路线上，并有醒目标识。矿井避灾路线图中应当明确标注紧急避险设施的位置、规格和种类，井巷中应当有紧急避险设施方位指示。

(1) 自救器

自救器是一种轻便、体积小、便于携带、佩戴迅速、作用时间短的个人呼吸保护装备。当井下发生火灾、爆炸、煤和瓦斯突出等事故时，自救器可供人员佩戴，使人免于中毒或窒息。

◎ 知识拓展

从国内外事故教训来看，不少遇难者当时如果佩戴自救器，是完全可以避免死亡的。例如，美国1950—1973年事故统计发现，由于火灾和瓦斯事故死亡的728人中，就有140人死于无自救器。我国在1978—1979年发生的6起大事故中也有81%的人死于无自救器。所以，《煤矿安全规程》规定：入井人员必须随身携带额定防护时间不低于30 min的隔绝式自救器。

自救器分为过滤式和隔离式两类，见表8—1。

表8—1　自救器种类及其防护特点

种类	名称	防护的有害气体	防护特点
过滤式自救器	一氧化碳过滤式自救器	一氧化碳	人员呼吸时所需的氧气仍是外界空气供给（目前已禁止使用）
隔离式自救器	化学氧自救器	不限	人员呼吸的氧气由自救器本身供给，与外界空气成分无关
	压缩氧自救器	不限	

1）过滤式自救器。它是利用装有化学氧化剂的滤毒装置，将有毒空气氧化成无毒空气供佩戴者呼吸用的呼吸保护器，仅能防护一氧化碳一种气体。为确保防护性能，过滤式自救器必须定期进行性能检验。由于佩戴过滤式自救器后人员呼吸所需的氧气仍来源于外界空气中，且装置中的氧化剂（触媒）数量有限，因此其使用范围有一定的限制，目前已禁止使用。

◎ 知识拓展

世界上最早使用的过滤式自救器是 1924 年由美国 MSA 公司生产并在美国煤矿使用的 BMl402 型自救器。我国使用的第一批过滤式自救器于 1958 年生产，并于 1980 年在全国煤矿推广。

我国生产有 AZL 和 MZ 等系列过滤式自救器，它仅用于氧气浓度不低于 18%和一氧化碳浓度不高于 1.5%的环境中，目前已禁止使用。

我国生产的 AZL-60 型过滤式自救器的防护时间为 60 min，结构如图 8—7 所示。人吸气时，外界含一氧化碳的有毒空气先流经滤尘纱布袋及滤尘垫，滤去粉尘后再流经干燥剂层，去掉空气中水汽后再通过催化剂层，有毒的一氧化碳被催化氧化，转化为无毒的二氧化碳，最后经吸气阀、降温网从口具被吸入口中。呼气时，呼出的气体经口具、降温网、呼气阀排至外界大气。自救器所用干燥剂是浸氯化钙和溴化锂的活性炭，所用的催化剂（霍加拉特剂）是活性二氧化锰和氧化铜的混合物。

2）化学氧自救器。化学氧自救器如图 8—8 所示，它是利用化学生氧物质产生氧气，供矿工从灾区撤退脱险用的呼吸保护器，是隔离式自救器的一种，可在灾区环境空气缺氧的条件下使用，分为碱金属超氧化物型和氯酸盐氧烛型两类。为确保自救器的防护功能，应定期对自救器性能进行检验。

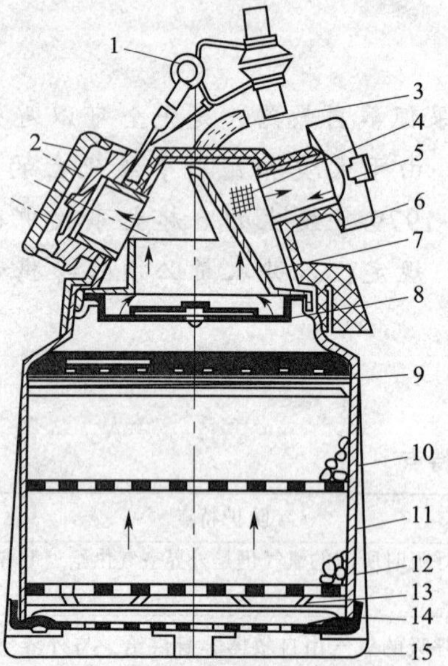

图 8—7 AZL-60 型过滤式自救器的结构

1—鼻夹 2—呼气阀 3—头带 4—降温网 5—牙垫 6—口具 7—口水挡板 8—吸气阀 9、14—滤尘层 10—催化剂层 11—滤尘纱布袋 12—干燥剂层 13—补偿弹簧 15—减振垫

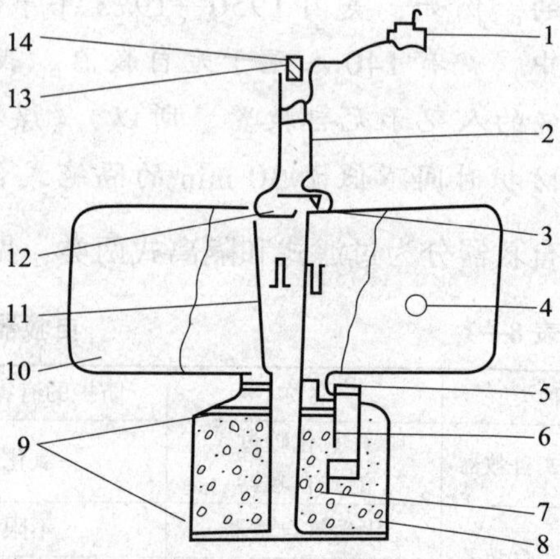

图 8—8 化学氧自救器的结构

1—鼻夹 2—呼吸软管 3—吸气阀 4—排气阀 5—拉绳 6—启动装置 7—呼气导管 8—散热片 9—上下隔板 10—气囊 11—呼气软管 12—呼气阀 13—口具 14—口具塞

◎ 知识拓展

世界上第1台化学氧自救器由德国人倍姆柏克发明，是利用过氧化钠等化合物与人呼气中的二氧化碳和水汽作用生成氧气的仪器。我国第1代化学氧自救器为AZG-40型，于1969年研制成功并投入生产；第2代为AZH-40型，于1986年研制成功；第3代为OSR系列，于1993年研制成功。

3）压缩氧自救器。压缩氧自救器如图8—9所示，它是为防止有毒气体对人身的侵害，利用压缩氧气供氧的隔离式呼吸保护器，是一种可反复多次使用的自救器，每次使用后只需要更换新吸收二氧化碳的氢氧化钙吸收剂并重新充装氧气，即可重复使用。压缩氧自救器可供有毒气体环境或缺氧环境中的作业人员自救逃生或进行必要的工作时使用，还可作为压风自救系统的配套装备。

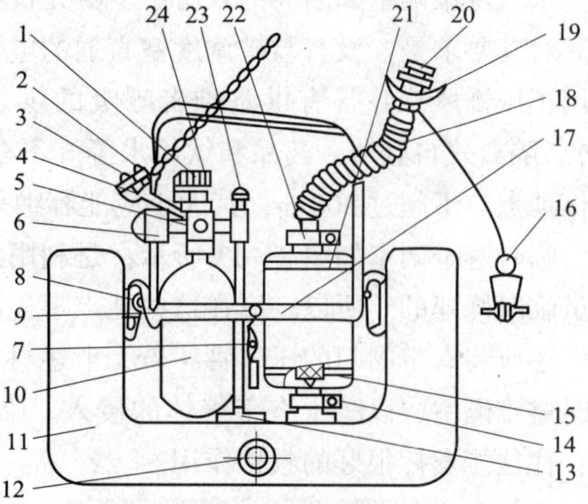

图8—9 压缩氧自救器结构图

1—减压器 2—拉环 3—防松环 4—开关手柄 5—丝堵 6—压力表 7—胶管 8—挂钩 9—紧固螺栓 10—氧气瓶 11—气囊 12—排气阀 13—胶管接头 14—下卡箍 15—盲盖 16—鼻夹 17—紧固带 18—呼吸软管 19—口具 20—口具塞 21—清净罐 22—上卡箍 23—手动补给钮 24—腰钩

压缩氧自救器的本体平时封装在一个由上壳和下壳组成的金属外壳内。佩戴使用时，先拉开外壳封口带并取掉上外壳，然后迅速将压缩氧自救器的本体从下外壳中取出挂在颈部，并佩戴口具、鼻夹进行呼吸。吸气时，气囊中的氧气经清净罐、呼吸软管、口具进入人的呼吸器官；呼气时，呼出的气体经口具、呼吸软管、清净罐进入气囊。清净罐装有吸收二氧化碳的氢氧化钙吸收剂；因在启封自救器去掉上外壳的同时，牵动了拉环，开关手柄动作，氧气瓶阀门被开启，氧气瓶中的高压氧气即刻通过减压器及胶管进入气囊。因此，佩戴者所吸富氧空气，是经清净罐后被吸收了二氧化碳的人员呼出气体，同由氧气瓶经减压器输入到气囊中的氧气的混合气体。压缩氧自救器气路系统是一个单管往复的气体闭路循环呼吸系统。

◎ 注意

呼吸耗氧量大、气囊储气不足时，可用手指按动手动补给钮，使大量氧气注入气囊进行快速补氧；呼吸耗氧量小、气囊储气过足时，气体会自动通过排气阀向外界排放，以降低气囊中气体压力到正常值。

4）佩戴自救器的注意事项

①戴上自救器后，外壳逐渐变热，吸气温度逐渐升高，表明自救器工作正常。绝不能因

为吸气干热而把自救器拿掉。

②化学氧自救器佩戴初期生氧剂放氧速度慢，如果条件允许（没有被炸、被烧、被埋及被堵的危险时），应尽量缓慢行走，等氧气足够呼吸时再加快速度。撤退时最好按每小时4~5 km的速度行走，呼吸要均匀，千万不要跑。

③自救器佩戴过程中口腔产生的唾液，可以咽下，也可任其自然流入口水盒降温器，决不可拿下口具往外吐。

④在未达到可靠的安全地点前，严禁取下鼻夹和口具，以防有害气体毒害。

（2）避难硐室

避难硐室是供矿工在遇到事故无法撤退而躲避待救时使用的设施，分永久避难硐室和临时避难硐室两种。

永久避难硐室如图8—10所示，事先设在井底车场附近或采区工作地点安全出口的路线上。对其要求是：设有与矿调度室直通的电话，构筑坚固，净高不低于2 m，严密不透气或采用正压排风，并备有供避难者呼吸的供气设备（充满氧气的氧气瓶或压气管和减压装置）、隔离式自救器、药品和饮用水等。不在采区安全出口路线上的避难硐室，距人员集中工作地点应不超过500 m，其大小应能容纳采区全体人员。

临时避难硐室如图8—11所示，是利用独头巷道、硐室或两道风门之间的巷道，由避灾人员临时修建的。所以，应在这些地点事先准备好所需的木板、木桩、黏土、砂子或砖等材料，还应装有带阀门的压气管。若无上述材料时，避灾人员可用衣服和身边现有的材料构筑临时避难硐室，以减少有害气体的侵入。临时避难硐室机动灵活，修筑方便，正确地利用它，往往能发挥很好的救护作用。

图8—10 永久避难硐室

图8—11 临时避难硐室

◎ 注意

在避难硐室内避难时的注意事项

1. 进入避难硐室前，应在硐室外留有衣物、矿灯等明显标志，以便救护队发现。

2. 避灾待救时应保持安静，不急躁，尽量俯卧于巷道底部，以保持精力、减少氧气消耗，并避免吸入更多的有毒气体。

3. 硐室内只留一盏矿灯照明，其余矿灯全部关闭，以备再次撤退时使用。

4. 间断敲打铁器或岩石等，发出呼救信号。

5. 全体避灾人员要团结互助、坚定信心。

6. 被水堵在上山时，不要向下跑出探望。水被排走露出棚顶时，也不要急于出来，防止二氧化碳、硫化氢等气体引发窒息及中毒。

7. 看到救护人员后，不要过分激动，以防血管破裂。

8. 避灾时间过长遇救后，不要过多饮食并避免强光照眼，以防损伤消化系统和眼睛。

3. 矿工自救系统

矿工自救系统又称矿工三级生命保障系统。它是集合多级防护手段，保护矿工在有毒有害环境中进行自救和避难脱险的综合性设备，包括一级工作面应急自救器，二级大巷或采煤、掘进工作面的矿工集体供氧和换戴自救器装置，以及三级井底车场常设救护装备。

在自救器没有发明前，矿井发生事故时，矿工的自救方式往往是构筑临时避难硐室。20 世纪 20 年代，自救器开始在矿井应用以后，矿工自救主要依靠自救器，但是不论是采用避难硐室还是自救器，只是单一的自救手段，没有形成综合的自救系统。经验证明，自救器只有随身携带才能在逃生时发挥作用，自救器的防护时间必须足够长，才能支持遇险人员在发生较大事故情况下逃出灾区。体积、质量适合矿工随身携带的自救器只有过滤式自救器，但过滤式自救器在缺氧和一氧化碳浓度过高时都不能使用，而现有隔离式自救器，防护时间较长的，其体积、质量往往不适合矿工随身携带，适合随身携带的，防护时间又太短。为了解决这个矛盾，20 世纪 70 年代出现了自救系统，它由可随身携带的、防护时间只有 10~20 min 的轻便化学氧自救器和压风式救护点或压缩空气瓶救护点组成。救护点是一个能供新鲜压风或气瓶空气的集体供氧点。在发生事故时，矿工先佩戴自救器撤退到救护点，在救护点依靠压风维持生命待救，或接力地换戴防护时间较长的隔离式自救器，继续撤退到安全地点。井下压风自救装置如图 8—12 所示。

图 8—12 井下压风自救装置

二、各类灾害事故时的自救互救措施

1. 瓦斯与煤尘爆炸事故时的自救与互救

（1）防止瓦斯爆炸时遭受伤害的措施

据亲身经历过瓦斯爆炸的人员回忆，瓦斯爆炸前感觉到附近空气有颤动的现象，有时还发出“咝咝”的空气流动声，一般被认为是瓦斯爆炸前的预兆。

井下人员一旦发现这种情况时，要沉着、冷静，采取措施进行自救。具体方法是：背向空气颤动的方向，俯卧倒地，面部贴在地面（见图 8—13），闭住气暂停呼吸，用毛巾捂住口鼻，防止把火焰吸入肺部。最好用衣物盖住身体，尽量减少肉体暴露面积，以减少烧伤。爆炸后，要迅速按规定佩戴好自救器，弄清方向，沿着避灾路线，赶快撤退到新鲜风流中。若巷道破坏严重，不知撤退是否安全时，可以到棚子较完整的地点躲避，等待救护。

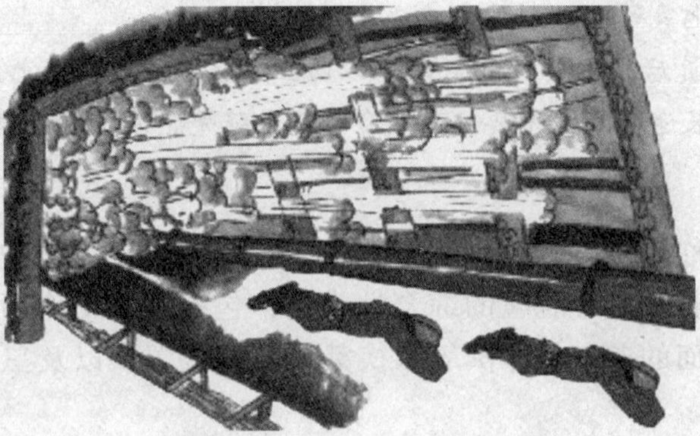

图 8—13　俯卧避灾

1）卧倒能降低身体高度，避开冲击波的强力冲击，减少危险。

2）用衣物护好身体，能避免烧伤。发生爆炸事故时，产生的高温高压气体对皮肤的烧伤是相当严重的，但由于是瞬间即逝，所以，凡是被衣裤、手套、胶靴等保护遮盖的部位，基本都不会被烧伤。因此，矿工在井下工作中，把劳动保护用品穿戴好，对保证安全是很重要的。

（2）掘进工作面瓦斯爆炸后矿工的自救与互救措施

如发生小型爆炸，掘进巷道和支架基本未遭破坏，遇险矿工未受直接伤害或受伤不重时，应立即打开随身携带的自救器，佩戴好后迅速撤出受灾巷道到达新鲜风流中。对于附近的伤员，要协助其佩戴好自救器，帮助撤出危险区。不能行走的伤员，在靠近新鲜风流 30~50 m 范围内，要设法抬运到新风中；如距离远，则只能为其佩戴自救器，不可抬运。遇险矿工撤出灾区后，要立即向矿调度室报告。

如发生大型爆炸，掘进巷道遭到破坏，退路被阻，但遇险矿工受伤不重时，应佩戴好自救器，千方百计疏通巷道，尽快撤到新鲜风流中。如巷道难以疏通，应坐在支护良好的棚子下面，或利用一切可能的条件建立临时避难硐室，相互安慰，稳定情绪，等待救助，并有规律地发出呼救信号。对于受伤严重的矿工，也要为其佩戴好自救器，使其静卧待救，并且要利用一切可能利用的条件，建立临时避难硐室待救。遇险矿工还可以利用压风管道、风筒等改善避难地点的生存条件。

（3）采煤工作面瓦斯爆炸后矿工的自救与互救措施

如果进、回风巷道没有垮落堵死，通风系统破坏不大，所产生的有害气体较易被排出。这种情况下，采煤工作面进风侧的人员一般不会受到严重伤害，回风侧的人员要迅速佩戴自救器，经最近的路线进入进风侧。

如果爆炸造成严重的塌落冒顶，通风系统被破坏，爆源的进、回风侧都会聚积大量的一氧化碳和其他有害气体，该范围所有人员都有发生一氧化碳中毒的可能。为此，在爆炸后，没有受到严重伤害的人员，要立即打开自救器佩戴好。在进风侧的人员要逆风撤出，在回风侧的人员要设法经最短路线，撤退到新鲜风流中。如果由于冒顶严重撤不出来时，首先要把自救器佩戴好，并协助重伤员在较安全地点待救。附近有独头巷道时，也可进入暂避，尽可能用木料、风筒等设立临时避难场所，并把矿灯、衣物等物挂在避难场所外面明显的地方，然后进入室内静卧待救。

2. 煤与瓦斯突出时的自救与互救

（1）发现煤与瓦斯突出预兆后现场人员的避灾措施

1）矿工在采煤工作面发现有煤与瓦斯突出预兆时，要以最快的速度通知人员迅速向进风侧撤离。撤离时快速打开隔离式自救器并佩戴好，迎着新鲜风流继续外撤。如果距离新鲜风流太远时，应首先到避难所，或利用压风自救系统进行自救。

2）掘进工作面发现煤与瓦斯突出的预兆时，必须向外迅速撤至防突反向风门之外后，把防突风门关好，然后继续外撤。如自救器发生故障或佩戴自救器不能安全到达新鲜风流时，应在撤出途中到避难所，或利用压风自救系统进行自救，等待救护队援救。

3）注意延期突出。有些矿井，出现了煤与瓦斯突出的某些预兆，但并不立即发生突出。延期突出容易使人产生麻痹，危害更大，对此，千万不能粗心大意，必须随时提高警惕。如一旦突然发生了煤与瓦斯延期突出，会造成多人遇险。因此，遇到煤与瓦斯突出预兆，必须立即撤出，并佩戴好自救器，决不要犹豫不决。

（2）发生突出事故后现场人员的避灾措施

在有煤与瓦斯突出危险的矿井，矿工要把自己的隔离式自救器带在身上，一旦发生煤与瓦斯突出事故，立即打开外壳佩戴好，迅速外撤。

矿工在撤退途中，如果退路被堵，可到矿井专门设置的井下避难所暂避，也可寻找有压缩空气管路或铁风管的巷道、硐室躲避。这时要把管子的螺丝接头卸开，形成正压通风，延长避难时间，并设法与外界保持联系。

例如，某矿于上午 11 时 15 分左右发生煤与瓦斯突出事故，突出煤矸量 5 000 t、瓦斯 70 万立方米，井下通风设施破坏，到处弥漫着高浓度瓦斯，有 100 多人受到严重威胁，其中 34 名遇险者被堵在突出灾区，他们的呼吸越来越困难。在这生死关头，有人想到附近有 2 个压风管阀门。他们立即打开阀门，新鲜空气通过压风管阀门“嘶嘶”地供给他们呼吸，34 人围坐在压风管阀门周围，养息生存。在这附近有一台直通地面调度室的防爆电话，通过这台电话，他们很快与地面取得了联系，并向地面调度室呼救。调度室的同志从电话里听到他们的呼救声，及时回话安慰他们。遇险者听到地面同志们的安慰，增加了克服困难的决心。其中一名掘进副队长在灾区组织遇险者自救，他把大家召集在压风管附近，向他们讲安全知识，鼓励大家要有勇气克服困难。地面救灾指挥部得知被堵在灾区的几十名遇险者还活着，就立即调集救护力量尽快打通进入灾区的通道。当天下午 16 时 15 分，遇险者全部被救出。遇险者被救出后，关闭压风管阀门，关闭阀门前检查阀门附近 25 m 范围内的瓦斯浓度最高为 18%，超过此范围则高达 48%；关闭阀门后 80 min 检查阀门附近 25 m 范围内的瓦斯浓度由 18%升高到 37%。

3. 矿井火灾事故时的自救与互救

（1）首先要尽最大可能迅速了解或判明事故的性质、地点、范围和事故区域的巷道情况、通风系统、风流及火灾烟气蔓延的速度、方向，以及自己所处巷道位置之间的关系，并根据矿井灾害预防和处理计划及现场的实际情况，确定撤退路线和避灾自救的方法。

（2）撤退时，任何人无论在任何情况下都不要惊慌，不能狂奔乱跑，应在现场负责人及有经验的老工人带领下有组织地撤退。

（3）位于火源进风侧的人员，应迎着新鲜风流撤退。

（4）位于火源回风侧的人员或是在撤退途中遇到烟气有中毒危险时，应迅速戴好自救器，尽快通过捷径绕到新鲜风流中去，或在烟气没有到达之前，顺着风流尽快从回风出口撤到安全地点。如果距火源较近而且越过火源没有危险时，也可迅速穿过火区撤到火源的进风侧。

（5）如果在自救器有效作用时间内不能安全撤出时，应在存有备用自救器的硐室换用自救器后再行撤退，或是寻找有压风管路系统的地点，以压缩空气供呼吸之用。

（6）撤退行动既要迅速果断，又要快而不乱。撤退中应靠巷道有联通出口的一侧行进，避免错过脱离危险区的机会，同时还要随时注意观察巷道和风流的变化情况，谨防火风压可能造成的风流逆转。人与人之间要互相照应，互相帮助，团结友爱。

（7）如果无论是逆风或顺风撤退，都无法躲避着火巷道或火灾烟气可能造成的危害，则应迅速进入避难硐室。没有避难硐室时，应在烟气袭来之前，选择合适的地点就地利用现场条件，快速构筑临时避难硐室，进行避灾自救。

（8）逆烟撤退具有很大的危险性，一般情况下不要这样做。除非是在附近有脱离危险区的通道出口，而且又有脱离危险区的把握时，或是只有逆烟撤退才有争取生存的希望时，才采取这种撤退方法。

（9）撤退途中，如果有平行并列巷道或交叉巷道时，应靠有平行并列巷道和交叉巷口的一侧撤退，并随时注意这些出口的位置，尽快寻找脱险出路。在烟雾大、视线不清的情况下，要摸着巷道壁前进，以免错过连通出口。

（10）当烟雾在巷道里流动时，一般巷道空间的上部烟雾浓度大、温度高、能见度低，对人的危害也严重，而靠近巷道底板的情况要好一些，有时巷道底部还有比较新鲜的低温空气流动。为此，在有烟雾的巷道里撤退时，在烟雾不严重的情况下，即使为了加快速度也不应直立奔跑，而应尽量躬身弯腰，低着头快速前进。如烟雾大、视线不清或温度高时，则应尽量贴着巷道底板和巷壁，摸着铁轨或管道等爬行撤退。

（11）在高温浓烟的巷道撤退时，还应注意利用巷道内的水，浸湿毛巾、衣物或向身上淋水进行降温，或是利用随身物件等遮挡头面部，以防高温烟气的刺激等（见图 8—14）。

（12）在撤退过程中，当发现有发生爆炸的前兆时（当爆炸发生时，巷道内的风流会有短暂的停顿或颤动，应当注意的是这与火风压可能引起的风流逆转的前兆有些相似），有可能的话要立即避开爆炸的正面巷道，进入旁侧巷道，或进入巷道内的躲避硐室。如果情况紧急，应迅速背向爆源，靠巷道的一帮就地顺着巷道爬卧，面部朝下紧贴巷道底板，用双臂护住头面部并尽量减少皮肤的外露部分；如果巷道内有水坑或水沟，则应顺势趴入水中（见图8—15）。在爆炸发生的瞬间，要尽力屏住呼吸或是闭气将头面部浸入水中，防止吸入爆炸火焰及高温有害气体，同时要以最快的动作戴好自救器。爆炸过后，应稍事观察，待没有异常变化迹象，辨明情况和方向，沿着安全避灾路线，尽快离开灾区，转入有新鲜风流的安全地带。

图8—14 用湿毛巾捂住口鼻撤退

图8—15 卧倒避灾

例如，某矿发生一起外因火灾，由于遇险人员采取了积极主动的自救措施，减少了伤亡。其自救情况是：火灾发生后，正在井下睡觉的开溜工被火烟熏醒。他发现溜子头处一片火龙，立即用棉背心灭火，但无效，于是慌忙跑出，到采煤工作面机巷叫人停电救火。在此之前掘二队机电工胡某在联络巷延深段的水泵处嗅到烟味，他沿联络巷到掘一、掘二队施工的掘进头口观察，未见异常，继续沿联络巷查到风门处，打开第一道风门发现烟雾，打开第二道风门就觉得烟雾逼人，呼吸困难，但尚能辨别出带式输送机机头处的火源。胡某见局部通风机正在启动吸烟，为了保全掘进头职工的安全，他果断采取了措施，将第一台风机关闭。

停机后，胡某听到开溜工正在叫喊灭火，这时已不能冲出灭火，退而关闭第一道风门，又停止第二台风机运转，迫使掘一队和掘二队发现烟雾和停止送风，从而自动撤离危险区。胡某又跑到变电所切断了掘一队、掘二队、开拓队的电源，使他们急速撤离火烟区域。当机四队机电班长付某发现火情后，立即令变电所值班员坚守岗位，切断开二队电源，把井下发生火灾情况报告给调度室。他又急速冲入采煤工作面叫人撤离。被火烟包围的采煤工作面计有21人，除了12名同志冲出危险区脱险外，还有9名同志被围困在火烟区内，其中有驻矿监察处张某和矿检查科郑某。遇险的9名同志在张某统一组织指挥下，根据矿井瓦斯的涌出量、火烟的速度、巷道通风网络与通风洒水等设施位置情况，在做好思想工作和稳定情绪后，缓撤到采煤工作面的回风巷。为了避免氧耗量增加，张某要求遇险人员静止待命，节约电源，并商讨脱险策略。当大家决定由回风流强撤时，张某提出不能冒险盲目集体撤出，应先由2人侦察后再行议事。2人侦察后，发现烟浓、温高，不能撤退，被迫返回，又将回风侧的消尘水幕打开，达到降温、隔绝烟雾逆流和消烟及吸收二氧化碳的目的。几小时后，救护队还没有进入灾区，遇险人员心急难耐，于是重新将风门打开侦察，发现无烟，人员便进入采煤工作面，边行进边侦察。到机头处时，与调度室进行通话联系，要求速派救护队抢救9人的生命。地面调度室得到这一喜讯后，立即通知井下基地人员，急速派人救出了他们9人。

4. 矿井透水事故时自救与互救

(1) 透水后现场人员撤退时的注意事项

1) 透水后，应在可能的情况下迅速观察和判断透水的地点、水源、涌水量、发生原因、危害程度等情况，根据灾害预防和处理计划中规定的撤退路线，迅速撤退到透水地点以上的水平，而不能进入透水点附近及下方的独头巷道。

2) 行进中，应靠近巷道一侧，抓牢支架或其他固定物体，尽量避开压力水头和泄水流，并注意防止被水中滚动的矸石和木料撞伤。

3) 如透水后破坏了巷道中的照明和路标，迷失行进方向时，遇险人员应朝着有风流通过的上山巷道方向撤退。

4) 在撤退沿途和所经过的巷道交叉口，应留设指示行进方向的明显标志，以提示救护人员的注意。

5) 人员撤退到竖井，需从梯子间上去时，应遵守秩序，禁止慌乱和争抢。行动中手要抓牢，脚要蹬稳，切实注意自己和他人的安全。

6) 如唯一的出口被水封堵无法撤退时，应有组织地在独头工作面躲避，等待救护人员的营救。严禁盲目潜水逃生等冒险行为。

某煤矿发生突水事故后，井下的7名矿工一同向灾区外撤退。当走到井底车场时，发现积水已将去路淹没。这时，一名青年工人急于脱险，自认为水性好，熟悉巷道情况，而不顾其他同志的劝阻，贸然潜入水中，企图脱离灾区，结果因在水中迷失方向和被杂物缠绕而溺水身亡。而另外的6名遇险人员，由于在原地避难待救，2 h后，随着抢救工作进展，积水位下降，全都安全地撤出了灾区。

(2) 被矿井水灾围困时的避灾自救措施

1) 当现场人员被涌水围困无法退出时，应迅速进入预先筑好的避难硐室中避灾，或选择合适地点，快速建筑临时避难硐室避灾。迫不得已时，可爬上巷道中高冒空间待救。如系老窑透水，则须在避难硐室处建临时挡墙或吊挂风帘，防止被涌出的有害气体伤害。进入避难硐室前，应在硐室外留设明显标志。

2) 在避灾期间，遇险矿工要有良好的精神心理状态，情绪安定、自信乐观、意志坚强。要坚信上级领导一定会组织人员快速营救，坚信在班组长和有经验老工人的带领下，一定能够克服各种困难，共渡难关、安全脱险。要做好长时间避灾的准备，除轮流担任岗哨观察水情的人员外，其余人员均应静卧，以减少体力和空气消耗。

3) 避灾时，应用敲击的方法有规律、间断地发出呼救信号，向营救人员指示躲避处的位置。

4) 被困期间断绝食物后，即使在饥饿难忍的情况下，也应努力克制自己，决不嚼食杂物充饥。需要饮用井下水时，应选择适宜的水源，并用纱布或衣服过滤。

5) 长时间被困在井下，发觉救护人员到来营救时，避灾人员不可过度兴奋和慌乱。得救后，不可吃硬质和过量的食物，要避开强烈的光线，以防发生意外。

5. 冒顶事故时的自救与互救

（1）采煤工作面冒顶时的避灾自救措施

1）迅速撤退到安全地点。当发现工作地点有即将发生冒顶的征兆，而当时又难以采取措施防止采煤工作面顶板冒落时，最好的避灾措施是迅速离开危险区，撤退到安全地点。

某煤矿的采煤工作面有 6 人上班，其中 2 人挖煤，4 人运煤。当运煤工运煤出工作面后，剩下 2 名挖煤工因煤未出尽不能架棚，便在离挖煤地点 5～6 m 远的地方休息，其中 1 人竟然睡着了。这时顶板出现冒顶预兆，不仅有响声，并伴有掉渣现象。未睡的工人立即喊醒睡觉的挖煤工，说："有响声，我们快出去！"这名挖煤工睡眼惺忪地说："就你怕死，我不出去。"由于他执意不走，另 1 名工人只得独自撤出。走了五六步远，只听"轰隆"一声，撤退工人的腿部被冒落煤矸埋住，他立即拉住一根柱腿，挣扎了几下才出来。回头一看，那名未走的挖煤工已被埋在里面。此时，顶板还在继续冒落，"轰隆"之声不绝于耳，冒顶长度达 15 m。被埋压工人抢救出来时，他早已死亡。

这个事例充分说明：发现冒顶征兆后迅速撤退到安全地点，确实是最好的避灾措施，否则就会对自己造成伤害，甚至危及生命。

2）遇险时要靠煤帮贴身站立或到木垛处避灾。从采煤工作面发生冒顶的实际情况来看，顶板沿煤壁冒落是很少见的。因此，当发生冒顶来不及撤退到安全地点时，遇险者应靠煤帮贴身站立避灾，但要注意煤壁片帮伤人。另外，冒顶时可能将支柱压断或推倒，但在一般情况下不可能压垮或推倒质量合格的木垛。因此，如遇险者所在位置靠近木垛时，可撤至木垛处避灾，如图 8—16 所示。

图 8—16　在木垛处避灾

3）遇险后立即发出呼救信号。冒顶对人员的伤害主要是砸伤、掩埋或隔堵。冒落基本稳定后，遇险者应立即采用呼叫、敲打（如敲打物料、岩块可能造成新的冒落时，则不能敲打，只能呼叫）等方法，发出有规律、不间断的呼救信号，以便救护人员和撤出人员了解灾情，组织力量进行抢救。

4）遇险人员要积极配合外部的营救工作。冒顶后被煤矸、物料等埋压的人员，不要惊慌失措，在条件不允许时切忌采用猛烈挣扎的办法脱险，以免造成事故扩大。被冒顶隔堵的人员，应在遇险地点有组织地维护好自身安全，构筑脱险通道，配合外部的营救工作，为提前脱险创造良好条件。

（2）独头巷道迎头冒顶被堵人员避灾自救措施

1）遇险人员要正视已发生的灾害，切忌惊慌失措，坚信救援人员一定会积极进行抢救。应迅速组织起来，主动听从灾区中班组长和有经验老工人的指挥，团结协作，尽量减少体力和隔堵区的氧气消耗，有计划地使用饮用水、食物和矿灯等，做好较长时间避灾的准备。

2）如人员被困地点有电话，应立即用电话向地面汇报灾情、遇险人员数和计划采取的避灾自救措施。否则，应采用敲击钢轨、管道和岩石等方法，并每隔一定时间敲击一次，发出有规律的呼救信号，以便营救人员了解被困人员所在位置，组织力量进行抢救。

3）维护、加固冒落地点和人员躲避处的支架，并经常派人检查，以防止冒顶进一步扩大，保障被堵人员避灾时的安全。

4）如人员被困地点有压风管，应打开压风管给被困人员输送新鲜空气，并稀释被隔堵空间的瓦斯浓度，但要注意保暖。

第三节　井下现场急救

搞好煤矿现场急救的目的，在于尽可能地减轻伤员痛苦，防止病情恶化，防止和减少并发症的发生，并可挽救濒临死亡的人员的生命。现场急救的关键在于“及时”。在煤矿现场做好急救工作，关系到伤员生命的安危和健康的恢复，是煤矿安全生产中的一件大事。

◎ 知识拓展

据统计，现场急救搞得好，可减少20%伤员的死亡。人员受伤害后，2 min 内进行急救的成功率可达70%，4~5 min 内进行急救的成功率可达43%，15 min 以后进行急救的成功率则较低。

一、现场创伤急救技术

现场创伤急救包括人工呼吸、心脏复苏、止血、创伤包扎、骨折临时固定和伤员搬运。

1. 人工呼吸

人工呼吸适用于触电休克、溺水、有害气体中毒窒息或外伤窒息等引起的呼吸停止、假死状态者。如果停止呼吸不久，大都能用人工呼吸方法进行抢救。

在施行人工呼吸前，先要将伤员运送到安全、通风良好的地方，将其领口解开，腰带放松，注意保持体温。伤员腰背部要垫上软的衣服等，使胸部张开。人工呼吸前，应先清除伤员口中的污物，把舌头拉出或压住，防止堵住喉咙，妨碍呼吸。各种有效的人工呼吸必须在呼吸道畅通的前提下进行，才能获得成功，常用的方法有口对口吹气法、仰卧压胸法和俯卧压背法三种。

（1）口对口吹气法

口对口吹气法是效果最好、操作最简单的一种方法。操作前使伤员仰卧，救护者在其头的一侧，一手托起伤员下颌，并尽量使其头部后仰，另一手将其鼻孔捏住，以免吹气时，从鼻孔漏气。救护者自己深吸一口气，紧对伤员的口将气吹入，造成吸气（见图 8—17），然后松开捏鼻孔的手，并用一手压其胸部以帮助呼气，如此有节律地、均匀地反复进行，每分钟应吹气 14~16 次。救护者应注意吹气时切勿过猛、过短，也不宜过长，以占一次呼吸周期的 1/3 为宜。

（2）仰卧压胸法

采用仰卧压胸法时，让伤员仰卧，救护者跨跪在伤员大腿两侧，两手拇指向内，其余四指向外伸开，平放在其胸部两侧乳头之下，借半身重力压伤员胸部，挤出肺内空气。然后，救护者身体后仰，除去压力，伤员胸部依其弹性自然扩张，使空气吸入肺内，如此有节律地进行，每分钟压胸 16~20 次（见图 8—18）。

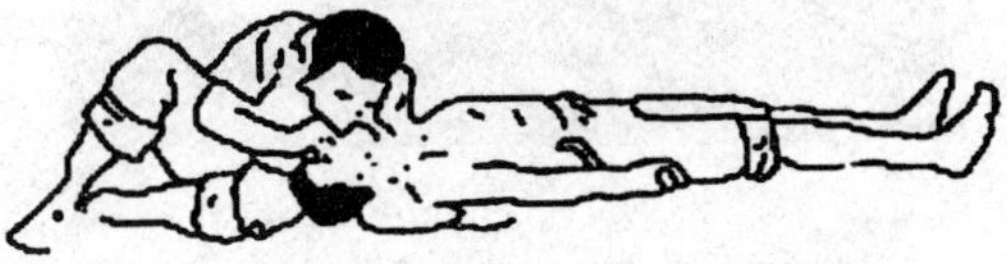

图 8—17 口对口吹气法进行人工呼吸

图 8—18 仰卧压胸法进行人工呼吸

◎ 注意

仰卧压胸法不适用于胸部外伤或二氧化硫、二氧化氮中毒者，也不能与胸外心脏挤压法同时进行。

（3）俯卧压背法

此法与仰卧压胸法操作手法大致相同，只是伤员俯卧，救护者跨跪在伤员大腿两侧（见图 8—19）。此法对溺水急救较为适合，因为这样做便于排出肺内水分。

2. 心脏复苏

心脏复苏操作主要有心前区叩击术和胸外心脏按压术两种方法。

（1）心前区叩击术

在心脏停搏后 90 s 内，心脏的应激性是增强的，叩击心前区，往往可使心脏复跳。

心脏骤停后，立即叩击心前区，叩击力中等，一般可连续叩击 3~5 次，并观察脉搏、心音，若恢复则表示复苏成功；反之，应立即放弃，改用胸外心脏按压术。

（2）胸外心脏按压术

此法适用于各种原因造成的心跳骤停者。在胸外心脏按压前，应先作心前区叩击术（使伤员头低脚高，施术者以左手掌置其心前区，右手握拳，每隔 1~2 s 在左手背上轻叩 3~5 次），促使伤员心脏复跳，如果叩击无效，应及时、正确地进行胸外心脏按压。其操作方法如图 8—20 所示。

首先将伤员仰卧置于木板上或地上，解开上衣和腰带，脱掉胶鞋。救护者位于伤员左侧，手掌面与前臂垂直，一手掌面压在另一手掌面上，使双手重叠，置于伤员胸骨三分之一处（其下方为心脏），以双肘和臂肩之力有节奏地、冲击式地向脊柱方向用力按压，使胸骨压下 3~4 cm（有胸骨下陷的感觉就可以了），为心脏恢复自主节律创造条件。按压后，迅速抬手使胸骨复位，以利于心脏的舒张。按压次数以每分钟 60~80 次为宜。按压过快，心脏舒张不够充分，心室内血液不能完全充盈；按压过慢，动脉压力低，效果也不好。

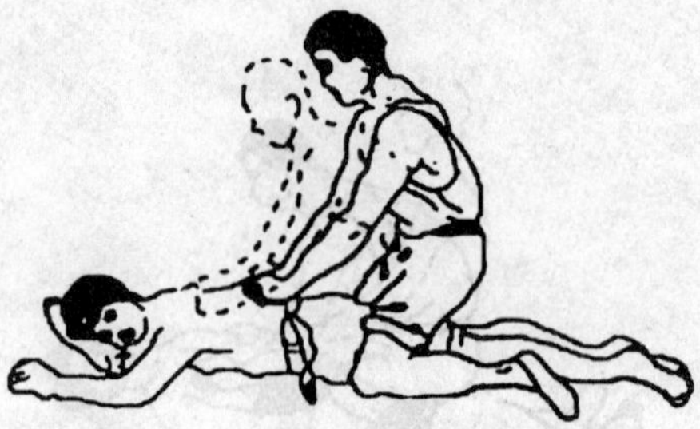

图 8—19　俯卧压背法进行人工呼吸

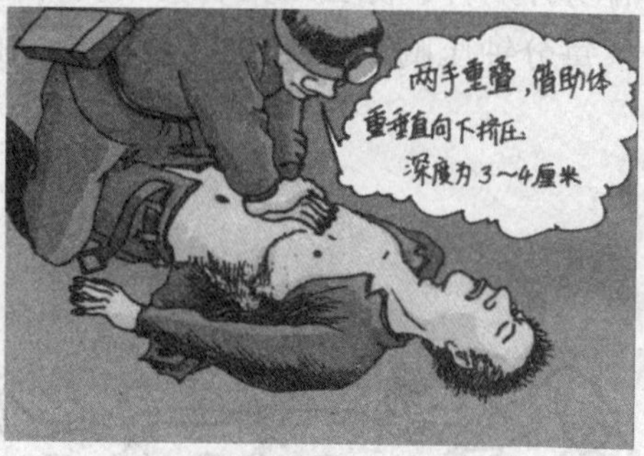

图 8—20　胸外心脏按压术

使用此法时的注意事项：

1）按压的力量应因人而异：对身强力壮的伤员，按压力量可大些；对年老体弱的伤员，按压力量宜小些。按压的力量要稳健有力，均匀规则，重力应放在手掌根部，着力仅在胸骨处，切勿在心尖部按压。同时，注意用力不能过猛，否则可致肋骨骨折、心包积血或引起气胸等。

2）胸外心脏按压与口对口吹气应同时施行，一般每按压心脏 5 次，做口对口吹气 1 次，如 1 人同时兼做此两种操作，则每按压心脏 10~15 次，较快地连续吹气 2 次。

3）按压显效时，可摸到颈总动脉、股动脉搏动，散大的瞳孔开始缩小，口唇、皮肤转为红润，血压复升至 60 mmHg 以上。

心脏按压是用人工的力量来帮助伤员心脏复跳、维持血液循环的方法，操作简便易行，效果可靠，随时随地都可施行。

3. 止血

止血方法很多，常用暂时性的止血方法有以下几种：

（1）指压止血法

如图 8—21 所示，指压止血法即在伤口的上方（近心端处），用拇指压住出血的血管，以阻断血流。此法是适用于四肢大出血的暂时性止血措施。所以，在指压止血的同时，应立即寻找材料，准备换用其他止血方法。

（2）加压包扎止血法

这是最常用的有效止血方法，适用于全身各部位。操作方法是用干净毛巾（或消毒纱布）盖住伤口，再用布带（或绷带、三角巾）加压缠紧，并将肢体抬高，也可在肢体的弯曲处加垫，然后用布带缠好。

（3）止血带止血法

采用止血带止血法时，通常用橡皮止血带（或三角巾、绷带、布带等，但禁止用电线或绳子）把伤者血管压住，达到止血目的。这种方法适用于四肢大血管出血，如图 8—22 所示。

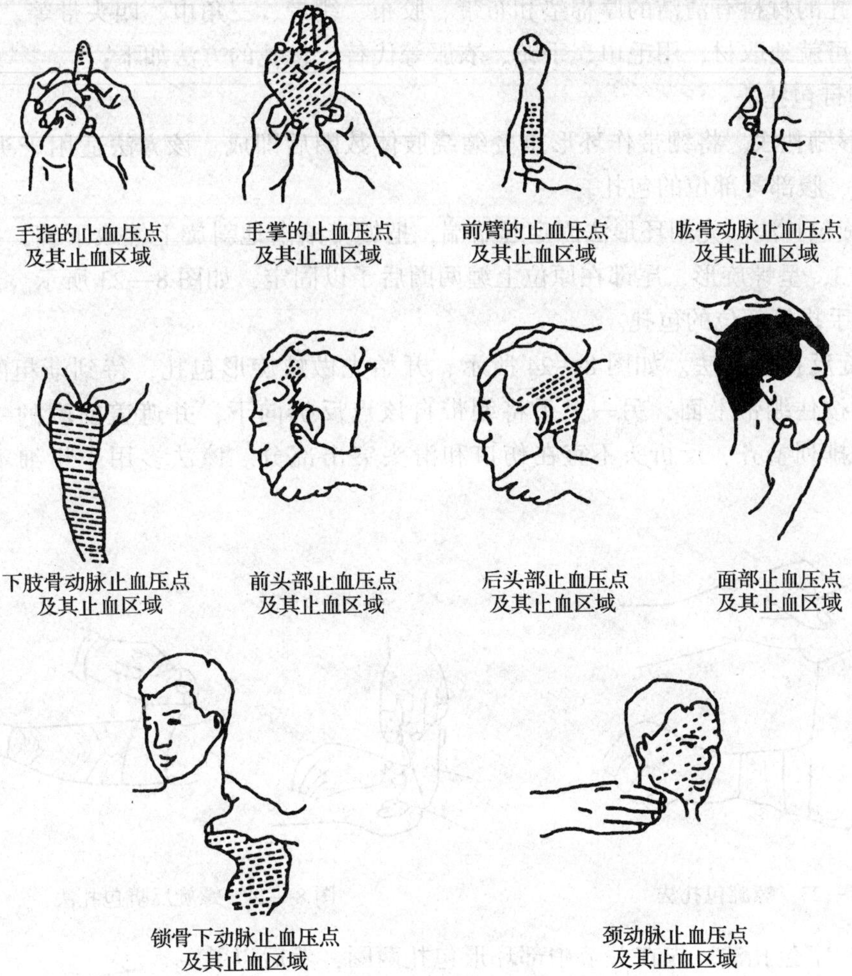

图 8—21 指压止血法

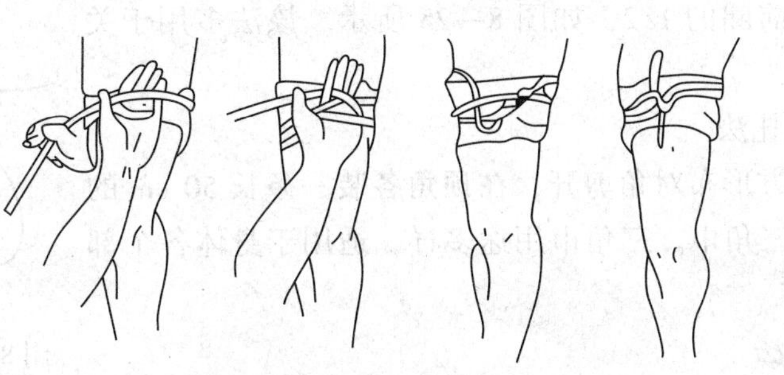

图 8—22 止血带止血法

4. 创伤包扎

在井下作业过程中，皮肤受煤、矸石、机械器具的砸、碰、擦、刮、挤、压等，都会造成撕裂破损，出现创伤。创伤的症状表现为破损、裂口、出血。包扎是一般皮肤创伤所需的现场救护方法，它具有固定敷料和夹板位置、止血和托扶受伤肢体的作用，当皮肤、肌肉出现擦、裂伤时，为避免伤口继续污染，应立即予以包扎。

创伤包扎的材料有清洁的厚棉垫和布带、胶布、绷带、三角巾、四头带等。现场没有上述材料时，可就地取材，用毛巾、手帕、衣服等代替。包扎的方法如下：

(1) 绷带包扎法

1) 环形绷扎法。将绷带作环形重叠缠绕肢体数圈后即成。该方法适用于头部、颈部、腕部及胸部、腹部等部位的包扎。

2) 螺旋包扎法。先用环形法固定起始端，把绷带渐渐地斜旋上缠或下缠，每圈压前圈的一半或1/3，呈螺旋形，尾部在原位上缠两圈后予以固定，如图8—23所示。该法用于前臂、下肢和手指等部位的包扎。

3) 螺旋反折包扎法。如图8—24所示，开始先做螺旋形包扎，待到渐粗的地方，用一只手拇指按住绷带上面，另一只手将绷带自该点反折向下，并遮盖前圈的一半或1/3。各圈反折须排列整齐，反折头不宜在伤口和滑头突出部分。该法多用于粗细不等的四肢包扎。

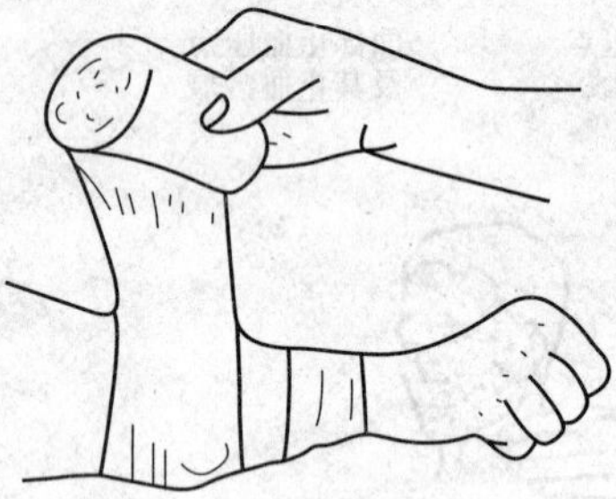

图8—23 螺旋包扎法

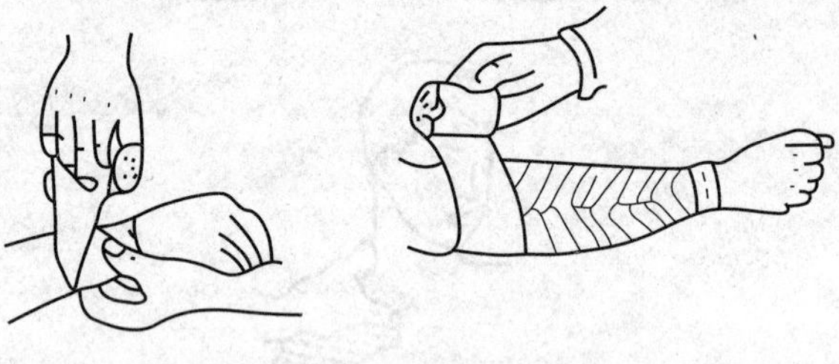

图8—24 螺旋反折包扎法

4) "8"字包扎法。先在关节中部环形包扎两圈，然后以关节为中心，从中心向两边缠，一圈向上，一圈向下，两圈在关节屈侧交叉，并压住前圈的1/2，如图8—25所示。该法多用于关节处的包扎。

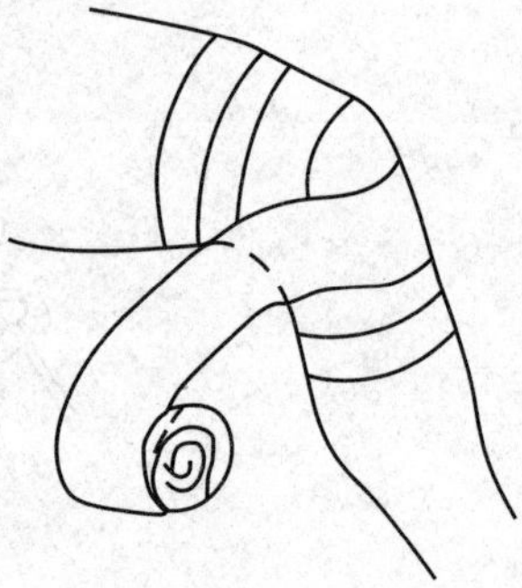

图8—25 "8"字包扎法

(2) 三角巾包扎法

将1 m长的正方形布对角剪开，在顶角各装一条长50 cm的带子，即成为两块三角巾。三角巾用途多样，适用于身体各个部位的包扎。

(3) 毛巾包扎法

当现场有大批伤员，来不及准备三角巾时，可用毛巾斜折成三角巾代替使用，它与三角巾一样用途很广，适用于人身各个部位的包扎，如图8—26所示。

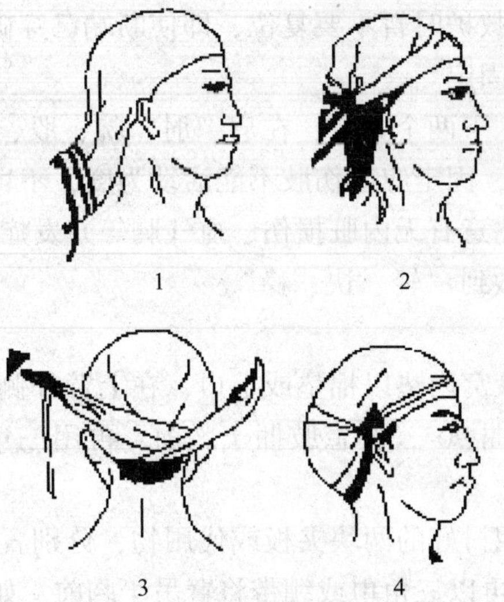

图 8—26　毛巾包扎法

◎ 注意

1. 包扎的目的在于保护创面、减少污染、止血、固定肢体、减少疼痛、防止继发损伤，因此在包扎时，应做到动作迅速敏捷，不可触碰伤口，以免引起出血、疼痛和感染。

2. 不能用井下的污水冲洗伤口。伤口表面的异物（如煤块、矸石等）应去除，但深部异物需要将伤员运至医院取出，防止重复感染。

3. 包扎动作要轻柔，松紧度要适宜，不可过松或过紧，结头不要打在伤口上，应使伤员体位舒适，绷扎部位应维持在功能位置。

4. 脱出的内脏不可放回伤口，以免造成体腔内感染。

5. 经井下初步包扎后的伤口，到地面急救站或医院后，要重新进行冲洗、消毒、清创、缝合，并重新包扎。

6. 包扎范围应超出伤口边缘 5~10 cm。

5. 骨折临时固定

骨骼受到外力作用，骨头的连续性或完整性遭部分或完全破坏，称为骨折。骨折固定可减轻伤员的疼痛，防止因骨折端移位而刺伤邻近组织、血管、神经，也是防止创伤休克的有效急救措施。

（1）抢救要点

1）根据受伤的原因、部位、症状、体征等，先做扼要的检查和判断。凡疑有骨折者均应按骨折处理，若伤员有休克发生，则应先抢救，对开放性骨折伤员，应先处理创口止血，然后再进行骨折固定。

2）在进行骨折固定时，应使用夹板、绷带、三角巾、棉垫等物品，若手边没有时，可就地取材，如板劈、树枝、木板、木棍、硬纸板、塑料板、衣物、毛巾等均可代替。必要时也可将受伤肢体固定在伤员健侧肢体上，如下肢骨折可与健侧绑在一起，伤指可与邻指固定在一起。若骨折断端错位，救护时暂不要复位，即使断端已穿破皮肤露出外面，也不可进行复位，而应按受伤原状包扎固定。

3）骨折固定应包括上、下两个关节，在肩、肘、腕、股、膝、踝等关节处应垫棉花或衣物，以免压破关节处皮肤，固定应以伤肢不能活动为度，不可过松或过紧。

4）在处理骨折时，应注意有无内脏损伤、血气胸等并发症，若有应先行处理。

5）搬运骨折伤员时要做到“轻、快、稳”。

（2）固定方法

1）上臂骨折。于患侧腋窝内垫以棉垫或毛巾，在上臂外侧安放垫衬好的夹板或其他代用物，绑扎后，使肘关节屈曲 90°，将患肢捆于胸前，再用三角巾或绷带将其悬吊于胸前，如图 8—27 所示。

2）前臂及手部骨折。用衬好的两块夹板或代用物，分别置放在患侧前臂及手的掌侧及背侧，以布带或绷带绑好，再以三角巾或绷带将臂吊于胸前，如图 8—28 所示。

图 8—27　上臂骨折固定包扎法

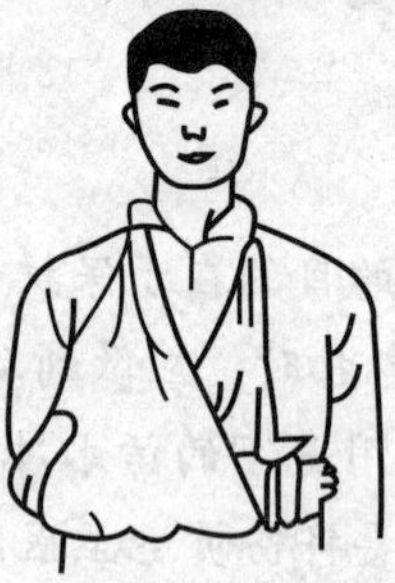

图 8—28　前臂及手部骨折包扎法

3）大腿骨折。用长木板放在患肢及躯干外侧，半髋关节、大腿中段、膝关节、小腿中段、踝关节同时固定。

4）小腿骨折。以长 83 cm、宽 10 cm 的木夹板两块，自大腿上段至踝关节分别在内外两侧捆绑固定。

5）骨盆骨折。用床单或衣物将骨盆部包扎住，并将伤员两下肢互相捆绑在一起，膝、踝间加上软垫，曲髋、屈膝，用多人将伤员仰卧平托在木板担架处。有骨盆骨折者，应注意检查有无内脏损伤及内出血。

6）锁骨骨折。以绷带作“∞”形固定，固定时双臂应向后伸。

6. 伤员搬运

井下条件复杂，道路不畅，转运伤员要尽量做到“轻、快、稳”。没有经过初步固定、止血、包扎和抢救的伤员，一般不应转运。正确的搬运方法可以减轻伤员的痛苦，避免造成新的损伤及并发症。搬运时应注意以下事项：

（1）呼吸、心跳骤停及休克昏迷的伤员应先及时复苏后再搬运。若现场没有懂得复苏技术的人员，则可为争取抢救的时间而迅速向外搬运，迎接救护人员进行及时抢救。

（2）对昏迷或有窒息症状的伤员，要把肩部稍垫高，使头部后仰，面部偏向一侧或采用侧卧位和偏卧位，以防胃内呕吐物或舌头后坠堵塞气管而造成窒息，注意随时都要确保呼吸道的通畅。

(3) 一般伤员可用担架、木板、风筒、刮板输送机槽、绳网等运送，但脊柱损伤和骨盆骨折的伤员应用硬板担架运送。

(4) 对一般伤员，均应先行止血、固定、包扎等初步救护后，再进行转运。

(5) 对脊柱损伤的伤员，要严禁让其坐起、站立和行走，也不能用一人抬头、一人抱腿或人背的方法搬运。因为当脊柱损伤后，再弯曲活动时，有可能损伤脊髓而造成伤员截瘫甚至突然死亡，所以在搬运时要十分小心。

◎ 注意

在搬运颈椎损伤的伤员时，要专有一人抱持伤员的头部，轻轻地向水平方向牵引，并且固定在中立位，不使颈椎弯曲，严禁左右转动。搬运者多人双手分别托住颈肩部、胸腰部、臀部及两下肢，同时用力移上担架，取仰卧位。担架应使用硬木板，肩下应垫软枕或衣物，使颈椎呈伸展样（颈下不可垫衣物），头部两侧用衣物固定，防止颈部扭转，且忌抬头。若伤员的头和颈已处于曲歪位置，则需按其自然固有姿势固定，不可勉强纠正，以避免损伤脊髓而造成高位截瘫，甚至突然死亡。

(6) 搬运胸、腰椎损伤的伤员时，先把硬板担架放在伤员旁边，由专人照顾患处，另有两三人保持脊柱伸直位，同时用力轻轻将伤员推滚到担架上，推动时用力大小、快慢要保持一致，要保持伤员脊柱小弯曲。伤员在硬板担架上取仰卧位，受伤部位垫上薄垫或衣物，使脊柱呈过伸位，严禁坐式或肩背式搬运。

另一种办法是一人抬腿，一人抬头，中间两人托腰或用宽布托腰，不让腰部弯曲，抬到硬木板担架上，伤员也可取卧位。若仰卧时，腰部下及两侧垫上衣物，防止伤员移动。

(7) 一般外伤的伤员，可平卧在担架上，伤肢抬高。胸部外伤的伤员可取半坐式。有开放性气胸者，需封闭包扎后，才可转运。腹腔部内脏损伤的伤员，可平卧，用宽布带将腹腔部捆在担架上，以减轻痛苦及出血。骨盆骨折的伤员可仰卧在硬板担架上，曲髋、屈膝，膝下垫软枕或衣物，用布带将骨盆捆在担架上。

(8) 转运时应让伤员的头部在后面，随行的救护人员要时刻注意伤员的面色、呼吸、脉搏，必要时要及时抢救。随时注意观察伤口是否继续出血，固定是否牢靠，出现问题要及时处理。上下山时，应尽量保持担架平衡，防止伤员从担架上翻滚下来。

(9) 将伤员运送到井上后，应向接管医生详细介绍受伤情况及检查、抢救经过。

二、对中毒或窒息人员的急救

1. 立即将伤员从危险区抢运到新鲜风流中，并安置在顶板良好、无淋水和通风正常的地点。

2. 立即将伤员口、鼻内的黏液、血块、泥土、碎煤等除去，解开上衣和腰带，脱掉胶鞋。

3. 用衣服（有条件时，用棉被和毯子）覆盖在伤员身上以保暖。

4. 根据心跳、呼吸、瞳孔等特征和伤员的神志情况，初步判断伤情的轻重。正常人每分钟心跳 60~80 次、呼吸 16~18 次，两眼瞳孔是等大、等圆的，遇到光线能迅速收缩变小，而且神志清醒。休克伤员的两瞳孔不一样大，对光线反应迟钝或不收缩。伤员的休克程度可根据表 8—2 判断。对呼吸困难或停止呼吸者，应及时进行人工呼吸。当出现心跳停止的现象（心音、脉搏和血压消失，瞳孔完全散大、固定，意识丧失）时，除进行人工呼吸外，还应同时进行胸外心脏按压法急救。

表 8—2　休克程度分类

休克分类	轻度	中度	重度
神志	清楚	淡漠、嗜睡	迟钝或不清
脉搏	稍快	快而弱	测不到
呼吸	略快	快而浅	呼吸困难
四肢温度	无变化或稍发凉	湿而凉	冰凉
皮肤	发白	苍白或出现花纹斑	发紫
尿量	正常或减少	明显减少	尿极少或无尿
血压	正常或偏低	下降显著	测不到

◎ 注意

当伤员出现眼红肿、流泪、畏光、喉痛、咳嗽、胸闷症状时，说明是二氧化硫中毒所致。当伤员出现眼红肿、流泪、喉痛及手指、头发呈黄褐色现象时，说明是二氧化氮中毒。对二氧化硫和二氧化氮的中毒者只能进行口对口的人工呼吸，不能进行仰卧压胸法或俯卧压背法的人工呼吸，否则会加重伤情。

5. 人工呼吸持续的时间以伤员恢复自主性呼吸或真正死亡时为止。当救护队来到现场后，应转由救护队用苏生器苏生。

三、对外伤人员的急救

1. 对烧伤人员的急救

矿工烧伤的急救要点可概括为“灭、查、防、包、送”。

（1）灭

尽快扑灭伤员身上的火，使伤员尽快脱离热源，缩短烧伤时间。

（2）查

检查伤员呼吸、心跳情况，检查是否有其他外伤或有害气体中毒。对爆炸冲击烧伤伤员，应特别注意有无颅脑、内脏损伤和呼吸道烧伤。

（3）防

要防止休克、窒息、创面污染。伤员因疼痛和恐惧发生休克时或发生急性喉头梗阻而窒息时，可进行人工呼吸等急救。在现场检查和搬运伤员时，为了减少创面的污染和损伤，伤员的衣服可以不脱、不剪开。

（4）包

用较干净的衣服把创面包裹起来，防止感染。在现场，除化学烧伤可用大量流动的清水持续冲洗外，对创面一般不做处理，尽量不弄破水泡，以保持表皮完好。

（5）送

把严重伤员迅速送往医院。搬运伤员时，动作要轻柔，行进要平稳，并随时观察伤情。

2. 对出血人员的急救

对出血人员如果抢救不及时或不恰当，就可能使伤口出血过多而危及生命。出血较多者，一般表现为脸色苍白，出冷汗，手脚发凉，呼吸急促。对这类伤员，首先要争分夺秒，准确有效地止血，然后再进行其他急救处理。止血的方法随出血种类的不同而不同。出血的种类有以下几种：

（1）动脉出血，血液呈鲜红色，而且是从伤口向外喷射。

（2）静脉出血，血液呈暗红色，血流缓慢而均匀。

（3）毛细血管出血，血液呈红色，像水珠似地从伤口渗出。

对毛细血管和静脉出血，一般用干净布条（有条件时，用消毒纱布和绷带）包扎伤口即可，大的静脉出血可用加压包扎法止血。对于动脉出血，应采用指压止血法或加压包扎止血法。

对于因内伤而咯血的伤员，首先使其取半躺半坐的姿势，以利于呼吸和预防窒息，然后劝慰伤员平稳呼吸，不要惊慌，以免血压升高，呼吸加快，使出血量增多，最后等待医生下井急救，或护送出井就医。

3. 对骨折人员的急救

对骨折者，首先用毛巾或衣服作衬垫，然后就地取用木棍、木板、竹笆片等材料做成临时夹板，将受伤的肢体固定后，抬送医院。对受挤压的肢体，不得按摩、热敷或绑止血带，以免加重伤情。

四、对溺水者的急救

水灾发生后，首先应抢救溺水人员。人员溺水时，水大量地灌入溺水者肺部，可造成呼吸困难而窒息死亡。所以，对溺水人员应迅速采取下列急救措施：

1. 转送

把溺水者从水中救出以后，要立即送到比较温暖和空气流通的地方，松开腰带，脱掉湿衣服，盖上干衣服，不使其受凉。

2. 检查

以最快的速度检查溺水者的口鼻，如果有泥水和污物堵塞，应迅速清除，擦洗干净，以保持呼吸道通畅。

3. 控水

使溺水者取俯卧位，用木料、衣服等垫在肚子下面；或救护者左腿跪下，把溺水者的腹部放在救护者的右侧大腿上，使其头朝下，并压其背部，迫使其体内的水从气管、口腔里流出。

4. 人工呼吸

上述方法控水效果不理想时，应立即做俯卧压背式人工呼吸或口对口吹气式人工呼吸，或进行胸外心脏按压。

五、对触电者的急救

1. 立即切断电源，或使触电者脱离电源。

2. 迅速观察伤员有无呼吸和心跳。如发现已停止呼吸或心音微弱，应立即进行人工呼吸或胸外心脏按压。

3. 若伤员的呼吸和心跳都已停止时，应同时进行人工呼吸和胸外心脏按压。

4. 对遭受电击者，如有其他损伤（如跌伤、出血等），应作相应的急救处理。

第四节　矿山救护队

矿山救护队是保障煤炭行业安全生产的一支主要力量，它担负着保护国家财产和煤矿井下职工生命安全的重任。

我国矿山救护队是在从无到有、从小到大的基础上建立并稳步发展起来的。截至2014年年底，全国共有578支矿山救护队（482支煤矿救护队、96支非煤矿山救护队），经各省级矿山救援管理机构评定，达到质量标准化等级的救护队共有411支，其中特级115支、一级75支、二级89支、三级132支，初步形成了分级管理、统一指挥、职责明晰、协同作战的矿山救援网络。

一、矿山救护队发展迅速的主要原因

1. 煤矿安全生产形势的需要

我国煤矿生产是由炮采、机采、高档普采向综合机械化采煤技术发展的，采煤技术的进步使我国煤炭产量持续快速增长，近几年国家开始控制煤炭产量，2013年为36.8亿吨，2014年达到38.7亿吨，2015年为37.5亿吨。但是，地下开采的特殊条件带来的不安全因素很多，煤矿中的各类灾害事故不断发生，严重影响煤矿的安全生产。

2. 国家拨专款，重点扶持矿山救护队建设

1953—1957年，国家拨专款714万元，成立了北京、峰峰、井陉、阳泉、大同、淄博、淮南、阜新、抚顺、辽源、鸡西、鹤岗、开滦、焦作、蛟河、营城等30余支矿山救护队。2004年，国家再次投资7 700万元，为14个矿山救援基地和国家矿山救援指挥中心配备了矿山救护车、矿山救护指挥车、生命探测仪、救灾用切割器具等先进的救援装备。

3. 培训矿山救护队骨干力量，适应矿山救护工作需要

1952—1955年，原煤炭工业部组织了8期矿山救护队队长学习班，培训指挥员400余名。1981年，永川矿山救护工作会议之后，各大区、省都定点设立小队长培训基地，对本区域内的基层骨干力量进行轮训。1982年，在平顶山、抚顺矿务局设立救护大、中队长培训中心。其中，仅平顶山培训中心就举办22期，培训大、中队指挥员1 028名，为提高矿山救护队管理水平和业务技术素质奠定了基础。

4. 建立安全仪器厂，为矿山救护队提供仪器装备

1953 年，抚顺安全仪器厂建立，随后国家又在重庆、西安、湖南等地建立了安全仪器厂，为矿山救护队的发展和壮大提供大量的救护仪器装备。近几年，各安全仪器厂在生产 AHY6 和 AHG-4A 型呼吸器的同时，研制开发出正压氧气呼吸器，为矿山救护队个人防护仪器的更新换代起到了推动作用。

5. 完善矿山救护队的自身建设

通过深化改革，矿山救护队的管理工作逐步走向正规化，建立了总队、支队、大队、中队、辅助救护队的管理体制，各大区协作网在区域内定时开展质量标准化验收、竞赛比武、指挥员培训等活动。截至 1994 年，全国已有 47 支救护大队成为标准化救护大队，71 支救护中队成为一级标准化救护中队，41 支救护中队成为二级标准化救护中队。

6. 矿山救护队的发展方向呈多功能性

随着改革开放的不断深化，矿山救护队从单一的矿山救护，逐渐向多功能方向发展，即把矿山救护队建成抢险救灾、安全监察、安全培训、地面消防、安全装备检测等多功能的队伍。在 2008 年“5. 12”汶川地震抗震救灾工作中，国家安全生产监督管理总局共调集 44 支救援队伍、1 057 名救援队员投入灾区参加抢险救灾工作，累计从废墟中抢救出遇险人员 1 113人，搜寻出遇难者 567 人，解救和疏散被困人员 14 860 人，抢救出大量重要文件资料和贵重财物，并及时排查治理了一大批易发生次生事故的隐患。

二、专职矿山救护队

1. 矿山救护队的性质

煤矿在开采过程中，经常受到瓦斯燃烧、爆炸、突出、冒顶、冲击地压、水、火、煤尘爆炸等灾害的威胁。为预防这些灾害的发生，并在发生事故后，能及时抢救遇险人员，防止事故扩大，必须要有一支能够在恶劣环境中作业的队伍——矿山救护队。这支队伍实行军事化管理，具有高度的政治觉悟、强烈的责任心、健壮的体质，能熟练掌握救护仪器和装备的使用方法，具有丰富的抢险救灾经验和无私奉献、自我牺牲的精神，特别能战斗。

在处理煤矿事故时，矿山救护队所处的环境、条件、困难是常人无法想象的。当国家财产和煤矿职工的生命安全受到威胁时，矿山救护队携带仪器装备，深入抢险救灾第一线，抢救遇难人员，处理事故，把损失降到最低限度。

2. 矿山救护队的组织

根据矿山救护队的特点和煤炭行业的管理职能，建立军事化矿山救护总队、支队、区域大队、区域中队、辅助救护队的管理体制。跨省（区）调动，由国家安全生产应急救援指挥中心统一指挥；省（区）内调动，由支队统一指挥；区域内调动，由大队统一指挥。各省（区）的矿山救护队，打破隶属关系，不分管理体制，实行统一规划。

3. 矿山救护队的任务

矿山救护队必须认真执行党的安全生产方针，坚持“加强战备、严格训练、主动预防、积极抢救”的原则，时刻保持高度警惕，真正做到召之即来，来之能战，战之能胜。

矿山救护队的任务包括以下几个方面：

(1) 抢救井下遇险遇难人员。

(2) 处理井下火、瓦斯、煤尘、水和顶板等灾害事故。

(3) 参加危及井下人员安全的地面灭火工作。

(4) 参加排放瓦斯、震动性放炮、启封火区、反风演习和其他需要佩戴氧气呼吸器的安全技术工作。

(5) 参加审查矿井灾害预防和处理计划、协助矿井搞好安全和消除事故隐患的工作。

(6) 负责辅助救护队的培训和业务指导工作。

(7) 协助矿井安全检查部门，搞好职工救护知识的教育培训工作。

4. 抢救指挥工作

(1) 矿井发生重大事故后，必须立即成立抢救指挥部并设立地面基地，矿山救护队队长为抢救指挥部成员。

(2) 矿山救护队队长对矿山救护工作具体负责。如与其他矿山救护队联合作战时，应成立矿山救护联合作战部，由服务于发生事故的煤矿企业的矿山救护队队长担任作战部指挥，协调各矿山救护队的行动。

(3) 矿井发生火、瓦斯、煤尘等重大事故后，必须首先组织矿山救护队进行侦察，探明灾区情况。抢救指挥部应根据灾害性质、发生地点、波及范围、人员分布、救灾的人力和物力，制定抢救方案。

(4) 井下救灾基地

1) 为保证重大事故井下抢救工作的顺利进行，应在靠近灾区的安全地点设立井下基地。井下基地指挥由指挥部选派具有救护知识的人员担任。

2) 井下基地应有矿山救护队指挥员、待机小队和急救员值班，并设有通往指挥部和灾区的电话，备有必要的救护装备和器材。

3) 井下基地电话应派专人看守并做好记录，井下基地指挥员应经常与抢救指挥部、灾区工作的救护小队保持联系。

4) 井下救灾过程中应由专人检测风流和有害气体浓度。灾情突然发生变化时，井下基地指挥员应采取应急措施，并及时向指挥部报告。

5. 矿山救护队进行预防性检查工作的主要内容

(1) 深入服务矿井，熟悉采、掘的基本情况，了解矿井的采掘位置、通风系统、保安设施、火区管理系统、运输系统、防水排水系统、输配电系统、洒水灭尘系统、消防管路及其设备的使用情况，各生产区队、班（组）的分布情况，机电硐室、火药库、安全出口位置，事故隐患及安全生产动态等。

(2) 协助矿井搞好探查古窑、恢复旧巷等需要佩戴氧气呼吸器的安全技术工作。

(3) 协助矿井主管部门培训井下职工、工程技术人员使用和管理自救器。

(4) 宣传党的安全生产方针，协助通风部门做好煤矿安全生产的预防检查工作。

三、矿山辅助救护队

矿山辅助救护队是专职矿山救护队的后备力量，是矿井安全生产的哨兵。矿山辅助救护队的基本任务是服务本矿井的安全，并对本矿井的通风、地质、灾变、生产、安全设施等情况掌握准确。一旦发生事故，矿山辅助救护队应动作迅速，能及时到达事故现场，把事故消灭在初期阶段，发生重大事故时，能引导和配合专职救护队的行动。

1. 矿山辅助救护队的组织与管理

矿山辅助救护队应根据矿井的生产规模、自然条件和灾害情况确定编制，原则上由3支以上小队组成。

矿山辅助救护队应设专职队长及专职仪器装备维修工，负责日常工作。矿山辅助救护队直属矿长领导，业务受矿总工程师（或技术负责人）和矿山救护队的指导。

矿山辅助救护队员，应由符合矿山救护队员条件的工人、工程技术人员和干部兼职组成。

矿山辅助救护队的小队装备、个人防护仪器配备数量及劳保福利、救护津贴应与专职矿山救护队相同。

矿山辅助救护队必须设有值班室、学习室、氧气充填室、修理室及必要的体质锻炼场地。

矿山辅助救护队仪器装备的维护保养标准、战备值班要求、出动时间与专职矿山救护队相同。

2. 矿山辅助救护队的任务

（1）做好矿井事故预防检查工作，控制和处理矿井初期事故。

（2）引导和救助遇险人员脱离灾区，积极抢救遇险遇难人员。

（3）参加需要佩戴氧气呼吸器的安全技术工作。

（4）协助矿山救护队完成矿井事故处理工作。

（5）搞好矿井职工自救与互救知识的宣传教育工作。

四、抢险救灾要领

煤矿在生产过程中，存在着水、火、瓦斯、粉尘，以及煤与瓦斯突出、顶板等灾害，威胁着煤矿生产和职工生命安全。特别是火灾与瓦斯、煤尘爆炸事故，给国家和人民的财产带来无法估量的损失。这些事故发生后，矿山救护队的主要责任就是迅速赶赴事故矿井，及时抢救遇险遇难人员，控制灾害事故扩大，保护国家财产。

处理矿井事故的关键，在于矿山救护队能否在短时间内，了解情况，制订方案，并进行部署。在执行救灾方案时，救护指挥员要正确指挥，组织适当，措施得力。抢险救灾的要领，大致可归纳以下几点。

1. 战斗准备

矿山救护队接到事故电话，要以最快的速度赶到事故矿井。指挥员迅速到抢险救灾指挥部（矿井调度室）了解事故情况，领取任务，研究作战部署。当指挥员领取任务时，待命小队要做好一切下井准备，缩短在地面的时间，尽快投入战斗。

2. 了解事故性质及范围

(1) 认真听取矿井调度人员、领导及工程技术人员的情况介绍，弄清事故原因、范围，并征求他们对事故处理的意见。

(2) 从矿图上了解事故范围，遇险遇难人员的数量、分布、通风情况，进入灾区侦察和抢救遇险遇难人员的路线，以及救灾基地的设置位置。

(3) 向从灾区脱离危险的人员了解情况。

(4) 要选择技术全面、能准确地反映灾区情况的中队或小队进行侦察，查明灾区情况，供指挥员参考制定出切实可行的抢救方案。

3. 善于抓住战机

在处理矿井事故时，指挥员要善于抓住处理事故的最佳时机，贻误战机往往会造成事故扩大。

例如，某矿井下自然发火，矿山救护队到达事故地点时，火灾正处于初期阶段，烟雾小，有害气体浓度低，温度不高，救护指战员不佩戴氧气呼吸器可以从灾区周围通过。但由于指挥不力，措施不当，行动迟缓，造成火灾事故扩大，导致全矿井封闭。

4. 利用通风技术消灭事故

在处理矿井事故时，选择正确的通风方法，对事故处理的影响很大。因此，采用的通风方法，必须符合以下要求：

(1) 有利于控制事故，不使事故扩大。

(2) 便于抢救遇险遇难人员。

(3) 有利于控制瓦斯浓度。

在处理矿井事故时，指挥员应掌握“安全、生产、效果”的原则。所谓“安全”，即在制订事故处理方案时，首先要考虑矿井的安全、井下生产工人的安全和救护人员的安全。所谓“生产”，即在制定事故处理方案时，要考虑到煤矿的生产，尽最大努力做到不影响生产或少影响生产，万不得已的情况下才停止生产。所谓“效果”，即在制订处理事故方案时，要考虑到事故处理的效果，也就是处理的成败。

处理矿井事故是一门科学，它有一定的规律性。因此，救护指战员要认真钻研救护业务技术，研究处理各种事故的战略战术，提高指挥能力，为煤矿安全生产做出较大贡献。

第五节　矿井灾害预防和处理计划

一、矿井灾害预防和处理计划的编制目的

煤矿生产主要是地下作业，自然条件复杂，经常受到瓦斯、煤尘、水、火和冒顶等自然灾害的威胁，在生产过程中也存在着发生事故的可能性。为贯彻执行国家的安全生产方针和有关的法律、法规，保障煤矿职工的安全和健康，保护国家资源和财产不受损失，保证煤矿生产建设的正常进行，促进煤炭工业的发展，煤矿企业和职工都必须遵守《煤矿安全规程》的规定。

编制矿井灾害预防和处理计划的目的是：贯彻预防为主的方针，防止矿井事故的发生；

一旦发生事故时，就可以作为在场人员及矿山救护队处理事故、抢救人员的行动纲领，以便将事故消灭在初期阶段或防止事故扩大，把事故的损失减少到最低程度。

◎ 相关法规

《煤矿安全规程》明确规定：煤矿必须编制年度灾害预防和处理计划，并根据具体情况及时修改。灾害预防和处理计划由矿长负责组织实施。

历史的经验表明：编制并贯彻执行矿井灾害预防和处理计划，是煤矿实现安全生产的一项重要措施，否则安全生产就没有保障，还会造成重大事故。

例如，某矿进风井底水泵硐室发生火灾，造成多人伤亡，损失惨重。这次事故的教训主要有以下几点。一是没有预防机电硐室火灾的措施。硐室支护为木支架，并设有木板房，硐室内用 10 只 100 W 灯泡取暖，没有防火和其他灭火设备，而且司机提前出井，泵房无人，造成火灾蔓延扩大。二是没有制定发生事故后的处理措施。火灾发生后，局、矿、坑口三级领导没有统一指挥和行动。决定主要通风机反风，但换向闸门冻结，后决定停风，但井下抢救人员又未撤到安全地点，使 3 名井长、1 名科长中毒。矿山救护队进入灾区准备打开排风巷风门，使风流短路，因不熟悉巷道，迷失方向，造成救护队员中毒。井下工人不知避灾路线，又无自救器，因此多人一氧化碳中毒。

二、矿井灾害预防和处理计划的内容

1. 根据本矿的地质条件和自然因素，列举在发生瓦斯喷出、煤（岩）与瓦斯（二氧化碳）突出、自然发火、地下水害、冲击地压、顶板大面积冒落等情况时的预兆。

2. 根据矿井瓦斯涌出情况及规律、煤尘爆炸的倾向性，积水区域和火灾可能性等因素，提出预防在矿井中发生瓦斯爆炸、煤尘爆炸、煤（岩）与瓦斯（二氧化碳）突出、透水、火灾、冲击地压和顶板大面积冒落等各种重大灾害事故的措施（包括组织措施、技术措施和必要的物质准备）。

3. 矿井中一旦发生事故后，组织灾区人员自救和安全撤离灾区，以及抢救人员的措施。包括矿山救护队、一般人员和抢救人员的行动路线、抢救方法和措施，井下人员避灾路线，组织撤退的负责人，井下人员的自救方法、设施和设备等。

4. 处理各种事故的指导原则和具体措施，以及为缩小事故范围，迅速而安全地消除事故危害所必需的工程、设备、器材、工具的数量、使用地点、使用方法和管理办法等。

5. 处理事故的组织领导和有关单位、部门及领导人的任务、职责、通知方法和顺序。

6. 有关处理各种事故必备的技术资料：

（1）矿井通风系统示意图、矿井通风网路图（在这两种图上都应标明通风设施的位置、风向、风量）、反风试验报告，以及反风时保证反风设施完好可靠的检查报告。

（2）矿井供电系统图和井下电话的安装地点。

（3）井下消防洒水、排水、注浆、充填、瓦斯抽放和压风等管路系统图。

（4）地面和井下消防材料库的位置及其所储备的材料、设备、工具的品名和数量登记表。

(5) 井上下对照图，图中应标明井口位置和标高、地面铁路、公路、钻孔、水井、水管、储水池，以及其他存放可供处理事故的材料、设备和工具的地点。

矿井灾害预防和处理计划应力求简明、图文并茂，采取的措施详尽确切、职责分明。

三、计划的编制、修改方法和审批程序

1. 该计划由矿总工程师组织通风、采掘、机电、地质、技术等单位的有关人员进行编制，并有矿山救护队参加，还应征得驻矿安全监察处（站）的同意。

2. 要通过全面安全检查、调查研究，找出不安全因素和有关漏洞，在总结经验教训的基础上，再进行计划的具体编制工作。

3. 要组织全矿各科室的领导、工程技术人员、基层干部及技术工人，对计划草案进行讨论、补充和修改后，在每年开始前 1 个月报上级主管部门技术负责人批准。

4. 上级主管部门技术负责人要组织通风、生产、技术、安监、机电、矿山救护队等有关部门进行审批，并保证在年底前批复，由矿长负责组织实施。

5. 对已批准的矿井灾害预防和处理计划，一般在每季度开始前 15 天，矿总工程师应根据矿井自然条件和采掘工程的变动情况，组织有关部门进行修改和补充，并在上季度末贯彻到全矿井下区队中去。

四、预防矿井事故发生措施的编制要求

1. 要规定执行各项安全措施的具体办法。

2. 要有对职工进行安全技术教育的安排。

3. 要定期组织安全检查，及时处理不安全因素。

4. 根据矿井瓦斯涌出情况及规律、煤尘爆炸的倾向性、积水区域和火灾可能性等因素，提出预防各种重大灾害事故的组织措施、技术措施，并应规定经常检查这些预防措施的落实情况。

5. 必须规定为预防事故发生必须完成的安全技术措施，增添的设备和必备的安全检测仪器、仪表的数量、安装地点、管理办法和负责人等。

五、组织灾区人员自救和安全撤离措施的编制要求

1. 采用最快速、最有效的传报技术和方法，通知和引导灾区人员和受威胁区域的人员迅速从灾区和受威胁区域安全撤出。

2. 明确规定发生各种事故后，必须撤出人员的区域和避灾路线。其中，当发生瓦斯爆炸或煤（岩）与瓦斯（二氧化碳）突出事故时，所有井下工人都必须在本班班长（班长不在时，由有经验的老工人代理，下同）组织与带领下，撤到安全地点或地面；当发生井下火灾、水灾、大面积冒顶等事故时，凡受到灾害威胁的所有地区的人员都必须在本班班长带领下撤出危险区域。

3. 创造必需的自救条件，每一个下井人员必须随身携带自救器。应根据本矿井具体条件，在适当地点设置储存足够数量的备用自救器的专用硐室，当避灾人员在自救器有效作用时间内不能安全撤出时，应在硐室换用自救器后，安全地撤到新鲜风流中。在有煤与瓦斯突出危险的掘进工作面，还应设置压风管路系统，利用压缩空气作为自救的一项措施。当人员

不能由受灾区域安全撤出时，应规定利用硐室或独头巷道作为临时避难硐室的方法。

4. 防止灾害事故扩大的措施。如为了抢救灾区人员和限制事故波及范围，以便处理事故，根据不同情况对矿井停风、反风、风流短路及增减风量等措施做出详细的规定。

5. 其他应急措施。应规定任何人发现初起事故后，都应采取应急的抢救措施，并及时向矿调度室汇报，通知附近工作人员。还应规定当电话遭到破坏后的报警方法，如采用专用通信设施报警和专人报警等。

6. 事故发生后，必须严格控制入井人数，准确统计留在井下的人数。

六、发生各项重大灾害事故时处理措施的编制要求

1. 井下发生火灾事故

（1）迅速查明并组织撤出灾区和受威胁区域的人员，积极组织矿山救护队抢救遇险遇难人员。同时探明火区地点、范围和发火原因，并采取措施，防止火灾、瓦斯向有人员的巷道蔓延。

（2）切断火区电源。

（3）根据已探明的火区地点和范围，确定井下通风制度。无论是正常通风或增减风量、反风、风流短路、隔绝风流及停止主要通风机运转等，都必须保证以下几点：

1）不会引起瓦斯积聚、煤尘飞扬，造成爆炸事故。

2）不会危及井下人员的安全。

3）不使超限的瓦斯通过火源或不使火源蔓延到瓦斯积聚的地方。

4）有助于阻止火灾扩大，抑制火势，创造接近火源的条件。

5）火灾初期，火区范围不大时，应积极组织人力、物力控制火势，直接灭火。直接灭火无效时，应采取隔绝灭火法封闭火区，并规定为隔离而建筑的防火墙的位置和建筑顺序。封闭火区时，应采取措施防止瓦斯爆炸。

6）必要时应将排水、注浆、充填、压风管路临时改为消防管路。

2. 矿井发生瓦斯爆炸、煤尘爆炸事故

（1）迅速组织撤退灾区和受威胁区域的人员，抢救遇险遇难人员，组织矿山救护队探明事故地点、范围和气体成分，发现火源立即扑灭，并切断灾区电源，防止二次爆炸。

（2）在证实确无二次爆炸的可能后，应迅速修复被破坏的巷道和通风设施，恢复正常通风，排除烟雾，清理巷道。对处理事故所必须储备的设备、材料数量和存放地点，应有具体规定。

3. 矿井发生煤（岩）与瓦斯（二氧化碳）突出事故

（1）迅速撤退灾区人员和抢救遇险遇难人员。

（2）切断通向灾区的电源。

（3）对充满瓦斯（二氧化碳）的主要巷道应加强通风，并迅速将高浓度瓦斯（二氧化碳）直接引入回风道中排出矿井。

（4）迅速恢复正常通风和清理突出的煤（岩），并规定处理事故所必需的设备材料的储存数量和存放地点。

（5）排放高浓度瓦斯的井口附近，必须严格清除烟火，切断电源，严禁人员通行。

4. 矿井发生透水、崩浆或跑砂事故

（1）撤出灾区人员，并规定受到透水威胁地点的所有人员安全撤退的路线。

（2）规定关闭水闸门的顺序和负责人。

（3）在现有排水设备能力不足时，应增设水泵和管路（包括利用其他管路临时排水）。

（4）针对具体情况进行堵水。

（5）在有流沙涌出时，应建筑滤水墙，并规定滤水墙的建筑位置和顺序。

（6）必须保护排水设备不被淹没。其中，当水和泥沙威胁到泵房安全时，在下部水平的人员撤出后，应将水和泥沙引入下部巷道。

（7）在有瓦斯从水淹区域涌出的危险时，应制定排出瓦斯的措施。

（8）制订防止二次透水的措施。

5. 矿井发生冒顶事故

（1）探明冒顶区范围和被埋压、堵截的人数和位置。

（2）积极恢复冒顶区的正常通风。如果暂不能恢复，可利用水管、压风管等对被埋压、堵截的人员输送新鲜空气。

（3）处理中，必须始终坚持由外向里，加强支护，防止二次冒顶。必要时，可开掘通向遇险人员的专用巷道。

（4）遇有大块岩石威胁遇险人员时，可使用千斤顶等工具移动石块，但应尽量避免破坏冒落岩石的堆积状态。

七、各有关人员在预防灾害和处理事故过程中任务和职责的编制要求

年度灾害预防和处理计划应根据各级干部和工人岗位责任制，以及职能部门业务安全责任制的规定，明确各单位、各部门和有关人员在预防灾害事故中的任务和职责，使预防事故的各项措施都能落实到每个人身上。

煤矿发生事故时，矿务局（公司）局长（经理）、矿长和技术负责人必须立即采取措施组织抢救，矿长负责指挥抢救。其他各有关人员在处理事故中的任务分配和职责，都要做出明确的规定，以便根据各自的任务、职责，开展抢险救灾工作。此外，还应制定发生事故后必须立即召集的单位和人员名单，以便及时通知。

八、矿井灾害预防和处理计划编制举例

以下是某矿预防和处理采区内火灾和爆炸事故部分的计划。

1. 概况

开采缓倾斜厚煤层，采用人工假顶倾斜分层采煤方法。煤层有自然发火倾向，发火期短。高瓦斯矿井，煤尘有爆炸危险性（采区巷道系统图略）。

厚煤层分层开采，煤柱易压碎，巷道难以维护，采空区常有大量遗煤，采空区漏风较大，容易自然发火。另外，采煤工作面使用煤电钻等电气设备，可能发生电气火花。

2. 预防措施

除加强日常检查外，对采区工作人员进行有关自然发火性质和预兆、安全用电及自救知

识等教育。另外，在工作面进、回风巷道四周巷壁稳固的地方，预先砌好防火墙的墙垛，以备发火时能迅速筑墙封闭。同时，在采煤工作面回风侧的适当位置还要设置岩粉棚和隔爆喷水装置，以阻隔火焰的蔓延和爆炸。

3. 发生火灾时的紧急措施

（1）最先发现火灾的人员，应尽量弄清火灾的性质和地点。如系外因火灾，应立即用设备和器材直接扑灭；如系电气设备着火，应先设法断电，然后再设法扑灭；如火灾已无法扑灭，则应迅速报告。

（2）矿调度室接到通知后，应立即向矿长汇报，并通知矿山救护队，同时设法通知灾区全体人员及回风系统中受威胁的人员撤离危险区。

（3）切断采区回风系统的全部电源。

（4）人员自救

1）在火源上风侧的人员迎（逆）风撤至进风大巷。

2）在火源下风侧的人员迅速佩戴自救器或用湿毛巾捂住嘴鼻，尽快由回风道经过风门进入进风巷道，再撤到进风大巷。人员撤出后，在场负责人清点人数，向矿调度室汇报，听令行动。

3）回风系统掘进头的人员，如无法安全撤退，则应用木板等材料将独头巷道构筑成临时避难硐室，等候营救。

（5）对重大事故，应及时报告上级管理机关。

4. 矿山救护队的行动

（1）抢救人员和侦察灾区

救护队下井后，在距采区适当距离的运输大巷中建立井下救护基地，然后以小队为单位进行救护。救护指战员除佩戴呼吸器外，还需携带一定数量的自救器等救护装备。如有遇险人员则应沿回风路线进入灾区，发现遇险人员后，要首先将他们抢救脱险或给佩戴自救器并带出烟火区域；如无遇险人员，可以沿进风路线进入灾区侦察灭火。

（2）事故处理

火势不大时，应积极灭火。如不能直接灭火时，则应建筑防火墙。其步骤是：根据火区内瓦斯情况，由处理灾害的总指挥决定是否可以打开进、回风道间的风门，使风流短路，以减少进入火区的风量、减弱火势。与此同时，救护队在工作面进、回风巷道预先筑好门垛的地方迅速砌筑防火墙。

在减弱风流的情况下，要特别注意防止在砌筑防火墙过程中，火区内由于瓦斯积聚而引起爆炸。为此必须做到：

1）进、回风侧的防火墙应同时施工，同时结束，以减少封闭时间。为了互相配合，两处必须用电话联系。

2）在防火墙施工中，应对火区内的瓦斯浓度进行连续测定，并根据瓦斯浓度升高的速度，以及施工人员撤到不受爆炸影响的地点所需的时间，确定允许继续施工的火区内最低瓦斯浓度。当瓦斯浓度接近此值时，两处施工现场的所有人员迅速撤退。

九、矿井灾害预防和处理计划的贯彻落实

1. 已批准的《年度灾害预防和处理计划》（以下简称《计划》），由矿长负责贯彻落实。

2. 已批准的《计划》应立即向全体职工（包括全体矿山救护指战员）贯彻，组织学习，并熟悉避灾路线。各基层单位的领导和主要技术人员应负责组织本单位职工学习，并进行考试。没有学习过或考试不及格，不熟悉《计划》有关内容的干部和工人，不准下井工作。

《计划》如有修改补充，应组织职工重新学习。

3. 必须按照《煤矿安全规程》的规定，每年至少组织1次矿井救灾演习。对于演习中发现的问题，必须采取措施，立即改正。

4. 已批准的《计划》连同所附工程图和表册，应分别送交矿长、有关副矿长、矿总工程师、矿调度室、生产科、地测科、机电科、通风科（区）、运输区（科）、驻矿安全监察处（站）、矿山救护队、上级主管部门技术负责人、调度室、安全监察局各1份。上述单位和领导人应经常或定期检查《计划》的贯彻和落实情况。

思考练习题

1. 简述煤矿发生事故时现场人员的行动原则。

2. 抢救伤员的“三先三后”原则是什么？

3. 矿山救护队抢险救灾要领有哪些？

4. 某矿为高瓦斯矿井，煤炭不易自燃，试针对高瓦斯涌出这一特点简要编写该煤矿灾害预防与处理计划的灾害预防部分。

第九章 煤矿职业危害防范与职业健康监护

学习目标

了解煤矿职业健康相关规定，掌握煤矿主要职业危害的相关防范措施；能采取积极、正确的措施应对和防范煤矿职业危害。

根据《中华人民共和国职业病防治法》和国家安全生产监督管理总局、国家煤矿安全监察局的相关规定，预防、控制和消除职业病危害，防治职业病，保护煤矿企业从业人员的健康，维护煤矿从业人员相关权益，改善生产作业环境，搞好职业健康工作，是当今煤矿企业科学发展、安全发展的重要内容之一。

第一节　煤矿职业危害与防范

一、煤矿职业病、职业禁忌证及有关规定

1. 煤矿职业病

职业病是指企业、事业单位和个体经济组织（以下统称“用人单位”）的从业人员在职业活动中，因接触粉尘、放射性物质和其他有毒、有害物质等因素而引起的疾病。同其他疾病相比，职业病有如下特点：

（1）病因明确。职业病一般是由接触职业性有害因素引起的。

（2）发病与劳动条件密切相关。职业病发病与否及发病时间的早与迟，往往取决于接触职业性有害因素的时间、数量。劳动强度大、作业场所环境恶劣是导致职业病发病的根本原因。

（3）具有群体性发病的特征。在同一作业环境下，多是同时或先后出现一批相同的职业病患者，很少出现仅有个别人发病的情况。

（4）具有临床特征。同一种职业病在发病时间、临床表现、病程进展上往往具有特定的表现。

(5) 职业病可以预防或减少。对已经发现的职业病的预防或减少的程度，主要取决于用人单位对预防或减少职业病投入力量的大小。

煤矿职业病主要有尘肺病、噪声聋、爆震聋、职业中毒、手臂振动病、骨囊炎等。

2. 煤矿职业禁忌证

职业禁忌证是指从业人员从事特定职业或者接触特定职业病危害因素时，比一般职业人群更易于遭受职业病危害和罹患职业病，或者可能导致原有自身疾病病情加重，或者在作业过程中诱发可能对他人生命健康构成危险的疾病的个人特殊生理或病理状态。

《煤矿安全规程》对从事煤矿行业的职业禁忌证的规定如下：

(1) 有下列病症之一的，不得从事接尘作业：

1) 活动性肺结核病及肺外结核病。

2) 严重的上呼吸道或者支气管疾病。

3) 显著影响肺功能的肺脏或者胸膜病变。

4) 心、血管器质性疾病。

5) 经医疗鉴定，不适于从事粉尘工作的其他疾病。

(2) 有下列病症之一的，不得从事井下工作：

1) 以上所列不得从事接尘作业的病症。

2) 风湿病（反复活动）。

3) 严重的皮肤病。

4) 经医疗鉴定，不适于从事井下工作的其他疾病。

(3) 癫痫病和精神分裂症患者严禁从事煤矿生产工作。

(4) 患有高血压、心脏病、高度近视等病症以及其他不适应高处（2 m 以上）作业者，不得从事高处作业。

二、煤矿主要职业危害及防范

1. 煤矿主要职业危害因素

职业危害，是指从业人员在从事职业活动过程中，由于接触粉尘、毒物等有害因素而对身体健康所造成的各种损害。

根据《煤矿作业场所职业病危害防治规定》，煤矿职业危害因素主要包括粉尘（煤尘、岩尘、水泥尘等）、化学物质（氮氧化物、碳氧化物、硫化氢等）和物理因素（噪声、高温等）。

2. 煤矿主要职业危害防范措施

(1) 煤矿粉尘危害防治

1) 煤矿作业场所粉尘接触浓度限值见表 9—1。

表 9—1　　煤矿作业场所粉尘接触浓度限值

粉尘种类	游离二氧化硅含量（%）	呼吸性粉尘浓度（mg/m^3）
煤尘	≤5	5.0
岩尘	5~10	2.5
	10~30	1.0

续表

粉尘种类	游离二氧化硅含量（%）	呼吸性粉尘浓度（mg/m^3）
岩尘	30~50	0.5
	≥50	0.2
水泥尘	<10	1.5

2）粉尘危害防范措施

①定点采样。应根据相关规定，在回采工作面、掘进工作面、锚喷、转载点等主要产尘点布置测尘点，定点采样。

②定期监测。根据不同监测地点和监测种类，粉尘要进行定期监测。不同种类粉尘监测周期见表 9—2。

表 9—2　　**不同粉尘监测周期**

监测种类	监测地点	监测周期
工班个体呼吸性粉尘	采、掘（剥）工作面	3 个月 1 次
	其他地点	6 个月 1 次
定点呼吸性粉尘		1 个月 1 次
粉尘分散度		6 个月 1 次
游离二氧化硅含量		6 个月 1 次

③个体防护。从业人员要带好防尘口罩等劳动保护用品，做好个体防护。

④洒水防尘。防尘洒水系统要有永久性防尘水池，并设有备用水池。防尘管路应铺设到所有可能产生粉尘和沉积粉尘的地点。

⑤减少产尘。采掘前预先湿润煤体；掘进过程中，采用湿式钻眼，冲洗井壁巷帮，使用水炮泥，爆破过程中采用高压喷雾或压气喷雾降尘、装岩（煤）洒水和净化风流等综合防尘措施。掘进机掘进作业时，应使用内、外喷雾装置和除尘器构成的综合防尘系统，并对掘进头含尘气流进行有效控制。采煤机必须安装内、外喷雾装置。液压支架必须安装自动喷雾降尘装置。破碎机必须安装防尘罩，并加装喷雾装置或用除尘器抽尘净化。放顶煤采煤工作面的放煤口，必须安装高压喷雾装置。井下煤仓放煤口、溜煤眼放煤口，以及地面带式输送机走廊，都必须安设喷雾装置或除尘器，作业时进行喷雾降尘或用除尘器除尘。

⑥回风降尘。采掘工作面回风巷应安设至少两道自动控制风流净化水幕。距离锚喷作业点下风流方向 100 m 内，应设置两道以上风流净化水幕。

（2）煤矿噪声危害防治

1）煤矿作业场所噪声危害判定标准。煤矿作业场所从业人员每天连续接触噪声时间达到或者超过 8 h 的，噪声声级限值为 85 dB；每天接触噪声时间不足 8 h 的，可根据实际接触噪声的时间，按照接触噪声时间减半、噪声声级限值增加 3 dB 的原则确定其声级限值，最高不得超过 115 dB。

2）噪声的监测。煤矿作业场所噪声每年至少监测 1 次。煤矿作业场所噪声的监测地点主要包括：露天煤矿的挖掘机、穿孔机、矿用汽车、带式输送机、排土机和爆破作业等地点；井工煤矿的风动凿岩机、风镐、局部通风机、煤电钻、乳化液泵站、采煤机、掘进机、带式输送机、运输车等地点。

3）噪声的防治

①在通风机房室内墙壁、屋面敷设吸声体。

②在压风机房设备进气口安装消声器，室内表面做吸声处理。

③对主井提升机房内表面进行吸声处理，局部设置隔声屏。

④在巷道掘进中使用液动凿岩机或凿岩台车。

⑤在采煤工作面使用边双链刮板输送机等措施控制噪声。

（3）煤矿高温危害防治

1）煤矿高温的判断标准。《煤矿安全规程》规定：当采掘工作面空气温度超过 26 ℃、机电设备硐室超过 30 ℃时，必须缩短超温地点工作人员的工作时间，并给予高温保健待遇。当采掘工作面的空气温度超过 30 ℃、机电设备硐室超过 34 ℃时，必须停止作业。

2）煤矿高温的监测。进行高温监测时，作业场所无生产性热源的，选择 3 个测点，取平均值；存在生产性热源的，选择 3～5 个测点，取平均值。常年从事高温作业的，选择在夏季最热月测量；不定期接触高温作业的，选择在工期内最热月测量；作业环境热源稳定时，每天测 3 次，取平均值。

3）煤矿高温的防范措施

①实行通风降温。采取各种措施保障风量和缩短入风线路长度，从而降低到达工作面风流的温度。

②制冷机组进行局部降温。对局部热害严重的工作面，应采用移动式制冷机组进行局部降温；非空调措施无法达到作业环境标准温度的，应采用空调降温。

（4）煤矿主要化学毒物防治

1）煤矿作业场所主要化学毒物浓度限值见表 9—3。

表 9—3　煤矿作业场所主要化学毒物浓度限值

化学毒物名称	最高允许浓度（%）	化学毒物名称	最高允许浓度（%）
一氧化碳	0.002 4	二氧化碳	0.5
氮氧化物（换算成二氧化氮）	0.000 25	硫化氢	0.000 66

2）煤矿化学毒物的监测。煤矿化学毒物监测时应选择有代表性的作业地点，采样点要尽可能靠近作业人员，煤层有自燃倾向的，根据需要随时监测。

3）煤矿化学毒物的防范

①加强矿井通风。采用通风的方法将各种有害气体浓度稀释到《煤矿安全规程》规定的标准以下。

②加强个体防护，佩戴合格的个体防护用品。

③采空区防范。及时封闭采空区，需要进入时，必须首先进行有害气体检查，确认安全

后方可进入。

④闲置巷道防范。需要进入闲置时间较长的巷道进行作业的，必须先通风、后作业。

⑤盲巷防范。盲道或废弃巷道应及时予以密闭或用栅栏隔断，并设立警示牌。

⑥爆破过程防范。爆破时，人员必须撤到新鲜风流中，并在回风侧挂警戒牌。煤矿井下实施爆破后，及时排出炮烟。

第二节　煤矿职业病预防与职业健康监护

近年来，我国先后制定了一系列有关职业病防治的法律、法规、规章，如《中华人民共和国职业病防治法》《中华人民共和国尘肺病防治条例》《职业病诊断与鉴定管理办法》和《职业健康检查管理办法》《用人单位职业健康监护监督管理办法》等，这些法律、法规、规章是职业病防治的基本保障，同时，也规定了煤矿从业人员在职业病预防方面的权利和义务，煤矿从业人员应该严格遵守，认真落实。职业健康监护是以预防为目的，根据从业人员的职业接触史，通过定期或不定期的医学健康检查和健康相关资料的收集，连续性地监测从业人员的健康状况，分析从业人员健康变化与所接触的职业病危害因素的关系，并及时地将健康检查和资料分析结果报告给用人单位和从业人员本人，以便及时采取干预措施，保护从业人员健康。

一、煤矿从业人员职业病预防的权利

《中华人民共和国职业病防治法》和《煤矿作业场所职业病危害防治规定》对煤矿从业人员职业病预防的权利和义务作了明确的规定：

1. 获得职业卫生教育、培训的权利。从业人员有权要求企业进行上岗前的职业卫生培训和在岗期间的定期职业卫生培训，上岗前培训时间不少于4学时，在岗期间培训时间每年不少于2学时。

2. 获得职业健康检查、职业病诊疗、康复等职业病防治服务。从业人员有权利要求煤矿企业对其进行职业健康检查，包括上岗前、在岗期间、离岗时和应急时的健康检查。在职业病确诊后，用人单位要承担职业病患者诊疗、康复、护理等费用，直至患者痊愈或者死亡。

接触职业危害作业人员的职业健康检查周期应当按照表9—4执行。

表9—4　　接触职业危害作业人员的职业健康检查周期

接触有害物质	体检对象	检查周期
煤尘	在岗人员	2年1次
	观察对象、Ⅰ期煤工尘肺患者	每年1次
岩尘	在岗人员、观察对象、Ⅰ期矽肺患者	
噪声	在岗人员	
高温	在岗人员	
化学毒物	在岗人员	根据所接触的化学毒物确定检查周期
接触职业危害作业退休人员的职业健康检查周期按照有关规定执行		

3. 了解工作场所产生或者可能产生的职业病危害因素、危害后果和应当采取的职业病防护措施。从业人员在上岗前有权了解工作场所产生或者可能产生的职业病危害因素，了解这些危害因素对人体可能会产生的影响和后果，并采取有针对性的个人防护措施。

4. 要求企业提供符合防治职业病要求的职业病防护设施和个人使用的职业病防护用品，改善工作条件。企业要根据煤矿工种的特点，有针对性地开展职业健康教育，改善劳动环境，改变不良的作业方式，提供职业病防护用品，预防和控制职业病的发生。

5. 对违反职业病防治法律、法规和危及生命健康的行为提出批评、检举和控告。劳动过程中，发现有不良因素，如有毒有害物质超标、工作超负荷、作业管理不善、“三违”现象严重等，从业人员有权提出批评，向上级管理层检举和控告，力求保证自己工作中的身体健康和安全。

6. 拒绝违章指挥和强令进行没有职业病防护措施的作业。从业人员有权拒绝对个人健康不利的指挥和指令。

7. 参与用人单位职业卫生工作的民主管理，对职业病防治工作提出意见和建议。从业人员有权指出工作过程中职业卫生管理的漏洞，对职业病防治提出切合实际的意见和建议。

8. 离开煤矿企业时，有权索取本人的职业健康监护档案复印件，煤矿企业应如实、无偿提供，并在所提供的复印件上签章。

二、煤矿从业人员职业病预防的义务

1. 遵守单位有关安全、卫生生产的规章制度和操作规程，服从管理。煤矿企业的从业人员必须有遵章守纪的意识，工作要服从管理，不出现违章违纪的行为，保障生产的正常进行。

2. 正确佩戴和使用劳动安全、卫生防护用品。在企业履行为从业人员提供各种劳动保护用品义务的同时，从业人员要有自我保护能力和意识，积极、正确佩戴和使用劳动安全、卫生防护用品。

3. 接受安全、卫生生产教育和培训，掌握相关知识，提高安全、卫生生产技能。企业为了提高从业人员的综合能力，进行有针对性的教育培训，从业人员要积极配合和接受。

4. 发现安全隐患，及时报告。如发现生产过程中的安全隐患，从业人员有义务及时向上级管理层汇报，避免职业危害事故的发生。

三、职业健康监护种类

职业健康监护分为上岗前健康检查、在岗期间定期健康检查、离岗时健康检查、离岗后医学随访和应急健康检查五类。

1. 上岗前健康检查

上岗前健康检查的主要目的是发现有无职业禁忌证，建立接触职业病危害因素人员的基础健康档案。上岗前健康检查均为强制性职业健康检查，应在开始从事有害作业前完成。下列人员应进行上岗前健康检查：

（1）拟从事接触职业病危害因素作业的新录用人员，包括转岗到该种作业岗位的人员。

（2）拟从事有特殊健康要求作业的人员，如高处作业、电工作业、职业机动车驾驶作业等。

2. 在岗期间定期健康检查

长期从事接触职业病危害因素作业的从业人员，应进行在岗期间的定期健康检查。定期健康检查的目的主要是早期发现职业病患者或疑似职业病患者或从业人员的其他健康异常改变，及时发现有职业禁忌证的从业人员，通过动态观察从业人员群体健康变化，评价工作场所职业病危害因素的控制效果。定期健康检查的周期根据不同职业病危害因素的性质、工作场所有害因素的浓度或强度、目标疾病的潜伏期和防护措施等因素决定。

3. 离岗时健康检查

（1）从业人员在准备调离或脱离所从事的具有职业病危害的作业或岗位前，应进行离岗时健康检查，主要目的是确定其在停止接触职业病危害因素时的健康状况。

（2）如最后一次在岗期间的健康检查是在离岗前的90日内，可视为离岗时检查。

4. 离岗后医学随访

（1）如接触的职业病危害因素具有慢性健康影响，或发病有较长的潜伏期，在脱离接触后仍有可能发生职业病，需进行医学随访。

（2）尘肺病患者在离岗后需进行医学随访检查。

（3）随访时间的长短应根据有害因素致病的流行病学及临床特点、从业人员从事该作业的时间长短、工作场所有害因素的浓度等因素综合考虑确定。

5. 应急健康检查

（1）当发生急性职业病危害事故时，对遭受或者可能遭受急性职业病危害的从业人员，应及时组织健康检查。依据检查结果和现场劳动卫生学调查，确定危害因素，为急救和治疗提供依据，控制职业病危害的继续蔓延和发展。应急健康检查应在事故发生后立即开始。

（2）从事可能产生职业性传染病作业的从业人员，在疫情流行期或近期密切接触传染源者，应及时开展应急健康检查，随时监测疫情动态。

四、职业健康监护档案

职业健康监护档案，是指用人单位对本企业从业人员从事本职业建立的一份个人职业健康监护登记卡片（健康卡片）。它是从业人员健康变化与职业病危害因素关系的客观记录，也是职业病诊断鉴定的重要依据之一。

1. 职业健康监护档案的内容

根据《用人单位职业健康监护监督管理办法》，用人单位应当为从业人员个人建立职业健康监护档案和用人单位职业健康监护管理档案，并按照有关规定妥善保存。

（1）个人职业健康监护档案内容

1）从业人员姓名、性别、年龄、籍贯、婚姻、文化程度、嗜好等情况。

2）从业人员职业史、既往病史和职业病危害接触史。

3）历次职业健康检查结果及处理情况。

4）职业病诊疗资料。

5）需要存入职业健康监护档案的其他有关资料。

（2）用人单位职业健康监护管理档案内容

1）职业健康监护委托书。

2）职业健康检查结果报告和评价报告。

3）职业病报告卡。

4）用人单位对职业病患者、患有职业禁忌证者和已出现职业相关健康损害从业人员的处理和安置记录。

5）用人单位在职业健康监护中提供的其他资料和职业健康检查机构记录整理的相关资料。

6）卫生行政部门要求的其他资料。

2. 职业健康监护档案的管理

（1）从业人员职业健康监护档案和用人单位职业健康监护管理档案，应有专人严格管理，并按规定妥善保存。

（2）从业人员或者其近亲属、从业人员委托代理人、相关的卫生监督检查人员有权查阅、复印从业人员的职业健康监护档案，用人单位不得拒绝，不得提供虚假档案材料。

（3）从业人员离开用人单位时，有权索取本人职业健康监护档案复印件，用人单位应当如实、无偿提供，并在所提供的复印件上签章。

思考练习题

1. 煤矿生产过程中，主要的职业危害因素有哪些？
2. 煤矿粉尘的控制应采取哪些措施？
3. 煤矿从业人员享有的职业病防治的权利和义务有哪些？
4. 煤矿井下从业人员职业健康监护档案包含哪些内容？

附录

煤矿安全生产法律法规简介

煤矿安全生产法律法规体系由煤矿安全生产相关的法律、行政法规及规章标准构成。

一、安全生产法律

(一)《中华人民共和国安全生产法》

《中华人民共和国安全生产法》是为了加强安全生产的监督管理，防止和减少生产安全事故，保障人民群众生命和财产安全，促进经济发展而制定的。本法律自2002年制定，填补了我国安全生产领域法律空白，于2014年8月进行了修订，新修订的《中华人民共和国安全生产法》自2014年12月1日起施行。包括生产经营单位的安全生产保障、从业人员的权利和义务、安全生产的监督管理、生产安全事故的应急救援和调查处理、法律责任等内容。

1. 从业人员的安全教育培训规定

生产经营单位应当对从业人员进行安全生产教育和培训，保证从业人员具备必要的安全生产知识，熟悉有关的安全生产规章制度和安全操作规程，掌握本岗位的安全操作技能，了解事故应急处理措施，知悉自身在安全生产方面的权利和义务。未经安全生产教育和培训合格的从业人员，不得上岗作业。

2. 从业人员的安全生产权利

(1) 要求劳动合同载明安全事项的权利。生产经营单位与从业人员订立的劳动合同，应当载明有关保障从业人员劳动安全、防止职业危害的事项，以及依法为从业人员办理工伤社会保险的事项。生产经营单位不得以任何形式与从业人员订立协议，免除或者减轻其对从业人员因生产安全事故伤亡依法应承担的责任。生产经营单位必须依法参加工伤社会保险，为从业人员缴纳保险费。

(2) 知情权和建议权。生产经营单位的从业人员有权了解其作业场所和工作岗位存在的危险因素、防范措施及事故应急措施，有权对本单位的安全生产工作提出建议。

(3) 批评、检举、控告和拒绝违章指挥或者强令冒险作业等权利。从业人员有权对本单位安全生产工作中存在的问题提出批评、检举、控告，有权拒绝违章指挥和强令冒险作业。生产经营单位不得因从业人员对本单位安全生产工作提出批评、检举、控告或者拒绝违章指挥、强令冒险作业而降低其工资、福利等待遇，或者解除与其订立的劳动合同。

（4）紧急撤离权。从业人员发现直接危及人身安全的紧急情况时，有权停止作业或者在采取可能的应急措施后撤离作业场所。生产经营单位不得因从业人员在紧急情况下停止作业或者采取紧急撤离措施而降低其工资、福利等待遇，或者解除与其订立的劳动合同。

（5）因生产安全事故受到损害的从业人员享有的有关赔偿权利。生产经营单位必须依法参加工伤社会保险，为从业人员缴纳保险费。因生产安全事故受到损害的从业人员，除依法享有工伤社会保险外，依照有关民事法律尚有获得赔偿权利的，有权向本单位提出赔偿要求。

3. 从业人员的义务

（1）从业人员在作业过程中，应当严格遵守本单位的安全生产规章制度和操作规程，服从管理，正确佩戴和使用劳动防护用品。

（2）从业人员应当接受安全生产教育和培训，掌握本职工作所需的安全生产知识，提高安全生产技能，增强事故预防和应急处理能力。

（3）从业人员发现事故隐患或者其他不安全因素，应当立即向现场安全生产管理人员或者本单位负责人报告，接到报告的人员应当及时予以处理。

（二）《中华人民共和国劳动法》

《中华人民共和国劳动法》是为了保护劳动者的合法权益、调整劳动关系、建立和维护适应社会主义市场经济的劳动制度、促进经济发展和社会进步而制定的，自 1995 年 1 月 1 日起施行。

《中华人民共和国劳动法》规定了劳动者享有的基本权利和义务。劳动者享有平等就业和选择职业的权利、取得劳动报酬的权利、休息休假的权利、获得劳动安全卫生保护的权利、接受职业技能培训的权利、享受社会保险和福利的权利、提请劳动争议处理的权利，以及法律规定的其他劳动权利。劳动者应当完成劳动任务，提高职业技能，执行劳动安全卫生规程，遵守劳动纪律和职业道德。

国家对女职工和未成年工实行特殊劳动保护，禁止安排女职工从事矿山井下、国家规定的第四级体力劳动强度的劳动和其他禁忌从事的劳动，不得安排未成年工从事矿山井下、有毒有害、国家规定的第四级体力劳动强度的劳动和其他禁忌从事的劳动等。

国家实行劳动者每日工作时间不超过八小时、平均每周工作时间不超过四十四小时的工时制度。用人单位应当保证劳动者每周至少休息一日。劳动者连续工作一年以上的，享受带薪年休假。用人单位与劳动者发生劳动争议，当事人可以依法申请调解、仲裁、提起诉讼，也可以协商解决。

（三）《中华人民共和国劳动合同法》

《中华人民共和国劳动合同法》是为了完善劳动合同制度，明确劳动合同双方当事人的权利和义务，保护劳动者的合法权益，构建和发展和谐稳定的劳动关系而制定的，自 2008 年 1 月 1 日起施行，该法修订方案于 2012 年 12 月 28 日通过，自 2013 年 7 月 1 日起施行。

《中华人民共和国劳动合同法》规定，订立劳动合同，应当遵循合法、公平、平等、自愿、协商一致、诚实信用的原则。用人单位招用劳动者时，应当如实告知劳动者工作内容、工作条件、工作地点、职业危害、安全生产状况、劳动报酬，以及劳动者要求了解的其他情况。用人单位有权了解劳动者与劳动合同直接相关的基本情况，劳动者应当如实说明。

劳动合同应当具备以下条款：用人单位的名称、住所和法定代表人或者主要负责人，劳动者的姓名、住址和居民身份证或者其他有效身份证件号码，劳动合同期限，工作内容和工作地点，工作时间和休息休假，劳动报酬，社会保险，劳动保护、劳动条件和职业危害防护，以及法律、法规规定应当纳入劳动合同的其他事项。

劳动合同期限3个月以上不满1年的，试用期不得超过1个月；劳动合同期限1年以上不满3年的，试用期不得超过2个月；3年以上固定期限和无固定期限的劳动合同，试用期不得超过6个月。劳动者在试用期的工资不得低于本单位相同岗位最低档工资或者劳动合同约定工资的百分之八十，并不得低于用人单位所在地的最低工资标准。

劳动者拒绝用人单位管理人员违章指挥、强令冒险作业的，不视为违反劳动合同。

用人单位有下列情形之一的，劳动者可以解除劳动合同：未按照劳动合同约定提供劳动保护或者劳动条件的；未及时足额支付劳动报酬的；未依法为劳动者缴纳社会保险费的；用人单位的规章制度违反法律、法规的规定，损害劳动者权益的；以欺诈、胁迫的手段订立或者变更劳动合同致使劳动合同无效的；法律、行政法规规定劳动者可以解除劳动合同的其他情形。

劳动者有下列情形之一的，用人单位可以解除劳动合同：在试用期间被证明不符合录用条件的；严重违反用人单位的规章制度的；严重失职，营私舞弊，给用人单位造成重大损害的；劳动者同时与其他用人单位建立劳动关系，对完成本单位的工作任务造成严重影响，或者经用人单位提出，拒不改正的；以欺诈、胁迫的手段订立或者变更劳动合同，致使劳动合同无效的；被依法追究刑事责任的。

（四）《中华人民共和国刑法修正案（六）》

《中华人民共和国刑法》是规定犯罪、刑事责任和刑罚的法律，是追究安全生产违法犯罪行为刑事责任的重要依据。《中华人民共和国刑法修正案（六）》自2006年6月29日起施行，涉及安全生产的主要内容如下：

在生产、作业中违反有关安全管理的规定，因而发生重大伤亡事故或者造成其他严重后果的，处3年以下有期徒刑或者拘役；情节特别恶劣的，处3年以上7年以下有期徒刑。强令他人违章冒险作业，因而发生重大伤亡事故或者造成其他严重后果的，处5年以下有期徒刑或者拘役；情节特别恶劣的，处5年以上有期徒刑。

安全生产设施或者安全生产条件不符合国家规定，因而发生重大伤亡事故或者造成其他严重后果的，对直接负责的主管人员和其他直接责任人员，处3年以下有期徒刑或者拘役；情节特别恶劣的，处3年以上7年以下有期徒刑。在安全事故发生后，负有报告职责的人员不报或者谎报事故情况，贻误事故抢救，情节严重的，处3年以下有期徒刑或者拘役；情节特别严重的，处3年以上7年以下有期徒刑。

（五）《中华人民共和国职业病防治法》

《中华人民共和国职业病防治法》是为了预防、控制和消除职业病危害，防治职业病，保护劳动者健康及其相关权益，促进经济发展，根据《中华人民共和国宪法》制定的，自2002年5月1日起施行。全国人民代表大会常务委员会于2011年12月31日通过了《全国人民代表大会常务委员会关于修改〈中华人民共和国职业病防治法〉的决定》，2016年7月2日，第十二届全国人民代表大会常务委员会第二十一次会议决定对《中华人民共和国职业病防治法》作相应修改。

《中华人民共和国职业病防治法》的主要内容包括职业病前期预防、劳动过程中的防护与管理、职业病诊断与职业病病人保障、监督检查、法律责任等。职业病防治工作坚持预防为主、防治结合的方针，建立用人单位负责、行政机关监管、行业自律、职工参与和社会监管的机制，实行分类管理、综合治理。劳动者依法享有职业卫生保护的权利。

该法所称职业病，是指企业、事业单位和个体经济组织等用人单位的劳动者在职业活动中，因接触粉尘、放射性物质和其他有毒、有害因素而引起的疾病。

二、行政法规及国务院安全生产相关文件

（一）《生产安全事故报告和调查处理条例》

《生产安全事故报告和调查处理条例》是为了规范生产安全事故的报告和调查处理，落实生产安全事故责任追究制度，防止和减少生产安全事故而制定的，自2007年6月1日起施行。

该条例将事故划分为特别重大事故、重大事故、较大事故和一般事故4个等级。

1. 特别重大事故，是指造成30人以上死亡，或者100人以上重伤（包括急性工业中毒，下同），或者1亿元以上直接经济损失的事故。

2. 重大事故，是指造成10人以上30人以下死亡，或者50人以上100人以下重伤，或者5 000万元以上1亿元以下直接经济损失的事故。

3. 较大事故，是指造成3人以上10人以下死亡，或者10人以上50人以下重伤，或者1 000万元以上5 000万元以下直接经济损失的事故。

4. 一般事故，是指造成3人以下死亡，或者10人以下重伤，或者1 000万元以下直接经济损失的事故。

事故报告应当及时、准确、完整，任何单位和个人对事故不得迟报、漏报、谎报或者瞒报。事故发生后，事故现场有关人员应当立即向本单位负责人报告；单位负责人接到报告后，应当于1小时内向事故发生地县级以上人民政府安全生产监督管理部门和负有安全生产监督管理职责的有关部门报告。

（二）《工伤保险条例》

《工伤保险条例》是为了保障因工作遭受事故伤害或者患职业病的职工获得医疗救治和经济补偿，促进工伤预防和职业康复，分散用人单位的工伤风险而制定的，自2004年1月1日实施，2010年12月修订。

《工伤保险条例》主要内容包括工伤保险基金、工伤认定、劳动能力鉴定、工伤保险待遇、监督管理、法律责任等。

该条例规定：用人单位应当按时缴纳工伤保险费，职工个人不缴纳工伤保险费；职工因

工作遭受事故伤害或者患职业病进行治疗，享受工伤医疗待遇；职工因工作遭受事故伤害或者患职业病需要暂停工作接受工伤医疗的，在停工留薪期内，原工资福利待遇不变，由所在单位按月支付；生活不能自理的工伤职工在停工留薪期需要护理的，由所在单位负责。

职工有下列情形之一的，应当认定为工伤：在工作时间和工作场所内，因工作原因受到事故伤害的；工作时间前后在工作场所内，从事与工作有关的预备性或者收尾性工作受到事故伤害的；在工作时间和工作场所内，因履行工作职责受到暴力等意外伤害的；患职业病的；因工外出期间，由于工作原因受到伤害或者发生事故下落不明的；在上下班途中，受到非本人主要责任的交通事故或者城市轨道交通、客运轮渡、火车事故伤害的；法律、行政法规规定应当认定为工伤的其他情形。

职工有下列情形之一的，不得认定为工伤或者视同工伤：故意犯罪的；醉酒或者吸毒的；自残或者自杀的。

（三）《国务院关于进一步加强企业安全生产工作的通知》

国务院以国发〔2010〕23号文件的形式下发了《国务院关于进一步加强企业安全生产工作的通知》。其总体要求是：坚持“安全第一，预防为主，综合治理”的方针，全面加强企业安全管理，健全规章制度，完善安全标准，提高企业技术水平，夯实安全生产基础；坚持依法依规生产经营，切实加强安全监管，强化企业安全生产主体责任落实和责任追究，促进我国安全生产形势实现根本好转。

通知要求，企业要加强对生产现场监督检查，严格查处违章指挥、违规作业、违反劳动纪律的“三违”行为。凡超能力、超强度、超定员组织生产的，要责令停产停工整顿。要经常性开展安全隐患排查，并切实做到整改措施、责任、资金、时限和预案“五到位”。主要负责人和领导班子成员要轮流现场带班。煤矿、非煤矿山要有矿领导带班并与工人同时下井、同时升井。

煤矿要安装煤矿安全避险“六大系统”等技术装备；企业要建立完善安全生产动态监控及预警预报体系，每月进行一次安全生产风险分析；要提高工伤事故死亡职工一次性赔偿标准，依照《工伤保险条例》的规定，对因生产安全事故造成的职工死亡，其一次性工亡补助金标准调整为按全国上一年度城镇居民人均可支配收入的20倍计算，发放给工亡职工近亲属。

（四）《国务院办公厅关于进一步加强煤矿安全生产工作的意见》

为了深刻汲取事故教训，坚守发展决不能以牺牲人的生命为代价的红线，始终把矿工生命安全放在首位，大力推进煤矿安全治本攻坚，建立健全煤矿安全长效机制，坚决遏制煤矿重特大事故发生，经国务院同意，国务院办公厅以国办发〔2013〕99号文件的形式下发了《国务院办公厅关于进一步加强煤矿安全生产工作的意见》。

文件指出，煤矿矿长要落实安全生产责任，切实保护矿工生命安全；要保护煤矿工人权益，研究确定煤矿工人小时最低工资标准，提高下井补贴标准，提高煤矿工人收入，严格执行国家法定工时制度，停产整顿煤矿必须按期发放工人工资；煤矿必须依法配备劳动保护用品，定期组织职业健康检查，加强尘肺病防治工作，建设标准化的食堂、澡堂和宿舍；要提高煤矿工人素质，加强煤矿班组安全建设，加快变“招工”为“招生”，强化矿工实际操作技能培训与考核，所有煤矿从业人员必须经考试合格后持证上岗。

（五）《国务院办公厅关于印发国家职业病防治规划（2016—2020年）的通知》

为加强职业病防治工作，切实保障劳动者职业健康权益，依据《中华人民共和国职业病防治法》，制定本规划。

该规划指出，要坚持正确的卫生与健康工作方针，强化政府监管职责，督促用人单位落实主体责任，提升职业病防治工作水平，鼓励全社会广泛参与，有效预防和控制职业病危害，切实保障劳动者职业健康权益，促进经济社会持续健康发展，为建设健康中国奠定重要基础。

该规划提出，要坚持依法防治、源头治理、综合施策的原则，到2020年，建立健全用人单位负责、行政机关监管、行业自律、职工参与和社会监督的职业病防治工作格局。从落实用人单位主体责任、健全职业病防治体系、提高职业病监测能力和保障劳动者健康权益4个方面提出了系列具体量化指标。

该规划强调，要全面落实职业病防治工作的各项任务。一是强化职业病源头治理，以职业性尘肺病、化学中毒为重点，在矿山、有色金属、冶金、建材等行业领域开展专项治理。二是落实用人单位主体责任，督促建立防治管理责任制，加强对危害预评价、防护设施控制效果评价和竣工验收等环节的管理。三是加大职业卫生监管执法力度，建立用人单位和职业卫生技术服务机构“黑名单”制度，定期向社会公布。四是提升职业病防治服务水平，以农民工尘肺病为切入点，简化职业病诊断程序，优化服务流程，提高服务质量。五是落实职业病救助保障措施，督促用人单位按时足额缴纳工伤保险费，做好工伤保险与基本医疗保险、大病保险、医疗救助、社会慈善、商业保险的有效衔接。六是推进职业病防治信息化建设，建立完善重点职业病与职业病危害因素监测、报告和管理网络。七是加大职业病防治宣传教育和健康促进，广泛宣传职业病防治法律法规和相关标准，推动“健康企业”建设。八是推动职业病防治科学研究，鼓励和支持职业病防治基础性科研工作和前瞻性研究，加快科技成果转化和应用推广。

该规划要求，各地区要高度重视职业病防治工作，将其纳入当地国民经济和社会发展总体规划，加强统筹协调，多措并举，提升职业病综合防治水平。各有关部门要按照职责分工，落实部门职责，分解细化任务，扎实有序推动各项工作。

三、国家安全生产监督管理总局规章及文件

（一）《煤矿安全规程》

《煤矿安全规程》是为了保障煤矿安全生产和职工人身安全，防止煤矿事故而制定的。修订后的《煤矿安全规程》已于2015年12月22日由国家安全生产监督管理总局第13次局长办公会议审议通过，自2016年10月1日起施行。

《煤矿安全规程》以安全生产法律法规为依据，坚持煤矿安全生产方针，以先进的科学技术为导向，以安全生产实践为基础，结合我国煤矿技术和装备水平的实际情况，逐步趋于完善和科学，具有权威性、强制性、实用性、规范性和可操作性等特点，是煤矿企业必须遵

守的法定规程。

《煤矿安全规程》规定煤矿企业必须遵守有关安全生产的法律、法规、规章、规程、标准和技术规范，建立各类人员安全生产责任制，明确了职工有权制止违章作业、拒绝违章指挥。井工部分规定了开采、“一通三防”管理、提升运输管理、机电管理，以及爆破作业涉及的安全生产行为标准。露天部分规范了采剥、运输、排土、滑坡和水火防治、电气及设备检修标准。职业危害部分规定了必须做好职业危害的防治与管理工作，以及职业卫生劳动保护工作，使职工健康得到保护。

（二）《煤矿重大生产安全事故隐患判定标准》

该标准确定了15个方面的煤矿重大事故隐患：超能力、超强度或者超定员组织生产；瓦斯超限作业；煤与瓦斯突出矿井，未依照规定实施防突出措施；高瓦斯矿井未建立瓦斯抽采系统和监控系统，或者不能正常运行；通风系统不完善、不可靠；有严重水患，未采取有效措施；超层越界开采；有冲击地压危险，未采取有效措施；自然发火严重，未采取有效措施；使用明令禁止使用或者淘汰的设备、工艺；煤矿没有双回路供电系统；新建煤矿边建设边生产，煤矿改扩建期间，在改扩建的区域生产，或者在其他区域的生产超出安全设计规定的范围和规模；煤矿实行整体承包生产经营后，未重新取得或者及时变更安全生产许可证而从事生产，或者承包方再次转包，以及将井下采掘工作面和井巷维修作业进行劳务承包；煤矿改制期间，未明确安全生产责任人和安全管理机构，或者在完成改制后，未重新取得或者变更采矿许可证、安全生产许可证和营业执照；其他重大事故隐患。同时对每个方面的重大事故隐患都进行了细化。

（三）《煤矿矿用产品安全标志管理暂行办法》

《煤矿矿用产品安全标志管理暂行办法》是为了加强煤矿矿用产品安全管理，保障煤矿安全生产和职工人身安全与健康而制定的，自2002年1月1日起施行。

该办法规定了对可能危及煤矿职工人身安全和健康的矿用产品实行安全标志管理。实行安全标志管理的矿用产品，必须依照该办法的规定取得矿用产品安全标志。任何单位和个人不得出售、采购和使用纳入安全标志管理目录但未取得安全标志的矿用产品。

（四）《生产安全事故应急预案管理办法》

修订后的《生产安全事故应急预案管理办法》已经于2016年4月15日由国家安全生产监督管理总局第13次局长办公会议审议通过，自2016年7月1日起施行。

新修订的“办法”要求，编制应急预案前，编制单位应当进行事故风险评估和应急资源调查。“办法”第五条规定：生产经营单位主要负责人负责组织编制和实施本单位的应急预案，并对应急预案的真实性和实用性负责；各分管负责人应当按照职责分工落实应急预案规定的职责。新修订的“办法”明确要求，根据本单位的具体情况来编制真实、实用的预案。

（五）《煤矿作业场所职业病危害防治规定》

《煤矿作业场所职业病危害防治规定》于2015年4月1日起施行。规定适用于中华人民共和国领域内各类煤矿及其所属为煤矿服务的矿井建设施工单位、洗煤厂、选煤厂等存在职业病危害的作业场所的职业病危害预防和治理活动。

参 考 文 献

[1] 钱德群．矿井通风安全仪器及监测系统［M］．北京：煤炭工业出版社，1991.

[2] 全国煤炭技工教材编审委员会．矿井通风与安全［M］．北京：煤炭工业出版社，2002.

[3] 李耀永．瓦斯检查工［M］．北京：中国矿业大学出版社，2007.

[4] 窦永山，窦庆峰．《煤矿安全规程》读本［M］．北京：煤炭工业出版社，2005.

[5] 宁尚根．矿井通风与安全［M］．北京：中国劳动社会保障出版社，2006.

[6] 国家安全生产监督管理总局，国家煤矿安全监察局．煤矿安全规程［M］．北京：煤炭工业出版社，2016.